可再生能源（生物质能）电站
生物质理化检测技术

主　编　张宏亮

副主编　李　薇　陈　伟

参　编　钟丁平　陈天生　黄　奎　焦　阔　龚焕章

中国电力出版社
CHINA ELECTRIC POWER PRESS

内 容 提 要

我国属于石油资源紧缺国家，煤炭等化石类资源面临日益稀缺，而生物质可再生能源将是未来我国重要的能源供给，通过生物质直燃发电不仅节约煤炭，并且减少二氧化碳排放。目前我国生物质规模化发电项目总装机容量已达 850 万 kW，年累计耗用生物质燃料超过 1000 万 t，减少二氧化碳排放 700 万 t。

生物理化性质检测技术属于生物质开发应用的技术基础，本书介绍了生物质发电技术现状，阐述了生物质理化检测技术基本原理，详细论述了检测具体过程和技术关键点，并对生物质理化性质专用检测仪器进行了介绍，本书最后对生物质燃料特性研究成果进行了总结和归纳。

本书内容全面，可供生物质发电厂工程技术人员、管理人员参考使用，也可作为从事生物质检测机构的检测参考工具，以及高等院校相关专业师生的学习教材。

图书在版编目（CIP）数据

可再生能源（生物质能）电站生物质理化检测技术 / 张宏亮主编 .—北京：中国电力出版社，2018.1

ISBN 978-7-5198-0184-7

Ⅰ．①可…　Ⅱ．①张…　Ⅲ．①再生能源－电站－生物质－检测②生物能－电站－检测　Ⅳ．① TM62

中国版本图书馆 CIP 数据核字（2016）第 297795 号

出版发行：中国电力出版社

地　　址：北京市东城区北京站西街 19 号（邮政编码 100005）

网　　址：http://www.cepp.sgcc.com.cn

责任编辑：畅　舒（010-63412312）

责任校对：王开云

装帧设计：赵姗姗

责任印制：蔺义舟

印　　刷：三河市百盛印装有限公司

版　　次：2018 年 1 月第一版

印　　次：2018 年 1 月北京第一次印刷

开　　本：787 毫米 ×1092 毫米　16 开本

印　　张：15.75

字　　数：373 千字

印　　数：0001—1500 册

定　　价：52.00 元

前　言

　　随着世界各国更加重视环境保护、气候变化和能源短缺等问题，积极制定新的能源发展战略、法规和政策，发展可再生能源已成为世界能源发展的必然趋势。可再生能源中风能和太阳能资源储量巨大，但资源可控性差，需要采取技术手段或化石能源为其提供调峰服务，而生物质能可以在收、储、运、能源转换等各个环节进行人工干预和精确控制，不仅无须为其配置调峰服务，还可以增加电力系统的调峰能力。生物质能利用将有效促进可再生能源与化石能源的融合，对打造多元化的清洁能源体系有着极其重要的意义。目前我国生物质规模化发电项目总装机容量已达 850 万 kW，国家已颁布《可再生能源中长期发展规划》确定 2020 年生物质电站装机容量 3000 万 kW 的发展目标。广东省已建有世界上最大的生物质发电机组 2×50MW 湛江生物质电厂，生物质直燃发电事业方兴未艾。

　　准确定量分析生物质理化性质，建立生物质理化检测技术体系已成为合理开发利用生物质的基础和保障。本书共 12 章，第 1 章在介绍我国能源资源状态和生物质能源政策基础上，概述了世界各国生物质发电产业发展现状。第 2～10 章详细介绍了生物质关键理化性质指标检测方法，包括氧弹热值检测法、高温燃料灰分和挥发分检测法、库仑全硫法、高温燃料红外热导元素分析法、离子色谱氯含量和氟含量检测法等进行了重点详细介绍，阐述了生物质发热量、挥发分、灰分、全硫等指标的专用检测仪器，以及生物质燃料的样品制备设备。本书第 11、12 章阐述了生物质基本物化、动力学、热力学、着火、燃烧、燃尽特性以及燃烧产物特性，最后本书结合世界最大的湛江生物质电厂实际工程，详细分析了生物质发热量、工业分析、元素分析等指标间的相关性，建立生物质理化指标间的多元线性回归预测模型，实现了生物质灰分、碳元素、氢含量等指标的快速分析方法。

　　本书特点鲜明，重点突出，反映了国内外最新的研究进展，可作为能源、环境、生物等相关领域、电力能源行业科研、工程技术人员，以及高等院校相关专业参考用书。

　　本书由广东电网有限责任公司电力科学研究院张宏亮高级工程师、华北电力大学李薇教授、广东粤电湛江生物质发电有限公司陈伟副总经理等编著，其中张宏亮负责第 4～10 章，李薇、黄奎、焦阔、龚焕章负责第 11、12 章，陈伟负责第 1、2、13 章，钟丁平负责第 3章，全书由张宏亮统稿，李薇负责进行审定。在本书的编写过程中，得到华北电力大学和生物质电厂工程技术人员的技术支持，在此表示感谢。

　　感谢中国电力出版社畅舒编辑的支持和帮助！

　　由于时间仓促，兼作者水平有限，书中难免存在不妥之处，敬请广大读者批评指正。

编　者

2017 年 9 月

目 录

第 1 章

生物质发电技术现状

1.1 生物质燃料

能源问题已成为世界各国共同面临的难题，化石能源不仅不可再生，储量有限，且燃烧后释放大量的二氧化碳、氮、硫的氧化物及其他一些有害气体，严重污染了环境，导致温室效应、全球气候变暖、生物物种多样性降低、荒漠化等诸多生态问题。因此，出于环境保护、气候变化及能源短缺问题，作为清洁可再生能源的生物质能开发受到各国的高度重视，发展速度越来越快。作为可再生能源的重要组成部分，生物质能是一种取之不尽的可再生能源，也是唯一可以直接存储和运输的可再生能源。生物质能源是以农林等有机废弃物及边际土地种植的能源植物为主要原料进行能源生产的一种新兴能源。在2010~2020年，全球的能源使用模式可能快速转变，再生能源定会取代石化燃料。

生物质燃料包括植物材料和动物废料等有机物质在内的燃料，是人类使用的最古老燃料的新名称。根据生物质能"十二五"发展规划，目前可以能源化利用的生物质资源总量为4.6亿t标准煤，其中，农林剩余物1.7亿t，养殖场畜禽粪便0.28亿t，生活垃圾和污水0.12亿t，工业有机废水和废渣0.2亿t。生物质燃料多为茎状农作物经过加工产生的块装环保新能源，其直径一般为6~8mm，长度为其直径的4~5倍，破碎率1.5%~2.0%，干基含水量10%~15%，灰分含量小于1.5%，硫含量和氯含量均小于0.07%，氮含量小于0.5%。我国生物质能源利用潜力见表1-1。

表 1-1 我国生物质能源利用潜力

资源种类	实物量（万 t）	折合标煤量（万 t）
农作物秸秆	34000	17000
农产品加工剩余物	6000	3000
林业木质剩余物	35000	20000
畜牧粪便	84000	2800
城市生物垃圾	7500	1200
有机废水	435000	1600
有机废渣	95000	400
合计	—	46000

1.2 生物质燃料发电的概念

生物质燃料发电是利用生物质所具有的生物质能进行的发电，是可再生能源发电的一种，一般分为直接燃烧发电技术和气化发电技术，包括农林废弃物直接燃烧发电、农林废弃物气化发电、垃圾焚烧发电、垃圾填埋气发电沼气发电。

生物质能直接燃烧发电是以农作物秸秆和林木废弃物为原料，进行简单加工，然后输送到生物质发电锅炉，经过充分燃烧后产生蒸汽推动汽轮发电机发电的高新技术。燃烧后产生的灰粉又加工成钾肥返田，该过程将农业生产原本的开环产业链转变为可循环的闭环产业链，是完全的变废为宝的生态经济。

生物质气化发电技术又称生物质发电系统，它是利用气化炉把生物质转化为可燃气体，经过除尘、除焦等净化工序后，再通过内燃机或燃气轮机进行的发电。该过程包括三方面：生物质气化、气体净化和燃气发电。该技术既可以解决可再生能源的有效利用，又可以解决各种有机废弃物的环境污染。正是基于以上原因，生物质气化发电技术得到了越来越多的研究和应用，并日趋完善。

1.3　生物质燃料发电的意义

生物质燃料发电可以缓解能源短缺的危机；增加我国清洁能源比重；改善环境；扩大乡镇产业规模，增加农民收入，缩小城乡差距。

秸秆发电的主要燃料来源于小麦秸秆、玉米秸秆、稻草稻壳、棉花秸秆、林业砍伐及加工剩余物等农林废弃物。秸秆发电变农民在田间无序焚烧为集中燃烧，并发电、造肥，节省了大量煤炭资源，并增加了农民收入。国家电网公司旗下的国能生物发电集团有限公司引进丹麦先进的生物质直接燃烧发电技术，于 2006 年 12 月 1 日建成投产了中国第一个生物质直接燃烧发电项目——国能单县（1×25MW）生物质发电工程，实现了中国大容量生物质直接燃烧发电零的突破。该电厂 2007 年全年稳定运行 8200 多小时，发电 2.2 亿 kW·h，消耗农林剩余物 20 多万吨，为农民增加收入 5000 万元以上。农民生活用秸秆燃烧效率仅约为15%，而直接燃烧发电锅炉可将热效率提高到 90% 以上。

秸秆作为一种可再生能源，在生长和燃烧中不增加大气中二氧化碳的含量，不但可以替代部分化石燃料，而且还能减少温室气体排放量。据测算，中国可开发的生物质能资源总量近期约为 5 亿 t 标准煤，远期可达 10 亿 t 标准煤。即使按 5 亿 t 标准煤计算，生物质发电可满足中国能源消费量 20% 以上的电力，年可减少排放二氧化碳近 3.5 亿 t，二氧化硫、氮氧化物、烟尘减排量近 2500 万 t。除此之外，秸秆燃烧产生的灰分还可作为优质钾还田使用，一台 2.5 万 kW 生物质发电机组年生产达 8000t 左右灰分。

1.4　生物质燃料发电技术的应用

生物质燃料发电技术主要包括生物质直接燃烧发电技术、生物质气化发电技术和沼气发电技术三种途径。

1.4.1　生物质直接燃烧发电技术

生物质能转化为电力主要有直接燃烧后用蒸汽进行发电和生物质气化发电两种。生物质直接燃烧发电技术已基本成熟，已进入推广应用阶段，对于生物质较分散的发展中国家不是很合适。从环境效益的角度考虑，生物质直接燃烧与煤燃烧相似，但生物质燃烧要比煤燃烧环境友好。生物质气化发电是更洁净的利用方式，它几乎不排放任何有害气体，小规模的生物质气化发电比较适合生物质的分散利用，投资较少，发电成本也较低，适于发展中国家应用，目前已进入商业化示范阶段。大规模的生物质气化发电一般采用生物质联合循环发电技术，适合于大规模开发利用生物质资源，能源效率高，是今后生物质工业化应用的主要方式，目前已进入工业示范阶段。

直接燃烧发电的过程是生物质与过量空气在锅炉中燃烧，产生的热烟气和锅炉的热交换部件换热，产生的高温高压蒸汽在蒸汽轮机中膨胀做功发出电能。从 20 世纪 90 年代起，丹麦、奥地利等欧洲国家开始对生物质能发电技术进行开发和研究，经过多年的努力，已研制出用于木屑、秸秆、谷壳等发电的锅炉。

1.4.2　生物质气化发电技术

生物质气化发电技术是将生物质转化成可燃气，再将净化后的气体燃料直接送入锅炉、内燃发电机、燃气轮机的燃烧室中燃烧发电，其工艺流程如图 1-1 所示。生物质气化发电相对燃烧发电是更洁净的利用方式，它几乎不排放任何有害气体，小规模的生物质气化发电已进入商业示范阶段，它比较合适生物质的分散利用，投资较少，发电成本也低，比较合适于发展中国家应用。

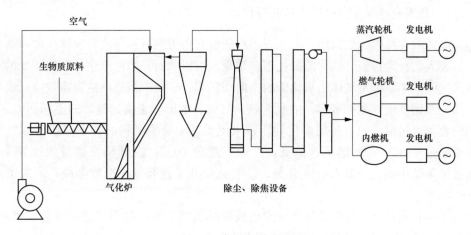

图 1-1　气化工艺流程

按发电规模分，生物质气化发电系统可分为小型、中型、大型三种。小型生物质气化发电系统多采用固定床气化设备，特别是下吸式气化炉，主要用于农村照明或作为中小企业的自备发电机组，一般发电功率小于 200kW。中型生物质气化发电系统以流化床气化为主，研究和应用最多的是循环流化床气化技术，主要作为大中型企业的自备电站或小型上网电站，发电功率一般为 500～3000kW，是当前生物质气化发电技术的主要方式。流化床气化技术对生物质原料适应性强，也可混烧煤、重油等传统燃料，生产强度大、气化效率高。大型生物质气化发电系统主要作为上网电站，它适应的生物质较为广泛，所需的生物质数量巨大，必须配套专门的生物质供应中心和预处理中心，系统功率一般在 5000kW 以上，虽然与常规能源相比仍显得非常小，但在技术发展成熟后，将是今后替代常规能源电力的主要方式之一。一般来说，发电规模越大，单位发电量需要的成本就越低，也越有利于提高热效率和降低二次污染。

1.4.3 沼气发电技术

近年来随着国民经济的快速发展，农村用电量迅速增加，但是许多地区的用电量得不到满足，尤其是夏天用电高峰要对一些农村实施拉闸限电。为了缓解农村的这种矛盾，我国已投入大量人力物力开发新能源。采用沼气动力装置进行发电，已成为国际上趋同的技术路线。

沼气是在厌氧条件下由秸秆等有机物经多种微生物的分解与转化作用后产生的可燃气体，其主要成分是甲烷和二氧化碳，其中甲烷的含量一般为 $60\%\sim70\%$，二氧化碳的含量为 $30\%\sim40\%$。沼气是性能较好的燃料，纯燃气热值为 $21.98MJ/m^3$（甲烷含量 60%、二氧化碳含量 20%）时，属中等热值燃料，并且沼气还是可再生的能源。

沼气发电工艺路线如下：沼气池→沼气→脱水脱硫→气水分离→过滤→压缩→气水分离→冷却→发电机组→配电室→用户→循环冷却。

1.5 生物质燃料发电的现状及前景

1.5.1 我国农林固体生物质燃料的特性

作为能源的农林固体生物质，与化石燃料能源有很大的区别。农林固体生物质具有可再生性，只要人类行为得当，这种能源就不会枯竭，可以周而复始地产生；生物质能的利用不会导致大气圈内主要温室气体二氧化碳的净增加积累，从而减缓地球的温室效应；农林固体剩余物的分布密度低，品种多样，依照区域、气候、地形、土壤、地形的不同而差别巨大，为原料的收集、运输、加工和规模化利用带来困难。生物质燃料的特点包括①挥发分含量高，一般超过 65%；②固定碳含量低，一般不超过 20%；③低位发热量约比煤小 40%；④含灰量显著低于煤，一般不超过 10%；⑤含硫量几乎比煤低一个数量级；⑥灰熔点比煤低 $200\sim300℃$。

生物质燃料的种类、物理特性和化学组成影响了整个利用过程（燃料供应、燃料系统、固体和气体污染物），生物质燃料的特性见表 1-2。

表 1-2　　　　　　　　　　生物质燃料的特性（以 1t/h 锅炉为例）

项目		煤炭（Ⅱ类烟煤）	清柴油	天然气	生物质（秸秆）燃料
燃料发热量（kcal/kg）		4500	10200	8600	2000~3500
锅炉热效率（%）		60	90	90	80
密度（kg/m³）		1100~1200	0.85	0.75~0.80	100~250
燃料气体排放	CO_2（mg/m³）	218	199	137	0
	SO_2（mg/m³）	1280	480	48	33.6
	NO_x（mg/m³）	617	330	248	333
	烟尘 CO_2（mg/m³）	510	89	16	66.75

项目	煤炭（Ⅱ类烟煤）	清柴油	天然气	生物质（秸秆）燃料
市场参考价格	0.60 元/kg	6.5 元/kg	2.40 元/m³	0.30 元/kg
燃料消耗	222kg/h	66kg/h	77.5m³/h	275kg/h
燃料费用	133.2 元/h	429 元/h	186 元/h	82.5 元/h
政府综合评价	禁用	不提倡	较好	最好
备注	燃料价格以当地当前价格为准			

1.5.2 生物质发电的现状

生物质直接燃烧发电已经在世界上以规模化大范围应用。在国外高效、节能的直接燃烧发电技术已经逐步成熟，生物质直接燃烧发电机组主要分布在美国、瑞典、荷兰、丹麦等科技技术较发达的欧洲国家。丹麦在生物质直接燃烧发电技术方面的成绩尤为显著，BWE 公司研发的生物质直接燃烧发电机组已经被联合国作为重点项目在世界各地进行推广。目前，坐落在丹麦的生物质发电机组每年可燃烧大约 160 万 t 的秸秆、甘蔗等农作物，这样就可以为丹麦提供约 6% 的电力。而在美国，大约有 1000 多座生物质直接燃烧机组，其主要以燃烧木材为主，大多机组装机容量为 10～25MW，另外芬兰、德国、荷兰、奥地利、巴西对生物质直接燃烧发电也很重视。

我国的生物质热解气化及热利用技术近年来也有了长足的发展。目前全国已建成农村气化站 200 多个，谷壳气化发电设备 100 多台（套）。由中国科学院广州能源研究所研发的"4MW 生物质气化联介循环发电系统"以谷壳、木屑、稻草等多种生物质废弃物为原料，发电效率可达 20%～28%，能满足农村处理农业废弃物的需要。中国生物质燃料发电已具有了一定的规模，主要集中在南方地区的许多糖厂利用甘蔗渣发电。广东和广西两省（区）共有小型发电机组 300 余台，总装机容量 800MW，云南也有一些甘蔗渣电厂。中国第一批农作物秸秆燃烧发电厂在河北石家庄晋州市和山东菏泽市单县建设。国家高科技发展计划（"863"计划）已建设 4MW 规模生物质（秸秆）气化发电的示范工程，系统发电效率可达 30% 左右。

世界生物质发电起源于 20 世纪 70 年代，当时，世界性的石油危机爆发后，丹麦开始积极开发清洁的可再生能源，大力推行秸秆等生物质发电。自 1990 年以来，生物质发电在欧美许多国家开始大发展。

中国是一个农业大国，生物质资源十分丰富，各种农作物每年产生秸秆 6 亿多 t，其中可以作为能源使用的约 4 亿 t，全国林木总生物量约 190 亿 t，可获得量为 9 亿 t，可作为能源利用的总量约为 3 亿 t。如加以有效利用，开发潜力将十分巨大。

生物质资源经处理可以用于电力生产，发电过程的剩余能量还可以用于供热和制冷等资源的综合利用。目前，生物质发电技术主要包括生物质直接燃烧发电、混合燃烧发电、气化发电、垃圾焚烧发电，以及生物质热电联产等。最近几年来，国家电网公司、五大发电集团等大型国有、民营以及外资企业纷纷投资参与中国生物质发电产业的建设运营。

2015 年，我国生物质发电总装机容量约 1030 万 kW，其中，农林生物质直燃发电约 530 万 kW，垃圾焚烧发电约 470 万 kW，沼气发电约 30 万 kW，年发电量约 520 亿 kWh，生物质发电技术基本成熟。全国生物质能利用现状见表1-3。

表 1-3 全国生物质能利用现状

利用方式	利用规模		年产量		折标煤
	数量	单位	数量	单位	万吨/年
生物质发电	1030	万 kW	520	亿 kWh	1520
户用沼气	4380	万户	190	亿 m^3	1320
大型沼气工程	10	万处			
生物质成型燃料	800	万 t			400
生物燃料乙醇			210	万 t	180
生物柴油			80	万 t	120
总计					3540

2016 年我国生物质发电项目装机容量达 1224.8 万 kW，生物质发电项目达到 665 个，全年发电量达 634.1 亿 kWh。

我国生物质发电发展较好的省区主要集中在东中部生物质资源富集且经济相对发达的省份，具体见表1-4。

表 1-4 生物质发电装机前 10 省

省份	发电量（万 kW）	省份	发电量（万 kW）
山东省	107.0	湖南省	38.0
江苏省	72.0	湖北省	37.8
黑龙江省	52.4	安徽省	37.3
河北省	50.0	浙江省	36.6
河南省	47.0	广东省	32.7

1.5.3 生物质发电的前景

目前，世界能源消费构成是以煤、石油、天然气等不可再生能源为主。不可再生能源的过度开发和利用，不仅带来了能源危机，更带来了日益严重的环境污染问题。燃煤电厂、工业锅炉及民用锅炉向大气中排放大量 SO_2 和 NO_x，使中国的酸雨污染问题日趋扩大；燃煤还产生大量的温室气体 CO_2；同时，粉尘的大量排放，造成空气质量下降。据估计，我国大气中 90% 的二氧化硫、70% 的烟尘和 85% 以上的二氧化碳均来自煤炭的燃烧。

中国作为一个迅速崛起的国家，要在保护环境的前提下实现国民经济的持续增长，必须改变传统的能源生产和消费方式，开发低污染、可再生的新能源。生物质作为能源有许多特点：生物质是一种可再生的绿色能源；生物质生长过程中吸收的 CO_2 与其燃烧利用中排放的 CO_2 是相等的，在 CO_2 总量上实现了零排放，消除了产生温室效应的根源；与煤相比，生物质含灰少，含 N、S 也少，排放的 SO_2 和 NO_x 远小于化石燃料。因此，生物质能的利用已经成为新能源的一个重要方向。

世界各国在调整本国能源发展战略中，都已把高效利用生物质能源摆在技术开发的一个相当重要的地位，作为能源利用中的重要课题。许多国家都制定了相应的开发研究计划。

2000 年 11 月由美国 TeehniealInsights，Ine. 出版的论文集《Biomass Market & Technology：An Opport unity for the 21st Century》曾预言，到 2050 年，世界上 38% 的直接燃料将来自于生物质。

截至 2015 年，全球生物质发电装机容量约 1 亿 kW，其中美国 1590 万 kW、巴西 1100 万 kW。生物质热电联产已成为欧洲，特别是北欧国家重要的供热方式。国外生物质发展趋势主要为：一是生物质能多元化分布式应用成为世界上生物质能发展较好国家的共同特征。二是生物天然气和成型燃料供热技术和商业化运作模式基本成熟，逐渐成为生物质能重要发展方向。生物天然气不断拓展车用燃气和天然气供应等市场领域。生物质供热在中、小城市和城镇应用空间不断扩大。三是生物液体燃料向生物基化工产业延伸，技术重点向利用非粮生物质资源的多元化生物炼制方向发展，形成燃料乙醇、混合醇、生物柴油等丰富的能源衍生替代产品，不断扩展航空燃料、化工基础原料等应用领域。

2005 年 2 月 28 日，全国人大常务委员会通过了《中华人民共和国可再生能源法》，并于 2006 年 1 月 1 日开始正式实施。国家发改委根据《可再生能源法》的要求，在总结我国可再生能源资源、技术及产业发展状况，借鉴国际可再生能源发展经验的基础上，制定了《可再生能源中长期发展规划》，并于 2007 年 9 月颁布。2016 年 10 月 28 日国家能源局也正式对外发布《生物质能发展"十三五"规划》（以下简称《规划》），规划中提出了到 2020 年，生物质能基本实现商业化和规模化利用。生物质能年利用量约 5800 万 t 标准煤。生物质发电总装机容量达到 1500 万 kW，年发电量 900 亿 kWh，其中农林生物质直燃发电 700 万 kW，城镇生活垃圾焚烧发电 750 万 kW，沼气发电 50 万 kW；生物天然气年利用量 80 亿 m³；生物液体燃料年利用量 600 万 t；生物质成型燃料年利用量 3000 万 t，具体见表 1-5。

表 1-5　　　　　　　　　《生物质能发展"十三五"规划》

利用方式	利用规模		年产量		替代化石能源折标煤
	数量	单位	数量	单位	万 t/年
"十三五"生物质能发展目标					
生物质发电	1500	万 kW	900	亿 kWh	2660
生物质天然气			80	亿 m³	960
生物质成型燃料	3000	万 t			1500
生物液体燃料	600	万 t			680
生物乙醇燃料	400	万 t	210	万 t	380
生物柴油	200	万 t	80	万 t	300
总计					5800

到 2020 年生物质能产业新增投资约 1960 亿元，其中生物质发电新增投资约 400 亿元，生物质天然气新增投资约 1200 亿元，生物质成型燃料供热产业新增投资约 180 亿元，生物液体燃料新增投资约 180 亿元。

预计到 2020 年，生物质能合计替代化石能源总量约 5800 万 t，年减少 CO_2 年排放量约 1.5 亿 t，减少烟尘年排放量约 5200 万 t，减少 SO_2 年排放量约 140 万 t，减少氮氧化物年排放量约 44 万 t。可再生能源的开发利用将节约和替代大量化石能源，显著减少污染物和温室气体排放。"十三五"期间，生物质重点产业将实现规模化发展，成为带动新型城镇化建设、农村经济发展的新型产业。预计到 2020 年，生物质能产业年销售收入 1200 亿元，提供就业岗位 400 万个，农民收入增加 200 亿元，经济和社会效益明显。

我国生物质能资源主要有农作物秸秆、树木枝桠、畜禽粪便、能源作物（植物）、生活垃圾等。全国农作物秸秆年产生量约 7 亿 t，除部分作为造纸原料和畜牧饲料外，大约 3 亿 t 可作为燃料使用，折合约 1.5 亿 t 标准煤。树木枝桠和林业废弃物年可获得量约为 9 亿 t，大约 3 亿 t 可作为能源利用，折合约 2 亿 t 标准煤。如果能够将其中的一部分合理有效地利用，就会带来很可观的经济效益和环境效益。

因为生物质能具有资源丰富、发展潜力巨大，适合发展分布式电力系统，接近终端用户，能够改善生态环境，发展农业生产和农村经济等优点，对我国节约能源，建设节约型的社会有重大帮助。同时，一系列的法律、法规和综合利用的政策出台，保障了生物质能开发利用处于良好的政策环境，应该说当前发展生物质能发电的时机很好，发展前景十分广阔。

第 2 章

国内外生物质检测技术现状和研究情况

生物质能源是一种具有广泛内涵的新能源，主要由农林废弃物、有机污水、禽畜粪便和生活垃圾等丰富可再生资源构成，储量巨大、清洁、可持续利用。在化石能源日趋紧张和环境污染日益严重的今天，生物质能源已成为新能源的一个重要发展方向。在生物质能源应用过程中，其燃料特性对应用情况具有较大影响，所以要对生物质燃料特性进行检测分析，如灰成分测定分析、工业成分分析、全水分测定分析等。目前世界各国正在积极开展生物质燃料特性检测方法研究及分析标准的制定工作。现在我国和国际标准化组织基本建立起成熟的、完善的、行之有效的检测方法和相关标准。而为了提高热利用效率，如何对其燃烧利用技术进行深入研究也已成为国内外相关研究人员普遍关注的问题。

2.1 生物质性质指标检测标准研究现状

随着传统能源（如煤炭、石油等）资源的逐渐枯竭和环境保护及可持续发展的需求，对新型能源的开发利用越来越受到全世界的关注。由于生物质能源可充分利用农业和工业的废弃物以及城市的部分固体废弃物，具有可再生和环境友好的双重特点，因而其开发利用现已成为热门的研究课题，引起世界各国的高度重视。

生物质能源的开发利用主要有三种方式，一种为将其转化为液体燃料如乙醇和柴油等而使用；另一种为将其转化为气体燃料使用；再一种就是作为固体燃料直接燃烧（通过单独燃烧或与煤炭混烧），将其生物能转换为热能而被利用。第三种方式由于技术上和工艺上比较简单易行，环保意义重大，国内外都有不少机构在研究开发利用。欧洲已有燃烧生物质燃料的电厂建成和正常运行，我国近几年来也积极开展了该领域的研究开发工作。为能充分、高效地利用生物质能源，各国在大力开发固体生物质燃料的应用的同时，也正在积极开展固体生物质燃料特性的试验方法研究及相关标准的制定工作。目前国际标准化组织和我国基本建立成熟的、现行有效的固体生物质燃料特性的检验方法和相关标准。美国也发布了一些固体生物质燃料的检验方法标准试用，并需进一步改进和完善。

2.1.1 国外生物质性质指标检测标准现状

欧盟许多国家较早就开展了固体生物质燃料的研究、开发和利用工作，现已有成熟的工业化应用。国际上欧盟和美国发布了有关固体生物质燃料检验方法的技术规范或标准。欧盟的标准（或技术规范）比较完整并已系列化，今后有可能成为制定国际标准的基础；美国材料与试验协会（ASTM）标准比较零散，不如欧盟标准全面和系列化，但主要试验方法和技术内容与欧盟标准相近。欧盟固体生物质燃料标准化工作始于 2000 年。按照欧盟的要求，由欧盟标准化委员会（CEN）组织生物质固体燃料研讨会，识别并挑选了一系列需要建立的固体生物质燃料技术规范，欧盟标准化委员会准备了 30 个技术规范，分为术语；规格、分类和质量保证；取样和样品准备；物理（或机械）试验；化学试验等五个方面。

1. 术语

CEN/TS 14588—2004《固体生物燃料——术语、定义和描述》按照逻辑关系进行分类，共有 147 项术语和定义，范围包括农产品和林产品、农业和林业加工废弃物、农产品加工业的废弃物、木材废弃物、造纸黑液等。

2. 规格、分类和质量保证

本部分包括两项技术规范，分别为 CEN/TS 14961—2005《固体生物燃料——燃料规范和等级》和 CEN/TS 15234—2006《固体生物燃料——燃料质量评价》。

CEN/TS 14961 定义了固体生物质燃料的分类和规格，分类的基本原则是基于燃料来源、交易类型（块状、颗粒、粉末、锯末、木屑、圆木、整树、草捆、树皮等）和特性，共分为四个层次。第一层分为四个类型，分别为木本生物质、草本生物质、果树类生物质和混合物。

规格仅针对主要的商品生物质燃料制定。其中，固体生物质燃料的特性分为规范性和信息两类。规范性特性是决定性的，其中重要的特性有含水量、尺寸和含灰量。热值、密度等特性则是自愿的，仅用于提供有关的信息。规格的分级相当灵活，因此生产者和消费者都可以从中选择符合要求的类别。

质量管理系统依据 ISO 9001 制定，包括质量计划、质量控制、质量保证和质量改进。CEN/TS 15234 涵盖了燃料的质量保证和质量控制，定义了生物质燃料从生产到交付给最终用户整个供应链的质量保证程序，描述了满足质量要求需要履行的程序，确保整个供应链在可控范围之内。

3. 取样和样品准备

CEN/TS 14778—2005《固体生物燃料——抽样——第 1 部分：抽样办法》适用于所有类别，描述了手工和机械两种抽样方法，取样场所分为固定和移动两种形式。

CEN/TS 14778—2005《固体生物燃料——抽样——第 2 部分：卡车运输的颗粒物质的取样方法》，描述了卡车运输固体生物质燃料的取样方法，适用于类别 1 和 2。

CEN/TS 14779—2005《固体生物燃料——取样——取样计划和取样证书的准备方法》适用于所有类别，定义了合并样品必要的体积计算方法，抽样检验方法，抽样验证的完整和详细准备过程。

CEN/TS 14780—2005《固体生物燃料——样品制备方法》适用于类别 1、2 和 4。它描述了合并样品缩小至实验室样品的方法，以及实验室样品缩小成子样品和普通样品的方法，包括样品分割和规格减少。上述技术规范适用于测试样品的机械、物理和化学特性时采用。

4. 物理和机械特性检测标准

CEN/TS 14918—2005《固体生物燃料——热量值的测定方法》定义当生物质固体燃料

的体积保持不变，温度为 25℃时，使用校准的氧弹量热仪测试其高位热值的方法。它适用于所有的生物质固体燃料。

CEN/TS 15103—2005《固体生物燃料——体密度的测定方法》描述了使用标准度量容器测试固体生物质燃料密度的方法，适用于所有固体生物质燃料。将试验样品按照标准方法填入给定尺寸和形状的标准容器中，容积密度等于单位标准容积的净质量。

CEN/TS 14774—1—2004《固体生物燃料——水含量的测定方法——烘干法——第 1 部分：总含水量——参照法》适用于所有生物质燃料，描述了在电炉中烘干测定样品总含水量的方法。样品的最小质量 300g（超过 500g 更为合适），在（105±2）℃温度下进行干燥，每小时向炉内通风 3～5 次，直到达到恒定质量。含水量以样品失去质量的百分比来表示。方法中包括浮力作用修正的程序，这是因为干燥后的样品在称重时还保持着较高温度，需要补偿浮力作用以满足更高精度的要求。

CEN/TS 14774—2—2004《固体生物燃料——水含量的测定方法——烘干法——第 2 部分：总水分——简易法》的基本原理与 CEN/TS 14774—1—2004 类似，适用于精度要求不高的场所，如日常生产控制。两者的区别在于有没有浮力补偿。

CEN/TS 14774—3—2004《固体生物燃料——水含量的测定方法——烘干法——第 3 部分：一般分析样品中的水分》适用于 CEN/TS 14780—2005 描述的普通分析样品。其中，普通分析样品定义为实验室样品的子样品，规定的最大尺寸为 1mm，用于化学和物理分析。

CEN/TS 14775—2004《固体生物燃料——灰分含量的测定方法》适用于所有固体生物质燃料灰分含量的测试。灰分含量定义为燃料在指定条件下燃烧后不可燃剩余物的质量，表示为燃料干重的百分比。试验时样品在空气中加热，样品在称重时温度控制在（550±10）℃。

CEN/TS 15210—1—2005《固体生物燃料——芯块和煤块的机械耐久性测定办法——第 1 部分：颗粒》定义了颗粒成型燃料机械耐久力试验条件和方法，耐久力是针对成型燃料在运输和搬运过程中对振动或磨损的阻力测定。测试样品在旋转测试容器内发生相互碰撞，或与容器内壁碰撞。耐久力等于分离出磨损和破损的颗粒后剩余的样品质量。测试容器是用刚性材料制成的盒子。

CEN/TS 15210—2—2005《固体生物燃料——颗粒和团块的机械耐久性测定方法——第 2 部分：团块》适用于块状成型燃料。

5. 化学特性检测标准

CEN/TS 15104—2005《固体生物燃料——碳、氢和氮含量的测定——仪器方法》已知质量的样品在规定条件下燃烧，转换为灰分和气体产物，如二氧化碳、水蒸气、氮气、氧化氮等，随后进行气体分析。

CEN/TS 15289—2006《固体生物燃料——硫磺和氯总含量的测试》。

CEN/TS 15105—2005《固体生物燃料——氯化物、钠、钾含水量的测定方法》。

CEN/TS 15290—2006《固体生物燃料——主要元素测定》。

CEN/TS 15297—2006《固体生物燃料——微量元素测定》。

CEN/TS 15296—2006《固体生物质燃料——分析不同基质的计算方法》。

我国自 20 世纪 80 年代起引进了螺旋式秸秆成型机。近年来，许多科研机构和企业竞相投入该领域的研究，已有厂家进行批量生产，形成了良好的发展局面。但是，作为一个新兴产业，目前我国还没有生物质固体成型技术、设备和燃料的相关标准。由于缺少统一的生产和质量标准，不同单位生产的生物质固体成型燃料的规格、物理特性和化学特性千差万别，这些特性的优劣直接影响到固体成型燃料的存储、运输和应用，严重地制约了生物质固体成型燃料产业的发展。

因此，应借鉴欧盟固体生物质燃料标准，开发出适合我国的生物质固体成型燃料技术标准，这不仅能够有效地整合研究、开发和推广应用等各个方面的资源，促进生物质固体成型燃料技术、设备和产品市场的建立，而且可以克服不同种类燃料特性所造成的市场障碍，降低交易成本，促进我国生物质固体成型燃料产业健康、有序、持续地发展。

2.1.2　国内生物质性质指标检测标准现状

之前，我国生物质固体燃料的试验方法基本上都是参照煤炭的测定方法。生物质燃料特性分析主要采用我国标煤炭的相关水分、灰分、工业分析等标准。但是参考煤质分析标准来分析生物质，其结果不能正确反映生物质的基本性质，这势必将影响对生物质的利用。我国具有丰富的生物质资源，生物质作为再生能源已得到了越来越广泛的重视，为更好地研究和利用生物质能，我国已研究制定出生物质分析的标准方法。

我国于 20 世纪 80 年代末制定了 GB/T 17664—1999《木炭和木炭试验方法》、GB 5186—1985、NY/T 1219—85《生物质燃料发热量测试方法》、GB/T 21923—2008《固体生物质燃料检验通则》等国家或农业行业标准。农业部制定了 NY/T 1878—2010《生物质固体成型燃料技术条件》和 NY/T 1882—2010《生物质固体成型燃料成型设备技术条件》两项农业行业标准。煤炭科学研究总院煤炭分析实验室组织制定了固体生物质燃料相关检验方法标准，主要包括样品制备方法、全水分、工业分析、碳氢、全硫、发热量、灰熔融性、灰成分、氯、氮等。

GB/T 21923—2008《固体生物质燃料检验通则》统一了有关生物质燃料及其检验的概念、术语和定义、检验规则和结果表述等。为今后建立的一系列固体生物质燃料检验标准或技术规范（包括采、制样）奠定了基础。GB/T 28733—2012《固体生物质燃料全水分测定方法》与 DDCEN/TS 147741：2004 和 DDCEN/TS 147742：2004 相比修改了换气次数和检查性干燥时间，具体规定了首次干燥时间、称样量、试验终止条件和重复性限。较欧盟技术规范规定的方法更具体、更具可操作性；检查性干燥时间为 30min，缩短了总的测定时间。

GB/T 28731—2012《固体生物质燃料工业分析方法》提出的方法的主要技术条件与欧盟技术规范基本一致，对试验条件进行了优化，对试验程序、操作步骤规定得更详细，可操作性增强。其中水分测定规定了两种测定方法。方法 A 为通氮干燥法，方法 B 为空气干燥法。如样本材料在（105±2）℃易于氧化，应首选方法 A。在仲裁分析中遇到有用一般分析试验试样水分进行校正以及基的换算时，应用方法 A 测定一般分析试验试样的水分。

GB/T 28732—2012《固体生物质燃料全硫测定方法》包括艾士卡法和库仑滴定法。其中高温燃烧库仑滴定法为我国自主研发，相比欧盟标准方法和美国材料与试验协会（ASTM）标准方法，仪器设备简单，自动化程度高，易操作。

GB/T 28731—2012《固体生物质燃料工业分析方法》中碳氢测定采用三节炉法，由吸收剂的增量计算生物质燃料中碳和氢的含量。生物质燃料中硫和氯对碳测定的干扰在三节炉中用铬酸铅和银丝卷消除。氮对碳测定的干扰用粒状二氧化锰消除。采用凯氏法消解样品后采用酸碱滴定法测定。

GB/T 28730—2012《固体生物质燃料样品制备方法》研制具有切割、破碎和击打功能的破碎机，能顺利制备出小于 30mm 的全水分样品和小于 0.5mm 的分析试样。和欧盟标准小于 1mm 粒度相比，代表性更好。同时发现，对于固体生物质燃料样品，粗碎阶段的样品可在 105℃下进行预干燥而不影响试样的品质，由此可缩短固体生物质样品的制备时间。

GB/T 30727—2014《固体生物质燃料发热量测定方法》用预先标定了热值的擦镜纸包裹样品再进行燃烧试验，和欧盟标准提出的将试样压饼，或装入燃烧袋或胶囊后再进行试验相比，更简单、更方便实用，且能有效防止样品燃烧时的喷溅和燃烧不完全现象。

GB/T 30729—2014《固体生物质燃料中氯的测定方法》建立了自动化程度高的高温燃烧水解-电位滴定法。和欧盟标准中的氧弹燃烧分解或高压容器酸溶法分解样品-离子色谱法相比，仪器设备简单、操作方便，高含量测定结果精密度较高，结果稳定、自动化程度高。

固体生物质燃料灰成分测定方法建立了适合我国国情且可操作性强的固体生物质燃料灰成分（包括 SiO_2、Al_2O_3、Fe_2O_3、CaO、MgO、K_2O、Na_2O、TiO_2、P_2O_5、SO_3）的测定方法。

GB/T 30725—2014《固体生物质燃料灰熔融性测定方法》通过对不同类型样品的条件试验，确定了（550±5）℃的样品灰化温度，控制升温程序升温速率为 4～6℃/min，550℃时通入还原性气体。且较欧盟标准多一种气氛控制方法——封碳法。

由于受到本国自然情况所限，以及生物质生长地域环境的影响，欧盟标准和美国标准仍不能完全适合我国生物质燃料情况，我们仍需要制定适合我国国情的生物质燃料特性分析标准。生物质燃料和煤相比，虽然均由有机碳氢化合物组成其主要可燃部分，但其密度小、灰分低、挥发分高、含水量高的特点，致使生物质燃料与煤相比，在其成分组成上有较大差异，导致其物理和化学特性也不同，从而决定了煤的品质特性检验标准不能完全适用于生物质燃料特性分析标准。所以，需要对煤的试验分析检验标准做进一步的完善和改进，建立起适用于生物质燃料的、准确可靠的燃料特性分析检验标准。

参考国际先进的固体生物质燃料检验标准，适应我国固体生物质产业生产，制定既符合我国国情又与国际接轨的检验标准，能有效克服不同种类燃料特性、检验方法等造成的障碍，促进我国固体生物质燃料产业健康、有序、持续的发展。

2.2 生物质热解燃烧研究进展

面对化石能源的枯竭和环境污染的加剧，寻找一种洁净的新能源成了迫在眉睫的问题。现在全世界都把目光凝聚在生物质能的开发和利用上。生物质能利用前景十分广阔，但真正实际应用还取决于生物质的各种转化利用技术能否有所突破。通过生物质能转换技术可高效地利用生物质能源，生产各种清洁能源和化工产品，从而减少人类对于化石能源的依赖，减轻化石能源消费给环境造成的污染。目前，世界各国尤其是发达国家，都在致力于开发高效、无污染的生物质能利用技术，以保护本国的矿物能源资源，为实现国家经济的可持续发展提供根本保障。

随着技术的不断完善，研究的方向和重点也在拓宽，以前侧重热解反应器类型及反应参数，以寻求产物最大化，而现在整体利用生物质资源的联合工艺以及优化系统整体效率被认为是最大化热解经济效益、具有相当大潜力的发展方向；除此之外，提高产物品质，开发新的应用领域，也是当前研究的迫切要求。

我国生物质热解技术方面的研究进展缓慢，主要是因为研究以单项技术为主，缺乏系统性，与欧美等国家相比还有较大差距。特别是在高效反应器研发、工艺参数优化、液化产物精制以及生物燃油对发动机性能的影响等方面存在明显差距。同时，热解技术还存在如下一些问题：生物油成本通常比矿物油高，生物油同传统液体燃料不相容，需要专用的燃料处理设备；生物油是高含氧量碳氢化合物，在物理、化学性质上存在不稳定因素，长时间储存会发生相分离、沉淀等现象，并具有腐蚀性；由于物理、化学性质的不稳定，生物油不能直接用于现有的动力设备，必须经过改性和精制后才可使用；不同生物油品质相差很大，生物油的使用和销售缺少统一标准，影响其广泛应用。以上问题也是阻碍生物质高效、规模化利用的瓶颈所在。

针对以上存在的差距和问题，今后的研究应主要集中在如何提高液化产物收率，寻求高效精制技术，提高生物油品质，降低运行成本，实现产物的综合利用和工业化生产等方面。同时加强生物质液化反应机理的研究，特别是原料种类及原料中各种成分对热化学反应过程及产物的影响。在理论研究的基础上，将现有设备放大，降低生物油生产成本，逐渐向大规模生产过渡，完善生物油成分和物理特性的测定方法，制定统一的规范和标准，开发生物油精制与品位提升新工艺，开发出用于热化学催化反应过程中的低污染高效催化剂，使其能够参与化石燃料市场的竞争。

生物质热解是指生物质在没有氧化剂（空气、氧气、水蒸气等）存在或只提供有限氧的条件下，加热到逾500℃，通过热化学反应将生物质大分子物质（木质素、纤维素和半纤维素）分解成较小分子的燃料物质（固态炭、可燃气、生物油）的热化学转化技术方法。生物质热解的燃料能源转化率可达95.5%，最大限度的将生物质能量转化为能源产品，物尽其用，而热解也是燃烧和气化必不可少的初始阶段。通过控制热解时的反应温度、升温速率等条件，可以得到不同的热解产品。根据试验条件的不同可将热解分为炭化（慢热解）快速热解和气化热解。热解工艺过程为先对原物料进行破碎干燥粉碎，然后通过加热装置对其进行加热裂解，再通过旋风分离器使热解产物中的气体和固体分离，最后通过冷凝器对气态生物油进行冷凝，并对液态生物油进行收集。

目前，许多国家都开展了快速热解技术的研究，并开发出了许多不同的工艺。其中，国外较为典型的热解反应器主要有流化床反应器、循环流化床反应器、真空热解反应器、引流床反应器、烧蚀涡流反应器、热辐射反应器和旋转锥反应器等。国内很多科研院所（如广州能源研究所、中国林科院林化所等）和高等院校（如沈阳农业大学、中国科技大学、浙江大学、东北林业大学等）也对生物质热解技术进行了研究，并取得了一定的进展。在研究生物质的热解机理时，考虑到热解过程的复杂性，研究者往往通过一些假设，用较明了的动力学模型来表示复杂的物理过程。生物质热解动力学主要通过对热解过程的动力学分析，了解热解反应机理，并预测热解反应速率。热解动力学模型的研究是生物质热解过程基础研究的一部分，研究热解动力学模型一方面能够揭示热解过程中所涉及的物理化学变化，另一方面还可为热解工艺的优化提供参考依据。近年来，国内外学者在生物质热解动力学方面做了大量的研究工作。

2.2.1 生物质燃烧研究现状

许多学者对生物质燃烧属性进行了研究。结果表明，生物质燃烧特性受到生物质基本组分和组成元素、燃料的理化性质以及运行条件的影响。

1. 生物质燃料组分对生物质燃烧的影响

生物质与煤具有很多不同的地方，包括有机物和无机物成分、热值和物理属性等。氮、氯和灰分的含量对 NO_x 排放、腐蚀和灰分沉积有直接影响。生物质中挥发性物质、固定碳和灰分的含量是影响生物质燃烧质量的重要因素。半纤维素、纤维素和木质素含量是决定生物质热值的关键因素。生物质中木质素含量高，其热值也高，因此一般可将生物质分为含木质素较多的林业废弃物生物质和含纤维素较多的农业生产废弃物两大类。挥发性物质的释放一般处于燃烧的起始阶段，影响生物质的燃烧速率和着火特性，它与微分热重曲线中的点火温度和最快燃烧速率有直接关系。生物质中灰分的含量会影响燃烧设备的使用寿命、设备维护成本，以及烟气中污染物的排放量。生物质中水分含量较高，影响其燃烧过程中的热化学反应，降低炉膛内部温度，从而降低了灰分的熔融点，增加了灰分结渣结垢的不良影响。

Demirbas 对 24 种生物质燃料的主要组成成分以及灰分含量进行了收集整理，为生物质能的燃烧利用提供了重要的数据和理论基础。Dare 等利用电感耦合等离子体质谱（ICP-MS）以及热重-差热（TG-DTA）仪器对树皮废弃物和桉树的燃烧特性进行了研究，研究了其燃烧过程的主要参数，包括灰分的结垢结渣程度、灰分浸出特征、痕量元素和 S 的释放水平。

由于生物质中挥发分含量高，生物质燃料和产生的焦炭具有高的反应活性，因此其成为一种重要的优质燃料。测定含碳物质的反应活性一般采用等温或者不等温热重技术绘制失重曲线。一般都有水分蒸发、干燥，挥发分的释放，挥发分和焦油的燃烧三个阶段。生物质燃料焦炭的反应活性普遍高于煤，这主要归结于生物质焦炭的多空以及无序的碳结构可以提高氧气的接触面积。

2. 生物质燃料理化性质对生物质燃烧的影响

生物质燃料的理化性质主要包括燃料密度、粒径大小、主要元素含量、着火特性和易碎性以及热值等。与煤相比，生物质一般少 C 多 O，Si 和 K 含量较高，Al、Fe 和 S 含量较低，热值低、水分含量高，密度和易脆性低。

林业废弃物生物质 N 和灰分的含量较低，农业类生物质 N 和灰分的含量则较高。灰分的含量以及灰分中元素的组成直接影响燃烧过程中产生的结焦结垢以及灰分熔融等问题。小麦秸秆灰分中 K_2O 和 Cl 的含量分别为 20.0% 和 3.6%。热解后的焦炭可以通过水洗的方式去除 K 和残留的 Cl。这样可以避免因 K 的存在而对锅炉造成损害。碱金属的存在会与 S 和 Cl 反应，从而对热化学转换系统不利，造成热交换器表面、汽轮机刀片的结垢和腐蚀，以及一些其他部件的损害。Demirbas 对煤和生物质中的理化性质进行了比较，并对 24 种生物质燃料的主要元素以及灰分中无机物的含量进行了定量分析，为生物质的混合燃烧提供了技术支撑。

3. 运行条件对生物质燃烧的影响

Jenkins 等对木柴和水稻秸秆进行了生物质燃烧试验，通过控制空燃比可以调节 NO_x 的排放量。结果显示，NO_x 的生成与 H 的氧化同时进行。在富燃状态下，NO_x 化合物生成量减少。反之，其生成量则增加。这是由于燃料中的 C 转化为 CO 快速反应消耗了大量的氧气，从而使得形成 NO_x 所获的氧气量减少。另外，相关试验研究表明，在 HC 燃料中增加 N 元素的浓度可以降低燃料中的氮向 NO_x 的转化。

生物质燃烧质量与生物质中挥发分的释放和燃烧有着重要的关系，挥发分的释放随着温度的升高而加剧。因此，为了使挥发分得到充分燃烧需要获得足够的气相停留时间，以保证挥发分能够在燃烧室内得到有效燃烧，降低未燃气体在烟气中的含量，提高热效率。生物质燃料中 N 元素的转移与挥发分的释放有直接关系。79％～91％的 N 在燃料热解过程中随着挥发分进行释放。在较低的温度或者较短的气相停留时间里，燃料中的 N 倾向于滞留在焦炭中，形成富氮焦炭，热解产物挥发分 N 主要是 NH_3、HCN 和 HNCO 等。NH_3 氧化形成 NO，并根据化学当量比和燃料中 N 的浓度不同，与 NO 和其他含 N 物质转化形成 N_2。

燃烧炉内温度的高低对生物质燃烧的热解以及挥发分的组分有着重要作用。高温可以促进热解过程，使生物质燃料中挥发分释放充分。在不同的温度范围内生物质所释放的挥发分产物差异明显，生物质燃烧过程中空气的进入方式和流速的选择影响生物质的燃烧状态，生物质流化床燃烧技术中一次进风以及二次进风比例和流速对其燃烧效率影响明显。随着燃烧反应的进行，在燃烧炉上部会形成富燃状态，缺氧易导致燃烧不充分，增加污染物排放量的可能。因此对燃烧炉内进行二次进风调节可以有效防止富燃现象的发生，降低有害气体的排放。调节一次进风的流速可以在增加氧气供应的同时，增加燃料与空气的接触面积，起到提高燃烧效率的作用。然而，Menghini 等认为尽管过量空气可以促进反应进行和控制污染物的生成，但是必须与化学过程相结合进行合理控制，而且应该尽可能接近化学当量比，因为过量空气系数越小，热量损失也越少。

2.2.2 生物质热解动力学研究进展

1. 国外生物质热解研究进展

关于生物质热解动力学模型的研究，最早源于对煤热解模型的研究。1946 年，Bamford 等将热解作为木材燃烧过程的一个步骤来研究，认为木材的热解过程和煤热解相似，符合一级 Arrhenius 反应。此后，简单一级 Arrhenius 反应模型在生物质热解模型中被频繁使用。

考虑到单步反应模型比较简单，而且容易理解，最早关于生物质的热解计算和模拟，一般都采用一步反应模型。Cordero 等采用单组分全局反应模型研究了橡木在氮气流中的热解过程，并根据五种可能的机理函数 $f(a)$，分别研究了其对应的动力学模型。针对每一个模型分别计算其动力学参数 E 和 A，并根据计算结果来判断模型的建立是否合适。研究结果表明，一级反应模型较适合等温动力学过程的模拟。Momoh 等研究了数十种热带木料在空气中的热解行为，试验条件为升温速率 10℃/min，建立了单组分反应模型，并结合试验研究，得出在低温阶段，活化能较高，变化范围为 101～136kJ/mol；在高温阶段，活化能较低，变化范围为 35～65kJ/mol。Drummond 等利用网屏加热器研究了甘蔗渣等纤维素材料的热解规律，认为甘蔗渣的快速热解可以采用单组分全局反应模型描述。Zabaniotou 等采用俘样反应器（captive sample reactor）研究橄榄树剩余物（olive residues）的快速热解动力学时，也利用了单组分全局反应模型。

单组分全局反应模型仅能够从表观上对生物质在整体范围内的热失重行为进行模拟，但不能精确反映出各组分对热解失重的影响。因此，很多研究者根据生物质热解失重规律及其热解特性，将生物质的热解过程划分为几个阶段，提出了多组分全局反应模型。在研究多组分全局反应模型时，考虑到纤维素、半纤维素和木质素的性质及所占质量分数的不同，往往将样品中容易分离的纤维素、半纤维素先分离出来，分别建立各自的热解失重动力学方程，最后根据所占份额得到总体的热解动力学模型。Font 等对杏树进行热解分析时，将杏树看作是由两个独立的组分构成的，建立了一个双伪组分动力学模型，并计算了两种伪组分各自的动力学参数，但没有给出总体热解失重的活化能（E）和指前因子（A）等动力学参数。

1975 年，Broido 等在试验中发现温度为 230～273℃的长时间预热处理可以使纤维素在 350℃条件下的等温热解半焦产率显著提高，揭示出纤维素热解过程中可能存在一对平行的竞争反应途径。1976 年，Broido 提出了一个纤维素多步反应模型，1979 年 Bradbury 等将其改进成 Broido-Shafizadeh 模型（简称 B-S 模型）。B-S 模型中关于活性纤维素的存在问题一直存在分歧，很多研究者围绕着这个问题进行了验证试验。Boutin 等在试验中直接观察到了一种熔化状的物质，并通过分析证实了活性纤维素的存在；后来通过闪速热解和急速降温收集到一种介于纤维素和生物油之间的中间化合物，并认为该物质可能就是活性纤维素；Lede 等研究发现纤维素在闪速升温条件下，热解初期会生成一种主要成分为低聚寡糖的液态中间产物。

1983 年，Antal 等对木质素的热解行为进行了研究，提出在木质素热解时至少存在两种竞争反应模型。低活化能条件下生成焦炭和一氧化碳等小分子气体以及高活化能条件下生成高分子芳香族。木质素的结构比较复杂，对其热解动力学过程进行描述比较困难。木质素热解时的实际情况要比两个竞争反应更复杂。因此，该模型的模拟结果不能更准确地描述反应过程。

Varhegyi 等先从多种木屑中分离出木质素，然后用一级全局反应模型模拟了木质素的热失重过程，并得出木质素的活化能为 34～65kJ/mol。Orfao 等则采用三组分全局动力学模型来模拟木质素的热解过程，并得出木质素的活化能为 36.7kJ/mol。

2. 国内生物质热解研究进展

国内对生物质热解动力学的研究始于 20 世纪 90 年代，虽然起步较晚，但一些研究者已提出了某些具有价值的结论和见解。1992 年，吴创之等研究木材快速热解时，运用化学动力学及热分析的基本原理，得出气体生成的动力学表达式及相应的动力学参数。赖艳华等对秸秆类生物质热解过程进行差分热重分析（DTG）和热重分析（TG），通过对 DTG-TG 曲线的分析，建立了北方典型的秸秆类生物质的反应动力学方程，由试验数据得出秸秆类生物质的热解反应可视为一级反应，根据动力学模型得出了玉米秸和麦秸的热解动力学参数。

余春江等基于 B-S 模型对纤维素热解进行了验证计算和分析比较，讨论了竞争反应动力学参数、活性纤维素的存在与状态以及热解产物二次反应等几个方面的问题，并在此基础上提出了一种改进的纤维素热解动力学模型。刘汉桥等在研究废弃生物质的热解特性时，提出了一级反应和平行反应两种模型。通过对预测值与试验值的比较分析，得出两种模型中平行反应模型较一级反应模型更适合废弃生物质热解反应机理。蒋剑春等研究了不同升温速率对木屑热解反应动力学的影响，通过试验发现木屑热解主要分成以纤维素、半纤维素为主的热解反应段和以木质素为主的热解反应段两个主导反应阶段；利用差分法对试验数据进行数学处理，求出活化能（E）、指前因子（A）和线性相关系数（R）等动力学参数；通过对不同升温速率的热解反应动力学研究，得出传统的动力学模型对生物质热解化学反应过程总体是适应的，但有一个特定的反应区域；升温速率较慢时，传统动力学模型的适应性较窄，仅在210~355℃范围内适宜。黄娜等采用热重分析法考察了纤维素、半纤维素和木质素的热解行为，并建立了三组分热解反应的动力学模型。研究结果表明，可用两个分段二级动力学方程来描述木质素和木聚糖（半纤维素）的热解规律；而纤维素低温热解时符合一级动力学规律，高温时则满足二级动力学规律。

赵保峰等采用 Miller 模型对稻壳在低升温速率下的热解行为进行了动力学模拟，并利用热重分析试验结果对模拟过程的有效性进行了对比验证。王新运等在氮气气氛和不同的加热速率下对杉木原料进行了热重分析，采用非线性最小平方算法，按三组分独立平行一级反应热解动力学模型，模拟计算的曲线与试验结果吻合较好。结果表明随着升温速率的加快，纤维素和木质素热解的活化能有增加的趋势，而半纤维素的活化能有下降的趋势。赵伟涛等使用热重-差热分析技术研究了泥炭样品在惰性气氛中的热解规律，建立了描述泥炭有机质热解动力学规律的三组分叠加反应模型。曲雯雯等利用热重分析技术对核桃壳在高纯 N_2 条件下的热解进行了分析，研究了不同升温速率对热解过程的影响，探讨了热解积累。研究表明，核桃壳快速热解阶段热解机理满足三维扩散 Jander 方程，并以此机理函数对核桃壳在升温速率为 5、10、20℃/min 和 40℃/min 情况下进行动力学分析，求解动力学参数。王通洲等利用简单一级动力学模型和分布活化能模型分别对玉米秸秆在 15、25、30℃/min 升温速率下的热重分析数据进行了研究，得出两种动力学模型计算得到的活化能和指前因子存在很大差异，分析了产生差异的原因，认为分布活化能模型更能反映生物质热解动力学过程。

赵丽霞等利用热重-质谱联用技术，对玉米芯在不同升温速率及不同温度下的热解行为进行了分析，建立了热解动力学模型，并根据试验数据对模型求解，结果表明玉米芯在低温段属一级反应，在高温段属三级反应。王明峰等建立了稻壳热解过程的分段反应模型，并获得了反应动力学参数，其中失水预热解阶段满足 N 阶反应，主热解阶段满足 J-M-A 方程。对所建模型进行了检验，发现模型计算结果与试验数据相近，计算误差不大于 2.35%。栾积毅等采用沉降炉对农业废弃物稻壳高温快速热解进行试验研究，并提出动力学模型，求出稻壳快速热解反应动力学参数，并模拟了试验过程，验证了所建模型的合理性。刘雪梅等通过对椰壳原料进行热重分析，对热解过程进行动力学分析，将椰壳解热过程分为水分损失阶段、热解阶段、热缩聚阶段，其中热解阶段可以用分段一级动力学模型表示，随着热解速率的增加，第一阶段活化能增加，第二阶段活化能降低。杨素文等采用热重分析仪对松木屑进行热解试验，考察了升温速率等对松木屑热解过程的影响，并利用 Miller 模型求得松木屑主要热解反应过程的动力学参数。

目前，在生物质热解动力学方面，国内外学者做了很多基础研究工作。虽然，很多研究已根据相关理论推导并结合试验结果，建立了各种热解反应动力学模型并进行了模拟仿真和试验验证，但是，现有的模型在来源和形式上差别很大，而且很多都是在热重分析仪慢速热解的试验基础上提出的，是否符合快速热解需进一步验证，对于生物质热解动力学模型的建立、理论分析和试验验证等仍需要进行大量的研究。

第 3 章

固体生物质燃料机械采样技术

我国固体生物质燃料产业发展迅速，但作为一个新兴产业，电站生物质燃料采样技术方面国内还处于空白，这是由于生物质燃料的物种很复杂，有农作物的废弃物、木材加工的废角料、林业废弃料等，生物质燃料采样无法达到公正、公平，这已经成为制约生物质发电应用和深度发展的瓶颈。生物质燃料采样主要通过对生物质燃料采样方式及其代表性进行研究，以便总结出生物质燃料采样方式，通过声光识别方式，开发出一整套针对生物质燃料进行自动采样的智能采样机设备并应用于生物质电站。包括智能检测装置、机械取样设备、生物质燃料分析破碎设备、生物质燃料取样随机规则。

3.1 固体生物质燃料机械采样设计

3.1.1 锯齿式采样机

采样管由内外两层钢管组成，其中外套管作为被采集燃料的固定管道，内钢管前端有锯齿，用于切割原料，切割后的燃料最大长度约为100mm。

前端部锯齿切割燃料后，通过蜗杆传输到端部的集合盘，在集合盘中有水分探头作为燃料外水分和内水分的传感器。

设计分为卧式和立式两种方式，卧式（见图 3-1）适合于直接在运输车上进行采样，立式分为移动式（见图 3-2）和固定式（见图 3-3），其中移动式适合于燃料卸车堆放的采样，固定式适合于运输车上直接采样。

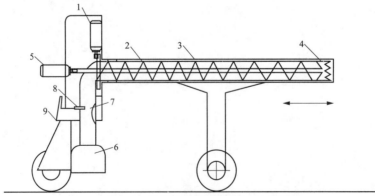

图 3-1　采样机方案（卧式）示意图

1—采样管电机；2—传输蜗杆；3—固定采样管；4—锯齿采样头；5—蜗杆电机；

6—样品容器；7—测量腔；8—水分传感器；9—数据处理器

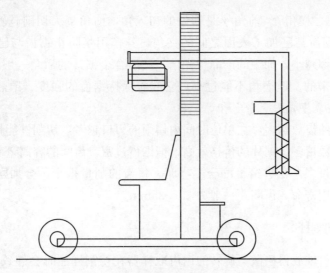

图 3-2 采样机方案（移动立式）示意图

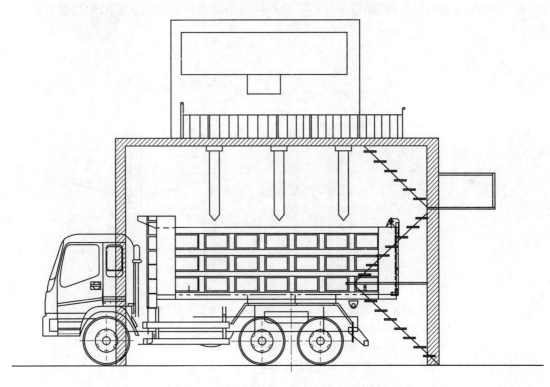

图 3-3 采样机方案（固定立式）示意图

3.1.2 样品切割器

采样器的主要部件是前部的锯齿采样头（见图 3-4），由于生物质燃料品种很多，各类燃料的特性不同，需要根据较为难切割的燃料（如树皮、树根等），采用特别的锯齿采样头。锯齿的角度就是锯齿在切削时的位置。锯齿的角度影响着切削的性能效果。对切削影响最大

的是前角 γ、后角 α、楔角 β。前角 γ 是锯齿的切入角，前角越大切削越轻快，前角一般为 $10°\sim15°$。后角是锯齿与已加工表面之间的夹角，其作用是防止锯齿与已加工表面发生摩擦，后角越大则摩擦越小，加工的产品越光洁。硬质合金锯片的后角一般取 $15°$。楔角是由前角和后角派生出来的。但楔角不能过小，它起着保持锯齿的强度、散热性、耐用度的作用。前角 γ、后角 α、楔角 β 三者之和等于 $90°$。

一般来说锯齿的齿数越多，在单位时间内切削的刃口越多，切削性能越好，但切削齿数多，需用硬质合金数量多，锯片的价格就高，但锯齿过密，齿间的容屑量变小，容易引起锯片发热；另外锯齿过多，当进给量配合不当时，每齿的削量很小，会加剧刃口与工件的摩擦，影响刀刃的使用寿命。齿间距一般为 $20\sim25mm$。

3.1.3　辅助切割杆

由于生物质燃料堆放得松散，旋转的锯齿取样器在切割样品时会导致较长样品的甩脱，利用辅助切割杆可以将样品压紧进行切割，有助于样品完整采集。辅助切割杆距离样品切割器 $10\sim20mm$。同时达到保护锯齿采样器不受石块等坚硬物体的损伤。辅助切割器如图 3-5 所示。

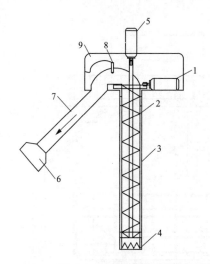
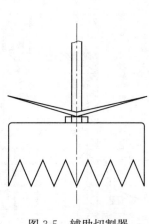

图 3-4　锯齿采样头　　　　　　图 3-5　辅助切割器

1—采样管电动机；2—传输蜗杆；3—固定采样管；
4—锯齿采样头；5—蜗杆电动机；6—样品容器；
7—测量腔；8—水分传感器；9—数据处理器

3.1.4　样品传送杆

由于生物质燃料表面水分很高，在取样过程中容易造成水分丢失，为保证样品的真实性，通过专门设计的蜗杆传输方式，将燃料样品尽可能完整收集进入样品存储罐中。

3.1.5　样品存储罐

样品存储罐为不锈钢密封罐。存储罐采用 316 不锈钢，直径为 $250mm$，高度为 $350mm$，配置密封盖。

3.1.6　水分测量腔

样品通过水分测量腔时，需要停留短暂时间（1～2s），同时提高样品的堆积密度，提高水分测量的准确性。测量腔做收窄处理，形成样品的短暂停留。在收窄挡板前 50mm 处安装水分测量探头。

3.1.7　采样器技术指标

采样器技术指标见表 3-1。

表 3-1 　　　　　　　　　　　　采样器技术指标

项目	指标	项目	指标
锯齿数	60 个/100mm	一次最大采样量	2000g
锯片材料	75Cr1	平均采样量	500g
采样量	50g/min	样品容器	20L
采样深度	1.5m	蜗杆传输速度	1.5m/min
样品破碎尺寸	最大 100mm	最大传输量	500g/min
水分损失率	<3%	蜗杆转速	30r/min

3.2　采样性能测试

生物质燃料具有两种来源形式：一是经过生物质燃料加工，制成一定粒状的燃料物。二是原生态形式的燃料，未加工成一定形式的燃料，这些燃料有木屑、树枝、板材（见图 3-6）、树皮（见图 3-7）等条块式的，也有树叶（见图 3-8）、木糠等零碎式的。大型的生物质发电燃料均采用原生态的形式。

图 3-6　生物质燃料——木材加工边角料

图 3-7　生物质燃料——树皮

本项目的采样机械性能测试采用树皮、木材加工边角料和树叶作为测试原料。测试在实验室进行。

3.2.1 采样行程

采样行程距离从 2.3m 下降到 0.3m，采样距离为 2.0m。

3.2.2 样品采样能力

分别用树皮、木材加工边角料和树叶三种生物质燃料进行采样能力测试；在采样行程距离为 1.5m 时，获得样品的质量见表 3-2。

图 3-8　生物质燃料——树叶

表 3-2　　　　　　　　　　　　采样能力测试一览表

次数	树皮/g	木材加工边角料/g	树叶/g
1	752	812	656
2	705	768	548
3	792	823	716
4	683	812	664
5	711	852	768
平均	729	813	670

由表 3-2 可知，采样能力符合设计要求。

3.3　机械采样图像识别分析系统

3.3.1　图像识别技术

图像识别是立体视觉、运动分析、数据融合等实用技术的基础，在导航、地图与地形配准、自然资源分析、天气预报、环境监测、生理病变研究等许多领域具有重要的应用价值。

作为智能机器人的重要感觉器官，机器视觉主要进行 3D 图像的理解和识别，该技术也是目前研究的热门课题之一。机器视觉的应用领域也十分广泛，如用于军事侦察、危险环境的自主机器人和用于邮政、医院及家庭服务的智能机器人。此外，机器视觉还可用于工业生产中的工件识别和定位、太空机器人的自动操作等。

图像识别是指图形刺激作用于感觉器官，人们辨认出它是过去经验过的某一图形的过程，也称为图像再认。在图像识别中，既要有当时进入感官的信息，也要有记忆中存储的信息。只有通过存储的信息与当前的信息进行比较的加工过程，才能实现对图像的再认。

人的图像识别能力是很强的。图像距离的改变或图像在感觉器官上作用位置的改变，都会造成图像在视网膜上的大小和形状的改变。即使在这种情况下，人们仍然可以认出他们过去知觉过的图像。甚至图像识别可以不受感觉通道的限制。例如，人可以用眼看字，当别人在他背上写字时，他也可认出这个字来。

3.3.2　图像识别技术基础

图像识别可能是以图像的主要特征为基础的。每个图像都有它的特征，如字母 A 有个尖、P 有个圈、而 Y 的中心有个锐角等。对图像识别时眼动的研究表明，视线总是集中在图像的主要特征上，也就是集中在图像轮廓曲度最大或轮廓方向突然改变的地方，这些地方的信息量最大。而且眼睛的扫描路线也总是依次从一个特征转到另一个特征上。由此可见，在图像识别过程中，知觉机制必须排除输入的多余信息，抽出关键的信息。同时，在大脑里必定有一个负责整合信息的机制，它能把分阶段获得的信息整理成一个完整的知觉映象。

在人类图像识别系统中，对复杂图像的识别往往要通过不同层次的信息加工才能实现。对于熟悉的图形，由于掌握了它的主要特征，就会把它当作一个单元来识别，而不再注意它的细节。这种由孤立的单元材料组成的整体单位称为组块，每一个组块是同时被感知的。在文字材料的识别中，人们不仅可以把一个汉字的笔画或偏旁等单元组成一个组块，而且能把经常在一起出现的字或词组成组块单位来加以识别。

在计算机视觉识别系统中，图像内容通常用图像特征进行描述。事实上，基于计算机视觉的图像检索也可以分为类似文本搜索引擎的三个步骤：提取特征、建索引 build 以及查询。

3.3.3 相关领域

图像识别是人工智能的一个重要领域。为了编制模拟人类图像识别活动的计算机程序，人们提出了不同的图像识别模型。例如，模板匹配模型认为，识别某个图像，必须在过去的经验中有这个图像的记忆模式，又称模板。当前的刺激如果能与大脑中的模板相匹配，这个图像也就被识别了。例如，有一个字母 A，如果在大脑中有个 A 模板，字母 A 的大小、方位、形状都与这个 A 模板完全一致，字母 A 就被识别了。这个模型简单明了，也容易得到实际应用。但这种模型强调图像必须与脑中的模板完全符合才能加以识别，而事实上人不仅能识别与脑中的模板完全一致的图像，也能识别与模板不完全一致的图像。例如，人们不仅能识别某一个具体的字母 A，也能识别印刷体的、手写体的、方向不正、大小不同的各种字母 A。同时，人能识别的图像是大量的，如果所识别的每一个图像在脑中都有一个相应的模板，也是不可能的。

为了解决模板匹配模型存在的问题，格式塔心理学家又提出了一个原型匹配模型。这种模型认为，在长时记忆中存储的并不是所要识别的无数个模板，而是图像的某些"相似性"。从图像中抽象出来的"相似性"就可作为原型，拿它来检验所要识别的图像。如果能找到一个相似的原型，这个图像也就被识别了。这种模型从神经上和记忆探寻的过程上来看，都比模板匹配模型更适宜，而且还能说明对一些不规则的，但某些方面与原型相似的图像的识别。但是，这种模型没有说明人是怎样对相似的刺激进行辨别和加工的，它也难以在计算机程序中得到实现。因此又有人提出了一个更复杂的模型，即"泛魔"识别模型。

"泛魔"识别模型是一种以特征分析为基础的图像识别系统。1959 年 B. 塞尔弗里吉把特征觉察原理应用于图像识别的过程，提出了"泛魔"识别模型。这个模型把图像识别过程分为不同的层次，每一层次都有承担不同职责的特征分析机制，它们依次进行工作，最终完成对图像的识别。塞尔弗里吉把每种特征分析机制形象地称为一种"小魔鬼"，由于有许许多多这样的机制在起作用，因此称为"泛魔"识别模型。"泛魔"识别模型对于相似的图形也可以分辨，不致混淆；对于失真的图形，如字母的大小发生变化时，识别也不致发生困难。以特征分析为基础的"泛魔"识别模型是一个比较灵活的图像识别系统。它可进行一定程度的学习，如"认知鬼"可逐渐学会怎样解释与它所负责的字母有关的各种特征；它还可以容纳具有其他功能的鬼。所以这个系统现在也被用来描述人的图像识别过程。

3.3.4 图像识别部件

图像识别部件通过摄像部件使相关图像信息进入图像处理程序，对相关信息进行分类分析处理，给出图像特征要素，从而判断出燃料中存在的杂物等信息。其主要功能如图 3-9 所示。

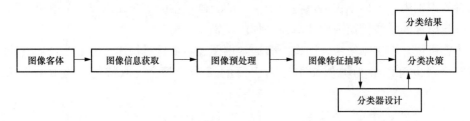

图 3-9 图像识别部件的主要功能

1. 图像信息获取

图像信息获取是指通过数据采集器、图像转换卡、数字摄像头，将光、模拟信号、物理数据等信息转化为数字图像信息。采集的物理数据可以以二维或三维的方式显示出来，不同格式的图像将转化成 24 位的 R、G、B 表达的图像格式，动态表达的影像序列被取成单帧图像。

2. 图像预处理

图像预处理是图像自动识别系统中非常重要的一步，它的好坏直接影响图像识别的效果。预处理的目的是去除图像中的噪声，把它变成一幅清晰的点线图，以便于提取正确的图像特征。

图像预处理主要包括图像平滑、变换、增强、恢复、滤波方法等功能，具体算法和技术包括灰度化、二值化等，这些技术对图像的预处理结果各不相同，而图像预处理的目的只有一个，即为特征量的获取提供充足、完整和紧凑的图像信息。

图像预处理的方法和过程的选择取决于特征选取和模式分类的特殊要求。通过图像获取设备获得图像或者由其他渠道获得的图像的格式、内容、质量和数据信息各不相同，有些需将图像模拟 AV 信号变成数字图像，有些需将测量的数字数据表达变成数字图像，因此需要采取合适的数字图像预处理的方法和过程。例如，在生物质智能机械取样时，需要对取样表面的物品进行识别，找出不是生物质燃料的物体，包括石头、沙泥等，就需要对包含这些形状的待处理图片中的数据进行分析。

3. 图像特征抽取和选择

在图像模式识别中，需要进行特征的抽取和选择。例如，一幅 320 像素×320 像素的黑白图像可以得到 102400 个点数据，每个点数据有两种变化的可能性，即该点为白色或黑色；一幅 320 像素×320 像素的彩色图像同样得到 102400 个点数据，每个点数据有 24 种变化的可能性。所以，只有考虑将测量空间的原始数据通过变换，才能获得在特征空间最能反映分类本质的特征,这种过程就称为图像特征抽取。例如,在这些纹理特征中有些特征的可区分抽取和选择的可区分性很弱,特征之间存在相互关联和相互独立的成分,这也需要抽取和选择有利于程序实现分类的特征量。

在本项目中,主要通过图像识别区别生物质燃料——植物和木材与石头之间的差异,区别方法就是采用每个图像特征点来分辨出植物与石头的差别。

4. 分类器设计

按照一定的规则,通过分析和训练建立合理的样本库,并将待识别样品进行正确分类的方法和技术就是分类器设计。分类方法主要有统计方式、结构方式和模糊方式。

5. 分类决策

在特征空间中对被识别图像进行分类的过程就是分类决策。将设定好的样本放入模块库中,依据不同的识别图像点与模块中的标准进行识别,从而得到该图像中不同具有特征物的点数,根据一定量的点数形成物理上具有规模的石头,若点数较多时,就可以认为是石头或石头。

3.3.5 实施方式

(1) 将图像分割成足够小的子块。例如,将图像分为 16×16 的非重叠小块。

(2) 对每个子块的每一个点利用 Sobel 算子分别计算其 x 方向梯度和 y 方向梯度。

$$dx(i,j) = \sum_{u=-1}^{1} \sum_{v=-1}^{1} S_x(u+1, v+1) f(i+u, j+v)$$

$$dy(i,j) = \sum_{u=-1}^{1} \sum_{v=-1}^{1} S_y(u+1, v+1) f(i+u, j+v)$$

式中:S_x,S_y 为 Sobel;$f(i, j)$ 为各像素的灰度值。

(3) 根据梯度值,每个子块方向的计算公式如下

$$\theta(i,j) = \frac{1}{2} \arctan \left[\frac{\sum_{u=i-w/2}^{i+w/2} \sum_{v=j-w/2}^{j+w/2} dx^2(u,v) dy^2(u,v)}{\sum_{u=i-w/2}^{i+w/2} \sum_{v=j-w/2}^{j+w/2} 2 dx(u,v) dy(u,v)} \right] \quad V_x(i,j) \neq 0$$

$$\theta(i,j) = \frac{\pi}{2} \quad V_x(i,j) = 0$$

式中:w 为图像块的宽度,这里是 16,得到 θ 后再将其量化为 8 个方向,从而得到图像的方向。

传统的图像分割方法包括灰度方差法分割和局部灰度差法等,但是这两种方法对于太湿或太干的图像分割效果往往不准确。也有利用图像具有较强的方向性的方向图分割法,但基于方向图的分割效果依赖于所求图像的方向图的可靠性,而对图像对比度的高低并不敏感,对于单一灰度的区域,方向图分割难以取得令人满意的效果。近几年也有学者提出了基于D-S证据理论的图像分割方法。

总之,目前用于图像分割的方法均各有利弊,采用单一特征的图像分割方法难以达到理想的分割效果。可以把多种方法结合起来并加以改进,构造一种多级分割体系。对于一幅图像,把它分为四类图像区域:背景区、不可恢复区、清晰区和可恢复区。图像分割的目的就

是保持后两类区域，而去除前两类区域。所谓三级分割是指第一级分割出背景区域；第二级从前景中分割出模糊区域；第三级从模糊区域分割出不可恢复部分。这样的处理不仅节省了运算时间，而且提高了分割的可靠性。

3.3.6 图像识别

通过连接在采样头部位的摄像部件，可以达到 320×320 像素的 24 帧/s 的图像，运用运算得到每个像素的图像并与样本库中的图形比对识别，若石头图像超过 100 个，认为石头物理面积超过 5mm²，被识别为石头。保存该图像，并用标示处理，如图 3-10 所示。

图 3-10　生物质燃料中的石头

3.4　机械采样燃料专家分析系统

3.4.1　系统概述

生物质燃料品质控制系统录入相关信息，启动采样。

石头料识别系统对车厢位置进行检测，同时对车厢燃料进行识别，信息反馈到生物质燃料品质控制系统（BQCS）及燃料专家分析系统（FEAS）。

生物质燃料品质控制系统指令机械控制系统（MCS）产生随机采样点进行采样。同时数据采集系统（DAS）启动外水分检测探头及内水分检测探头。

燃料专家分析系统接收数据采集系统信息进行分析，并将结果发送到生物质燃料品质控制系统，最终形成生物质燃料品质报告。

燃料专家分析系统如图 3-11 所示。

燃料专家分析系统是燃料品质控制管理系统的一部分，通过对数据采集系统所采集的数据如样品信息、质量、在线水分等进行管理分析及跟踪，及时掌握生物质燃料的品质和完成情况，提升燃料卸料的作业效率，加强公司对燃料的管理能力。

燃料专家分析系统的主要功能是通过对数据收集系统所采样的数据进行分析，特别是在线水分的分析，通过与往年相同品种的数据进行对比，检查是否会落在常有的区间内，如果落到了异常区间之外，则及时对所进燃料进行检查，确定异常原因，以及时处理，保证燃料品质在可控范围内，从而满足电厂对燃料品质的管理需求。

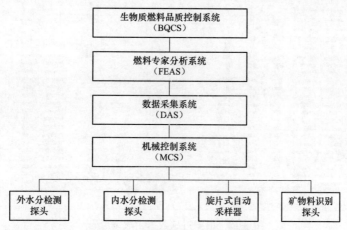

图 3-11　燃料专家分析系统简图

　　燃料专家分析系统对用户下达的各种指令进行管理、查询、记录、打印等功能,同时将数据数据信息反馈至用户。燃料专家分析系统包括燃料过磅称重模块、取样管理模块、化验管理模块及统计分析模块。

3.4.2　基本功能

1. 燃料进场

　　系统根据燃料进场情况,在过磅时,过磅员根据货运单输入车辆信息、货名/规格,根据过磅数据生成条形码(见图 3-12),并打印条形码,交给质检人员进行取样操作。

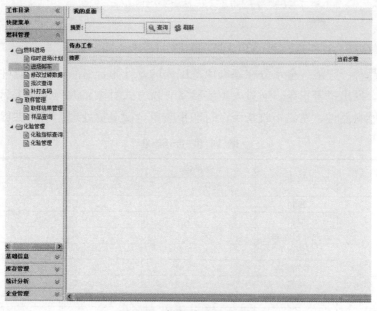

图 3-12　燃料管理基本界面

2. 取样管理

　　系统扫描条形码,质检员启动生物质燃料智能采样机系统对燃料进行扫描取样工作,根据系统所收集数据,由系统对全水分进行判断,根据燃料供货质量标准,设定识别区。

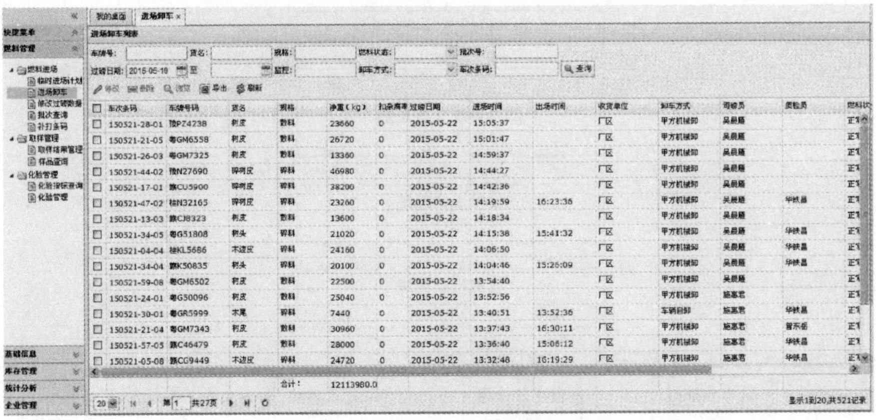

图 3-13　根据过磅数据生成条形码

图 3-14　取样管理界面

根据燃料品种、规格，全水分在基准值范围内的，计为合格品，检收通过；全水分落在报警范围内的，发出报警指令，通过人工实验室分析方式对样品进行其他指标的分析；对于拒收范围内的燃料品种，发出拒收指令，打印拒收单，做退货处理。燃料供货标准见表 3-3。

表 3-3　　　　　　　　　　　　　　　燃 料 供 货 标 准

燃料品种	规格	基准值	报警范围	拒收范围
		全水分 M_t（%）	全水分 M_t（%）	全水分 M_t（%）
树皮	碎料	≤35	35～45	＞45
	散料	≤35	35～45	＞45
	捆扎打包料	≤35	35～45	＞45
枝丫	碎料	≤25	25～45	≥45
	散料	≤25	25～45	≥45
灌木	碎料	≤25	25～45	≥45
	散料	≤25	25～45	≥45
桉树桉树枝	碎料	≤35	35～40	≥40
稻壳	压块	≤25	25～45	＞30
甘蔗渣	碎料	≤50	50～60	＞60
散甘蔗叶禾草及禾草包	散料	≤20	20～25	＞25
纯木糠	碎料	≤20	20～25	＞25

3.4.3 化验管理

若机械取样装置所取样品全水分位于报警区，将样品以条形码作为样品编号，送到实验室进行分析，分析样品的水分、灰分、挥发分、全硫、发热量等指标，并将数据输入化验管理中（见图 3-15），综合分析指标作为样品质量依据，以此对燃料进行管理、监控。

图 3-15　化验单

3.4.4 统计分析管理

对于取样结果及化验结果可以自动生成 Excel 电子表格文件，避免了大量烦琐的计算和文件格式转换，并能够明确地反映各种燃料的质量明细，供管理者进行查阅及结算等。

3.5 生物质燃料智能采样系统

3.5.1 技术要求

（1）适用于生物质燃料的机械取样，代替人工取样方式。

（2）便于在货场中移动，包括自行方式和人力移动方式。

（3）取样过程中完成水分含量的检测。

（4）样品自动进入样品容器保存。

（5）记录整个取样过程。

（6）可判别原料中的石头、铁块等固体物料。

3.5.2 技术指标

生物质燃料采样器的主要技术指标见表 3-4。

表 3-4   生物质燃料采样器的主要技术指标

项目	指标	项目	指标
锯齿数	60 个/100mm	一次最大采样量	2000g
锯片材料	75Cr1	平均采样量	1500g
采样量	100g/min	样品容器	20L
采样深度	1.5m	蜗杆传输速度	1.5m/min
样品破碎尺寸	最大 50mm	最大传输量	500g/min
水分损失率	<3%	蜗杆转速	30r/min

3.5.3 设计图纸

1. 整组设计

生物质燃料采样器的功能示意图和整体设计图如图 3-16 和图 3-17 所示。

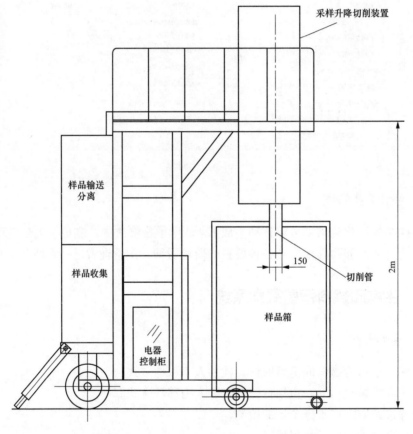

图 3-16 生物质燃料采样器的功能示意图

2. 采样部件

采样部件包括采样头和传输装置（见图 3-18）。生物质燃料经过采样头进行采样，通过传输装置进入样品罐。

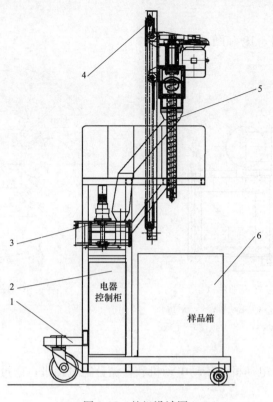

图 3-17　整组设计图

1—机架；2—电器控制柜；3—分样机构；4—采样升降机构；5—螺旋提升机构；6—样品箱

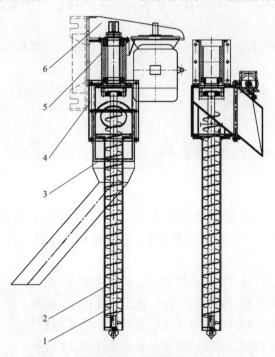

图 3-18　样品提升部件

1—螺旋杆；2—螺旋管；3—接料管件；4—壳体；5—轴承座本体；6—安装座

3. 样品转换部件

样品转换部件如图 3-19 和图 3-20 所示。

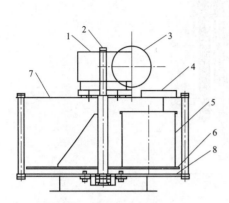

图 3-19　样品转换部件（一）

1—减速器；2—轴承；3—电动机；4—接样口；
5—接样桶；6—转动板；7—上板；8—下板

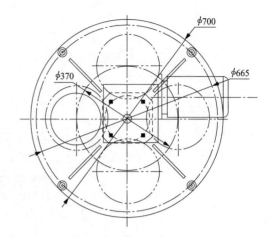

图 3-20　样品转换部件（二）

4. 动力总成

动力总成包括采样电动机、传动电动机和存储分配电动机，通过电源控制部件分别进行传动控制。

5. 结构

整体由 50mm×50mm 的碳钢焊接，安装活动轮子，可人工推动或电瓶车拖动。

6. 检测部件

检测部件安装在采样管道上的水分采样器，信号传输到计算机控制台。

7. 控制部件

控制部件包括采样控制部件、水分检测控制部件、图像监控部件和样品存储控制部件。

3.5.4　分析单元

分析单元包括样品水分检测数据的专家分析判断。

3.5.5　操作说明

智能采样系统针对一般散装的生物样品，进行机械化采样的验证。电源为 380V，50Hz，三相四线，总功率 7kW；设备使用前，应正确接入电源。

设备的操作如下：

（1）集样桶 T1：集样桶 T1 指示灯亮，表示集样桶 T1 接料。

（2）集样桶 T2：集样桶 T2 指示灯亮，表示集样桶 T2 接料。

（3）集样桶 T3：集样桶 T3 指示灯亮，表示集样桶 T3 接料。

（4）集样桶 T4：集样桶 T4 指示灯亮，表示集样桶 T4 接料。

（5）下限位指示灯：下限位指示灯亮，表示采样小车处于下限位置开关处。

（6）急停：遇到突发情况，紧急停止小车运行。

（7）集样桶换位：点动可旋转转换集样桶，并分别接料。

（8）自动、停止、手动：小车升降可以调节自动或者手动，中间位置是小车停止运行。

（9）单循环采样：小车自动升降一次后停止。

（10）上限位指示灯：当小车处于上限位时，上限位指示灯亮。

（11）采样螺旋正转：表示采样螺旋杆正转时，采样品搅碎与提升。

（12）采样螺旋反转：表示采样螺旋杆反转时，样品由样品桶卸料。

（13）手动下降：点动控制小车的下降。

（14）手动停止：手动控制小车停止。

（15）手动提升：点动控制小车的上升。

（16）开门指示灯：当料仓开门时，开门指示灯会亮。

（17）关门指示灯：当料仓关门时，关门指示灯会亮。

（18）料仓开门：此开关可打开料仓。

（19）料仓关门：此开关可关闭料仓。

（20）仓门急停：特殊情况可紧急关闭仓门。

（21）采样螺旋停止：可以停止采样螺旋杆的运动。

3.5.6 智能采样系统外观

生物质燃料采样器和生物质燃料采样器控制箱如图 3-21 和图 3-22 所示。

图 3-21　生物质燃料采样器　　图 3-22　生物质燃料采样器控制箱

3.6　机械取样与人工取样的比对分析

3.6.1　概述

在所有的采、制、化方法中，误差总是存在的，因此其测量结果总会偏离真值，而测定结果与真值的绝对偏倚无法测定，只能对测定结果的精密度进行估算。精密度用于表征一系列测定结果之间的符合程度，当它用某一特定参数来表示时，实际就是用该特定参数表示的一系列测定结果之间的极差。而这一系列测定结果的平均值与某一可接受参比值之间的偏离程度就是偏倚。可见精密度、偏倚是考量采样代表性的两个重要因素，精密度表征的是最大允许随机误差，而偏倚表征的是采样系统的系统误差，当机械采样装置不存在实质性偏倚，同时采样精密度符合要求时，则采样结果具有代表性，采样装置达到设计要求。

3.6.2 机械取样与人工取样的偏倚对比

偏倚试验的原理是将用被试验的采样系统或其部件采样的试样与用参比方法（人工取样）采样的试样构成试样对，然后计算每对试样之间的差值，并进行统计分析，最后用 t 检验进行判定。

本项目采用稻谷壳、桉树皮、金桂树皮、椰果壳、木材加工副产品等五种生物质燃料进行试验。

试验方法：根据汽车车厢状况，在车厢上布置 18 个点，人工采取 18 个样，同时采样机在人工取样点旁（尽量靠近但不交叉）采取机械样，与人工样组成 18 个样品对。采用相同的方式制成小于 30mm 样品送实验室分别测试每个样品的全水分，进行以下基本统计。

设机械取样结果的测定值为 A_i，人工参比方法的测定值为 R_i，$i=1，2，3，\cdots，n$，i 为试样序数，n 为总对数。

计算每对结果间的差值 $d_i=A_i-R_i$（计正负），人工样的平均值 $\bar{R}$，差值的平均值 $\bar{d}$，差值的方差 V 和标准差 S_d，计算公式如下

$$\bar{R}=\frac{\sum R_i}{n}$$

$$\bar{d}=\frac{\sum d_i}{n}$$

$$V=\frac{\sum d^2-\frac{\left(\sum d_i\right)^2}{n}}{n-1}$$

$$S_d=\sqrt{\frac{\sum d^2-\left(\sum d_i\right)^2/n}{n-1}}$$

稻谷壳机械取样与人工取样分析对比见表 3-5，其折线图如图 3-23 所示。

表 3-5　　　　　　　　稻谷壳机械取样与人工取样分析对比

样品对序号	机械取样全水分（%）	人工取样全水分（%）	差值 d_i
1	10.19	10.27	−0.08
2	11.06	10.85	0.21
3	11.84	11.22	0.62
4	10.15	10.47	−0.32
5	10.08	10.59	−0.51
6	10.01	9.79	0.22
7	10.74	10.26	0.48
8	10.91	11.34	−0.43
9	10.56	10.20	0.36

续表

样品对序号	机械取样全水分（%）	人工取样全水分（%）	差值 d_i
10	10.96	10.31	0.65
11	10.41	10.92	−0.51
12	10.31	9.87	0.44
13	10.69	10.29	0.40
14	10.44	10.93	−0.49
15	10.54	10.45	0.09
16	10.81	10.72	0.09
17	10.51	10.09	0.42
18	10.24	10.77	−0.53
平均值	10.58	10.52	0.06
差值的方差 V			0.1807
标准差 S_d			0.4251
t_z			0.615

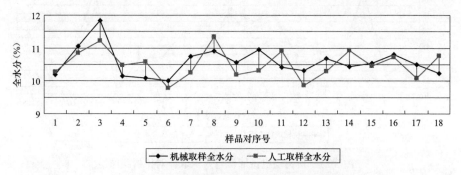

图 3-23　稻谷壳机械取样与人工取样对比折线图

由表 3-5 和图 3-23 可知，在 95％置信概率下，自由度 17 的双尾分布的 student t 值为 2.110，$t_z < t_a$，差值平均值与 0 无显著性差异。

树皮机械取样与人工取样分析对比见表 3-6，其折线图如图 3-24 所示。

表 3-6　　　　　　　　　树皮机械取样与人工取样分析对比

样品对序号	机械取样全水分（%）	人工取样全水分（%）	差值 d_i
1	42.03	41.17	0.86
2	41.17	41.85	−0.68
3	46.29	44.79	1.50
4	42.47	42.78	−0.31
5	42.12	42.61	−0.49
6	42.44	41.82	0.62
7	44.86	44.80	0.06
8	44.51	43.92	0.59
9	45.26	44.73	0.53
10	42.49	42.98	−0.49
11	43.91	42.92	0.99

续表

样品对序号	机械取样全水分（%）	人工取样全水分（%）	差值 d_i
12	42.28	42.83	−0.55
13	42.24	42.95	−0.71
14	40.15	41.89	−1.74
15	46.42	45.26	1.16
16	42.57	42.18	0.39
17	41.00	42.07	−1.07
18	43.89	42.54	1.35
平均值	43.12	43.01	0.11
差值的方差 V			0.8294
标准差 S_d			0.9107
t_z			0.520

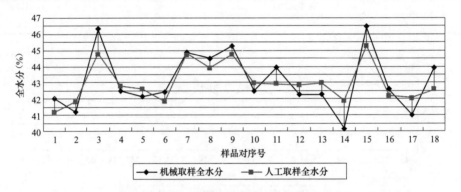

图 3-24　桉树皮机械取样与人工取样对比折线图

由表 3-6 和图 3-24 可知，在 95% 置信概率下，自由度 17 的双尾分布的 student t 值为 2.110，$t_z < t_a$，差值平均值与 0 无显著性差异。

金桂树皮机械取样与人工取样分析对比见表 3-7，其折线图如图 3-25 所示。

表 3-7　　　　　　　　　　金桂树皮机械取样与人工取样分析对比

样品对序号	机械取样全水分（%）	人工取样全水分（%）	差值 d_i
1	48.57	49.24	−0.67
2	51.94	50.15	1.79
3	50.84	50.47	0.37
4	51.07	51.29	−0.22
5	51.71	50.33	1.38
6	52.1	51.05	1.05
7	49.18	50.36	−1.18
8	51.43	50.30	1.13
9	52.28	51.24	1.04
10	50.69	50.93	−0.24
11	50.91	51.82	−0.91
12	53.99	49.86	4.13
13	48.41	49.91	−1.50

续表

样品对序号	机械取样全水分（%）	人工取样全水分（%）	差值 d_i
14	47.89	50.28	−2.39
15	49.17	49.26	−0.09
16	50.41	50.18	0.23
17	48.04	49.39	−1.35
18	50.15	49.20	0.95
平均值	50.49	50.29	0.20
差值的方差 V			2.2705
标准差 S_d			1.5068
t_z			0.551

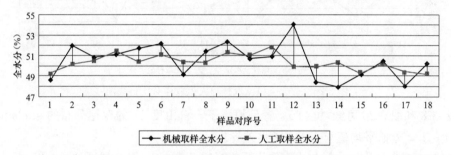

图 3-25　金桂树皮机械取样与人工取样对比折线图

由表 3-7 和图 3-25 可知，在 95% 置信概率下，自由度 17 的双尾分布的 student t 值为 2.110，$t_z < t_a$，差值平均值与 0 无显著性差异。

椰果壳机械取样与人工取样分析对比见表 3-8，其折线图如图 3-26 所示。

表 3-8　　　　　　　　　　椰果壳机械取样与人工取样分析对比

样品对序号	机械取样全水分（%）	人工取样全水分（%）	差值 d_i
1	16.01	15.37	0.64
2	15.39	15.94	−0.55
3	14.74	15.42	−0.68
4	15.27	14.75	0.52
5	16.26	15.58	0.68
6	15.88	15.30	0.58
7	15.31	16.07	−0.76
8	14.25	15.39	−1.14
9	15.72	15.47	0.25
10	15.4	14.83	0.57
11	16.37	15.75	0.62
12	15.53	15.66	−0.13
13	16.18	15.74	0.44
14	14.54	15.65	−1.11
15	15.72	14.92	0.80
16	15.43	15.27	0.16

续表

样品对序号	机械取样全水分（%）	人工取样全水分（%）	差值 d_i
17	16.05	15.35	0.70
18	15.69	15.92	−0.23
平均值	15.54	15.47	0.08
差值的方差 V			0.4377
标准差 S_d			0.6616
t_z			0.485

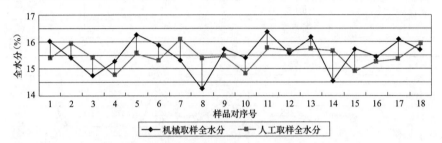

图 3-26　椰果壳机械取样与人工取样对比折线图

由表 3-8 和图 3-26 可知，在 95% 置信概率下，自由度 17 的双尾分布的 student t 值为 2.110，$t_z < t_a$，差值平均值与 0 无显著性差异。

木材加工副产品机械取样与人工取样分析对比见表 3-9，其折线图如图 3-27 所示。

表 3-9　　　　　　　　木材加工副产品机械取样与人工取样分析对比

样品对序号	机械取样全水分（%）	人工取样全水分（%）	差值 d_i
1	28.52	26.87	1.65
2	26.92	26.44	0.48
3	26.88	26.39	0.49
4	26.24	25.82	0.42
5	24.93	25.19	−0.26
6	25.49	26.37	−0.88
7	25.79	26.05	−0.26
8	26.75	25.83	0.92
9	27.24	25.74	1.50
10	24.40	25.31	−0.91
11	26.31	25.86	0.45
12	25.49	25.59	−0.10
13	26.21	25.56	0.65
14	24.66	25.98	−1.32
15	26.32	26.79	−0.47
16	27.48	25.49	1.99
17	25.69	26.63	−0.94
18	26.87	26.76	0.11
平均值	26.23	26.04	0.20
差值的方差 V			0.8805
标准差 S_d			0.9384
t_z			0.884

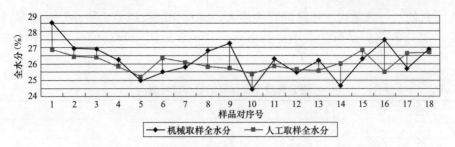

图 3-27　木材加工副产品机械取样与人工取样对比折线图

由表 3-9 和图 3-27 可知，在 95％置信概率下，自由度 17 的双尾分布的 student t 值为 2.110，$t_z < t_a$，差值平均值与 0 无显著性差异。

3.6.3　机械采样方式评价

通过以上对不同类型生物质燃料机械取样和人工取样的对比分析，结果表明，所研发的取样装置与人工取样没有偏倚，机械取样能达到人工取样要求。

3.7　固体生物质燃料样品制备

采集的生物质必须经过制备，减少样品质量，降低样品粒度，以便进行样品分析。从较大量的均匀性很差的生物质样中取出少量的试验分析用样品，并且要在化学性质和物理特性上保持与原样一致，即具有代表性，则必须按照一定的方法进行处理。样品制备是生物质分析的重要环节。大量试验数据表明，虽然通常采样误差大于制样误差，但如果制样操作不得当，制样误差并不亚于采样误差。

生物质燃料样品制备包括破碎、过筛、混合、缩分和干燥等环节。

3.7.1　样品制备原则和设施

1. 制样总则

样品制样的目的是将采集的生物质样，经过破碎，混合、缩分和干燥等步骤，制备成能代表原样特性的分析（试验）用样品。样品制备的原则是原样品的组成和品行特征在样品制备的每个阶段都不会被改变，为此，缩分样品前样品中的每一颗粒都应有同等的概率被包含在缩分后的样品中，在破碎和其他操作中避免样品的损失。制样方案的设计以获得足够小的制样方差和不过大的留样量为准。制样误差一般来自于样品缩分和从大量样品中抽取少量样品的过程，因此，制样误差实际上均产生于缩分误差，其他制样工序的作用是增加缩分前样品的均匀性，减少缩分误差。制样精密度（用方差 V_{PT} 表示）体现了随机误差的影响，制样偏倚体现了系统误差的影响。影响制样精密度和制样偏倚的主要因素有两个方面：①缩分前样品的均匀性；②缩分后留样量以及缩分方法。缩分误差是随机的，原因是在缩分过程中，保留了一部分，舍弃掉另外一部分，缩分前样品的均匀性越好，则缩分误差就越小，相反就越大；一般来说，留样越少，这种误差越大，原则上，为了减少缩分误差，在每步缩分中，最好保留尽可能多的样品，但在实践中，为了减少处理量，又要保留尽可能少的样品，这两

****

可再生能源（生物质能）电站生物质理化检测技术

者是互为矛盾的。一般来说，样品的粒度越大，其均匀度就越差，留样量就越多。表3-10给出了每一缩分阶段应保留的最小样品质量，它主要取决于物料的标称最大粒度和容积密度。

表 3-10	缩分各阶段应保留的最小试样量		g
标称最大粒度（mm）	初始容积密度（kg/m³）		
	＜200	200～500	＞500
＞100	10000	15000	15000
50	1000	2000	3000
30	300	500	1000
10	150	250	500
6	50	100	200
≤1	20	50	100

制样过程应在专门的制样室中进行，在制样过程，应避免样品受到污染或水分损失，这就要求制样时，地面、设备应清扫干净，制样人员应穿专用鞋，对于难以清扫干净的密封的破碎机，破碎前，应用准备制样的样品"冲洗"破碎机，弃去"冲洗样"后再处理样品，处理后，反复停、开机数次，以排尽滞留的样品。

2. 制样的设施、设备和工具

（1）制样室：包括制样、干燥、存样、浮选等房间，这些房间应宽畅明亮，不受风、雨、灰尘等影响，房间应有除尘设备，如排风扇、吸尘器等。制样室地面一般为水泥地面，堆掺缩分区一般应铺厚度6mm以上的钢板。存样间要求没有热源、不受强光照射、无化学药品等影响存查样质量的因素。

（2）破碎设备：破碎设备在整个处理过程中应能使因样品发热和空气流动而产生的水分损失降至最低，能避免粉尘损失和金属污染，并容易清扫。因此破碎机应尽可能低速运转，其切割表面应不含有待测元素。破碎设备包括粗切割破碎机、中切割破碎机、细切割破碎机和粉碎机。

（3）人工破碎工具：包括斧子、手锯，用于切割大木料或粗物料到最大30mm厚或合适的尺寸，以便能用粗切割破碎机进一步处理。

（4）人工缩分工具：包括二分器、旋转式样品锁分器。

（5）干燥设备：能够控温在40～45℃和（105±2）℃的鼓风干燥箱。

（6）标准筛：包括30、6、1、0.5mm和0.2mm的筛子，需要时配备100、20mm和10mm的筛子。

（7）天平、台秤或磅秤：天平称量精密度达样品质量的0.1%；台秤或磅秤称量精密度达样品质量的0.1%。

（8）其他辅助设备：铁铲和铲勺、装样的金属盘、毛刷、清扫工具、磁铁以及密封性能好样品瓶等。

3.7.2 生物质燃料制样设备

1. 生物质燃料特性与破碎方式分类

（1）生物质燃料结构特性：生物质燃料的特殊形态、规格、物理特性和化学特性千差万

42

别。生物质燃料和煤炭相比有以下一些主要差别：

1) 含碳量较少，含固定碳少。生物质燃料中含碳量最高的也仅 50%左右，相当于生成年代较少的褐煤的含碳量。特别是固定碳的含量明显比煤炭少。因为碳含量高的煤炭其硬度要远远高于生物质燃料，故生物质的破碎难度要远大于煤炭。

2) 含氢量稍大。生物质燃料中的多数碳和氢结合成低分子的碳氢化合物，并含有淀粉、糖类、木质纤维素等，所以其韧性高，相比煤炭更不利于破碎。

3) 密度小。生物质燃料的密度明显较煤炭低，质地比较疏松，特别是农作物秸秆和粪类。这样使得破碎机的进出料口更大，以防止进出料时出现卡料现象。

(2) 生物质破碎方式：生物质破碎方式可以简要地分为以下几类：

1) 压碎：物料在两平面之间受到压力作用而被粉碎。挤压粉碎适用于脆性物料，而挤压磨、颚式破碎机等均属此类破碎设备。物料在两个工作面之间受到相对缓慢的压力而被破碎，因为压力作用较缓和、均匀，故物料破碎过程较均匀。

2) 劈碎：物料受楔状刀具的作用而分裂。多用于脆性、韧性物料的破碎，能耗较低。

3) 剪碎：物料在两个破碎工作面间，如同承受载荷的两支点或多支点，除了在外力作用点受劈力外还发生弯曲折断。多用于较大块的长或薄的硬、脆性物料粉碎。

4) 击碎：物料在瞬间受到冲击力而被破碎。多用于脆性物料的粉碎且粉碎范围很大，包括高速运动的破碎体对被破碎物料的冲击和高速运动的物料向固定壁撞击或运动物料相互冲击。

5) 磨碎：物料在两工作面或各种形状的研磨介质之间受到摩擦、剪切作用而被磨削成细粒。多用于小块物料或韧性物料的破碎。

2. 典型生物质破碎机

国内外应用比较广泛的生物质破碎机是滚筒式压碎机和锤片式破碎机。

(1) 滚筒式压碎机的工作原理：该设备运用机械破碎方法中的压碎法，主要是通过金属圆筒的旋转与周边钢板之间产生的碾压力来粉碎生物质原料。该金属圆筒的轴与减速机相连，后者则由电动机的主轴带动，圆筒的表面呈多菱结构、具有毛刺，用以增加摩擦力和挤压力度。随着电动机带动主轴运动，圆筒随之缓缓转动，从而将投放到圆筒上面的生物质料与固定的钢板进行挤压破碎。

滚筒式压碎机所用电动机为单相双值电容电动机，其基本参数如下：额定电压为220V，额定电流为35A，额定功率为7.5kW，转速为2600r/min，减速比为1：10。生物质破碎产量约79kg/h，该机器电动机功率为7500W，每小时耗电 7.5kW·h。假设电费为 1 元/(kW·h)，破碎每吨生物质需耗电费约 95 元，可见利用此种破碎机进行粗破碎成本较高。

(2) 锤片式破碎机的工作原理：传统型锤片式破碎机的破碎原理是物料通过皮带输送机从上口喂入机体内，经过高速旋转的锤片击打和破碎机内壁的撞击后，小于出料算宽度的颗粒就从出料口排出，而大于出料算宽度的颗粒继续在破碎腔内进行破碎。锤片式破碎机一般由供料装置、机体、转子、齿板、筛片（板）、排料装置以及控制系统等部分组成，如图 3-28 所示。由锤架板和锤片组构成的转子由轴承支承在机体内，上机体内安有齿板，下机体内安有筛片，包围整个转子，构成粉碎室。

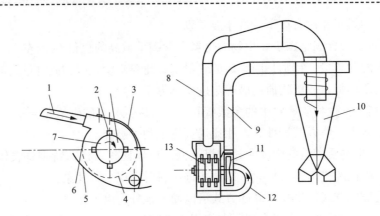

图 3-28 锤片式破碎机

1—喂料斗；2—锤片；3—齿板；4—筛片；5—下机体；6—上机体；7—转子；8—回料管；

9—出料管；10—集料筒；11—风机；12—吸料管；13—锤架板

这种破碎机体型紧凑、结构简单，适合于破碎软质物。由于生物质抗压强度小、纤维较长，物料间碰撞和破碎的概率较小，因此采用剪切力、磨削力破碎最为有效。

锤片式破碎机所用电动机为三相异步电动机，其基本参数如下：额定电压为 380V，额定电流为 20A，额定功率为 7500W，转速为 2600r/min，减速比为 1∶2。经过破碎过后的树枝长度均在 50mm 以下，树叶的破碎效果也较好，还有一些产物已成粉末状，破碎效果较为理想，只是在破碎的过程中产生的噪声和灰尘较大。生物质破碎产量约 200kg/h，该机器电动机功率为 7500W，每小时耗电 7.5kW·h，假设电费为 1 元/(kW·h)，破碎每吨生物质需耗电费约 37.5 元。

锤片式破碎机的规格主要以转子直径 D 和粉碎室宽度 B 来表示。锤片转子直径应以 GB/T 321—2005《优先数和优先数系》优先数基本系列 R5、R10 和 R20 系列中选取，必要时也可按 R40 选取。

3. 新型生物质破碎机

（1）概述：新型生物质破碎机。在原有传统型锤片式破碎机的基础上，首先将锤片改为有锋利刀口的刀片，在破碎机的刀盘上装有四排刀片，呈对称状分布在刀盘的两侧，且刀片底部与刀盘由螺钉固定连接。在工作时，刀片可以随着刀盘的转动而进行双向摔打运动，由于转速较高，在机器运转中刀片会产生很大的冲击力，除保持传统型锤片式破碎机中锤片的冲击与摩擦作用外，还能对生物质原料进行剪切。刀片碰到阻力将会回弹回来，而回弹回来的刀片仍具有较大的冲击力，这样生物质原料就被回弹剪切运动中的刀片打断，从而达到粗破碎的效果。其次传统型锤片式破碎机对原料的水分要求比较高，当物料的含水率较高时，经常会堵塞出料算条的缝隙，需要拆机清理才能排除故障，费时费力，大大降低了使用效率，如果不能及时发现故障并迅速关闭电源开关还会损坏电动机、三角皮带和破碎机锤头。而生物质原料是纤维性物质，不可避免地有较高的含水率，为了降低对生物质原料的预处理成本、提高破碎机的使用效率以及简化破碎机的设计，在本破碎机中去掉了算条。

新型生物质破碎机所用电动机为三相异步电动机，其基本参数如下：额定电压为 380V，额定电流为 20A，额定功率为 7500W，转速为 2600r/min，减速比为 1∶2。经过破碎过后的树枝长度均在 3mm 以下，直径也有很明显的减小，树叶的破碎效果也较好，还有一些产物已成粉末状，破碎效果很理想。生物质破碎产量约 300kg/h，该机器电动机功率为 7500W，每小时耗电 7.5kW·h。假设电费为 1 元/(kW·h)，破碎每吨生物质需耗电费约 25 元。

（2）结构：传统的细碎设备在细碎的过程中无密封和切刀切面太大，会导致生物质燃料水分损失，因此样品破碎须在密封条件下，并且尽量减小切刀的切面积，以减少水分流失。在选粒的问题上，采用筛网与细碎设备融为一体，即在碎料的过程筛选粒度小于 1mm 的样品，这样既减小了劳动强度又提高了生产效益。

新型生物质破碎机细碎筛选机构由细碎腔盖、外六角螺栓、锯轴挡片、锯片 A、挡片、内六角螺栓、锯片 B、细碎筛网、锯轴、键和细碎腔组成，其具体结构如图 3-29 和图 3-30 所示。

图 3-29　新型生物质破碎机剖面图（一）　　图 3-30　新型生物质破碎机剖面图（二）

新型生物质破碎机的工作原理为锯轴在电动机提供动力源的情况下，带动锯片 A 高速旋转，当操作人员把生物质样品从上进料口投入物料时，细碎腔内的锯片 B 固定不动与高速旋转的锯片 A 可相互剪切物料，以达到细碎的功能。同时当物料的粒度小于 1mm 时，可通过筛网进入出料口出料。

整个操作过程都在密封环境中进行，减少外界环境对生物质样品的成分影响。同时采用锯齿形切刀，相比传统剪切减少其挤压面积，以达到减少样品水分流失的目的。

新型生物质破碎机的型号及相关技术参数见表 3-11。

表 3-11　　　　　　　　　　新型生物质破碎机的型号及相关技术参数

	破碎机名称	
	型号及规格	
	进料口尺寸（mm）	
	最大允许入料粒度（mm）	
	最大允许入料水分（%）	
	出料粒度（mm）	3 以下
生产能力	最大（kg/h）	350
	平均（kg/h）	300
	需要功率（kW）	7.5
	转子转速（r/min）	1300
壳体	壳体结构	
	衬板厚度（mm）	
	衬板材质	
	衬板固结方式	

传动	传动形式及减速比	三角皮带式　减速1：2
驱动	型号	三相异步电动机
电动机	功率（kW）	7.5
	电压（V）	380
	转速（r/min）	2600
	防护等级	
	绝缘等级	
最大检修质量（kg）		
机器外形尺寸（m）		
机器质量（不包括电动机）（t）		
破碎机基本结构		
主机的质量要求和技术标准以及质量保证措施		
各磨损件的使用寿命		

（3）操作方式：

1）取试样放于进料斗内，盖上料斗盖。

2）接通与本设备要求一致的电源，并有可靠接地。

3）打开电源开关，待机器正常运转后，抽动料斗插板，使试样缓缓落入粉碎室内，试样粉碎后通过筛网落入盛料器中。

4）试样粉碎完毕，关闭电源开关，打开粉碎机前盖，取下盛料器，以待化验用。

注：物料过大必须劈开或截断，不得超过进料口的2/3。需预先将原料劈开或截断，然后才能放入本机。

（4）注意事项：

1）使用时不改变动力和速度，磨刀角度保持38°。

2）改变颗粒，需更换筛网、调刀同时进行，筛网孔最小不小于14mm，最大孔径不大于20mm，调刀长度为1~2mm，底刀板和刀的间隙不大于1mm。

3）该机能粉碎直径为3~20cm的木料成颗粒状。

4）严禁将夹带石头、钉子的木柴投入机内，以防打坏刀片和内件。

5）试样在进料口卡住时，需切断电源后，方可疏通；切勿用金属物或其他器物直接疏通。

6）设备工作时，不得触碰转动部位，以免造成人身伤害。

（5）设备维护：

1）装换刀具时，刀口伸出刀盘平面1~2mm，然后拧紧螺栓。如发现压力螺栓丝扣磨损，应立即更换，以防损坏刀盘螺母。

2）改变刀的伸缩度，必须是伸刀长短一致。

3）注意检查锤片螺栓，如发现松动，应立即紧固，锤片和螺栓磨损严重时，应更换。

4）工作时必须注意主轴滚动轴承的温度不许超过65℃，如超过65℃，应立即换油。如仍无效，则应卸下轴承用煤油清洗干净，涂上润滑油，再开始工作。

5）刀片如有变钝或崩口时，应四片同时研磨，以保证安装后刀盘的平衡，底刀变钝后也要及时更换,否则严重影响削片质量。

6)经常使用的机器应检查轴承黄油是否缺少。应 3~4h 加注黄油一次,加注黄油不宜过多。

(6)故障排除:新型生物质破碎机的故障原因及排除方法见表 3-12。

表 3-12 新型生物质破碎机的故障原因及排除方法

故障现象	故障原因	排除方法
电动机不转	(1)电源接触不良; (2)熔丝烧断	(1)连接好电源线; (2)更换熔丝
转速低	电动机定子内线烧毁	更换电动机
产量较低	刀片不锋利	修磨刀刃
进料困难	(1)刀片不锋利; (2)定刀的间隙太小或太大	(1)修磨刀刃; (2)调整定刀间隙为 1~2mm; (3)刀片角度为 38°左右
负荷超荷	(1)刀片不锋利; (2)进料太快不均	(1)修磨刀刃; (2)降低进料速度
轴承发热	(1)轴承座内无黄油; (2)轴承座未装平; (3)轴承损坏; (4)皮带过紧	(1)轴承内加黄油; (2)轴承座校平衡; (3)换新轴承; (4)调整皮带松紧

(7)混合:混合的目的是把不均匀样品均匀化,为下步缩分做好准备,以减少缩分误差。混合工序只在人工堆锥四分法缩分和全水分样品采用九点法缩分时需要,此时,混合的方法是通过反复堆锥三次以上,堆锥方法见堆锥四分法,由于采用堆锥方法混合,因此通俗也称为掺和。二分器缩分和以多子样为基础的缩分机械均无须通过堆锥混合,因为堆锥掺合也容易引起水分损失,同时,对保证缩分精密度帮助不大。有一种可行的办法是将试样多次(三次以上)通过二分器或多容器缩分器,每次通过后重新收集起来,再供入缩分器。在样品磨成粉样后,可使用机械搅拌方法来混合,以增加样品的均匀性。

(8)缩分:缩分是使样品粒度不变而质量减少的工序。它的目的是在保证样品具有代表性的前提下减轻下步工序的工作负荷和逐步减少样品质量,以便最终获得足够量的化验用试样。缩分方法包括人工缩分和机械缩分,下面分别叙述。

1)人工缩分:人工缩分有堆锥四分法、二分器缩分法、棋盘法、条带混合法。

① 堆锥四分法。堆锥四分法适用于能用平底铁铲操作处理的物料,如锯屑和木片,适合于将这些物料制备到约 1kg 的分样。

堆锥四分法操作要点:将全部合成样品置于清洁并坚硬的表面上,铲起样品形成一个锥形,放每一铲样品到上一铲样品的堆锥尖上,生物质燃料沿堆锥所有的锥面向下滚落,使颗粒平均分布。重复操作三次,每次形成一个新的锥堆。对于第三次形成的锥堆,将其从上到下逐渐拍平或摊成一个厚度适当和直径均匀的扁平堆。分样时,十字分样器放在锥堆的圆心,然后用力压至底部,将锥堆分成均匀的四个扇形体。将其中对称的两个扇形体弃去,其他两个留下作为下一步制样。重复堆锥和四分过程,直到得到所需要的分样。堆锥四分法的重点在于堆锥时，使沿锥周的粒度分布大体一致。另外还要注意，摊平方式或压平堆锥的用力的均衡和放十字分样板的方向，它们对减少缩分误差也有一定的作用。堆锥四分法的过程如图 3-31 所示。

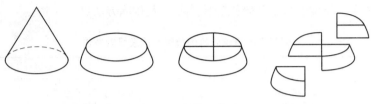

图 3-31　堆锥四分法

② 二分器缩分法。二分器是由两排相对交叉排列的格槽和接受器组成的缩分工具，如图 3-32 所示。二分器缩分法适用于能通过二分器而不发生桥接现象的物料，不适用于禾草、树皮或其他包含细长颗粒或很湿的物料。脆性物料应小心处理，以防止细粉物料的产生。

二分器两侧格槽数相等，每侧至少八个格槽，格槽开口尺寸至少为被缩分物料标称最大粒度的三倍且不小于 5mm，为了使样品容易下落，要求格槽的倾斜度不小于 60°。缩分时，应使试样呈柱状沿二分器长度来回摆动供入格槽。供料要均匀并控制供料速度，勿使试样于某一端，勿使桥接现象出现而导致格槽阻塞。当缩分需分几步或几次通过二分器时，各步或各次后，应交替地从两侧接收器中收取留样。缩分前，要检查各格槽宽度是否一致，如因碰撞等变形，必须调整，并注意各格槽中有无样品卡塞。缩分时，务必使用与粒度相应的二分器，以提高缩分精密度和避免卡塞。如遇样品在格槽上堆积，应立即停止操作，排除障碍。入样时，每次撮取样品不要太满，摆幅不要太大，以免样品外溢和堆积。缩分较湿的样品，要不时振动二分器，以免堵塞格槽。

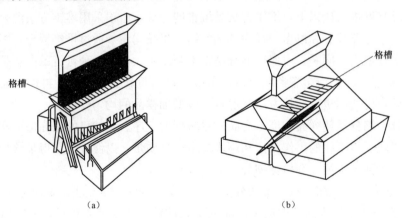

(a)　　　　　　　　　　　(b)

图 3-32　二分器
(a) 敞开式；(b) 密封式

③ 棋盘法。棋盘法适用于锯屑和其他能用铲勺处理的小颗粒样品。将样品混合均匀之后，将全部样品置于清洁并坚硬的表面上并用铲勺混匀。用铲勺将样品散布成长方形堆［见图 3-33 (a)］，堆的厚度不超过物料标称最大粒度的三倍，用铲勺在长方形堆的表面上轻轻划线，分割出不少于 20 个部分［见图 3-33 (b)］。用铲勺和挡板从 20 个部分中的每一部分

取子样［见图 3-33（c）］，每次取样铲勺都插入堆的底部［见图 3-33（d）］。结合子样到所需量的试样。

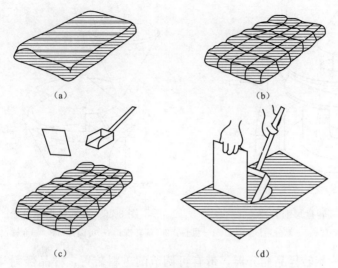

图 3-33　棋盘法缩分

④ 条带混合法。当需将样品缩分成很少的实验室样品时，条带混合法是一种适用于所有物料的方法。将全部样品置于清洁并坚硬的表面上并用平底铲锹混匀，在条带的两端放置垂直板，用锹沿着条带的长度尽可能均匀地从一端到另一端和从两边散布样品。条带的长度与宽度比应不小于 10∶1。从平均分割条带的位置上至少取 20 个子样形成一个实验室样品。插入两个平板到条带中，取出两平板之间的全部物料。每次插入两平板间的距离应相同，以使每个子样含有相同质量的物料。两平板间的距离应恰当选择（通常应不小于标称最大粒度的三倍），以便用该方法能得到所需量的实验室样品。条带混合法如图 3-34 所示。

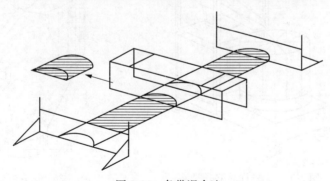

图 3-34　条带混合法

2）机械缩分：机械缩分是以机械切割大量的小质量试样的方式从试样中取出部分或若干部分试样的过程，以下是常见几种机械缩分器的外形图。

图 3-35 所示为旋转盘形缩分器，其缩分原理是样品经过混合器供入缩分的入料口，然后通过一个特殊的清扫臂分散到整个盘上，留样通过几个可调的进入溜槽，弃样则由一个管道排走，整个内部的样品由刮板清扫。

图 3-36 所示为旋转锥形缩分器，样品落到旋转锥上，然后通过一个带盖可调的开口进入接收器，旋转一周，收集一部分试样。

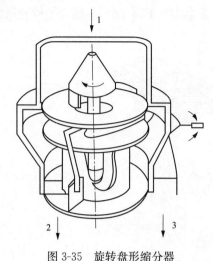

图 3-35　旋转盘形缩分器

1—供料；2—弃样；3—缩分后试样

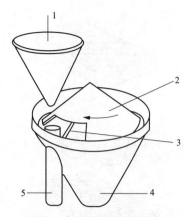

图 3-36　旋转锥形缩分器

1—供料；2—旋转锥；3—可调开口；4—弃样；5—缩分后试样

　　图 3-37 所示为旋转样品缩分器，带有可调节的进料装置，样品经漏斗流下，被若干扇形容器分割为多个相等的部分。样品缩分时缩分器至少旋转 20 次。

　　图 3-38 为旋转斜管型缩分器，一个旋转的漏斗下带一个斜管，在旋转斜管出口运动轨迹上有一个或多个切割器，旋转斜管出口每经过一个切割器，既截得一个"切割样"。

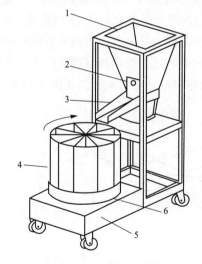

图 3-37　旋转样品缩分器

1—供料；2—放料门；3—下料溜槽；4—旋转接料器；

5—电动机；6—转盘

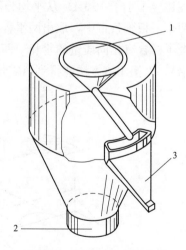

图 3-38　旋转斜管型缩分器

1—供料；2—弃样；3—缩分后试样

　　机械缩分可以在整个制样过程的任何步序中进行，既可以对未经破碎的单个子样、多个子样或总样进行，也可以对已经破碎的试样进行。缩分可采用定质量缩分或者定比缩分，定质量缩分是指保留的样品量一定，与被缩分样品质量无关的一种缩分方法；定比缩分是指以一定的缩分比，保留的样品量与被缩分样品质量成一定比例的缩分方法。对于定质量缩分，其切割间隔随被缩分样品质量成比例关系，而定比缩分其缩分间隔应固定，与被缩分样品的质量变化无关，缩分出来的试样与供料量成正比。为了使缩分产生的偏倚最小，缩分设备应满足以下的要求：①切割器的开口宽度为样品标称最大粒度的三倍；②有足够的容量使缩分后的样品完全通过，无溢出、无损失；③无实质性的偏倚；④供料均匀，切割器开口固定，使样品离析达到最小。

（9）筛分和标准筛：筛分的目的在于把未被破碎到规定粒度的颗粒分离出来再破碎，以减少再破碎的工作量，并使样品全部达到要求的粒度，增加分散程度和减少缩分误差。标准筛包括 30、6、1、0.5mm 和 0.2mm 的筛子，需要时配备 100、20mm 和 10mm 筛子。

（10）干燥：干燥的目的一方面是制样的中间阶段使试样畅通地通过破碎机、缩分机、二分器和过筛不糊筛底，另一方面是在制样的末期，使一般分析样品达到空气干燥状态。空气干燥状态是指试样中的水分与大气的湿度达到平衡状态，此时，样品中的水分相对稳定，国家标准规定当样品在空气中连续 1h 内的质量变化不超过 0.1％时，则样品达到空气干燥状态。由于水分是样品中的不可燃成分，同时又是最容易受大气湿度、温度变化而影响的成分，是不可确定的成分，水分变化一方面影响试样质量，另一方面影响试样的其他特性参数，在一般情况下，很难保证所有试样的特性参数同步测定，这样就直接影响到测定结果的准确度，因此，国家标准要求一般分析样品在被分析前要达到空气干燥状态。表 3-13 是国家标准推荐的在 40℃以下达到空气干燥状态的时间，从表中可以看出，温度越低，达到空气干燥状态的时间就越长，所以，为了缩短分析时间，一般将样品放在 50℃的鼓风干燥箱中干燥，但须在空气中冷却并达到空气干燥状态。干燥方法为先将样品称量好，再放入干燥箱中干燥 1h，取出，重新称量，再放入干燥箱中干燥 1h，直到质量变化不超过 0.1％时，取出，在空气中冷却 3h，装瓶密封。对于一些易氧化的样品或者容易受氧化影响的测定项目（如黏结性和膨胀性）的试样须在 40℃干燥。

表 3-13　　　　　　　　　　　　不同温度下的空气干燥时间

环境温度（℃）	干燥时间（h）
20	不超过 24
30	不超过 6
40	不超过 4

全水分样或共用样品，在制样中间阶段如果进行空气干燥，应将空气干燥所损失的水分计入全水分中。

（11）样品制备程序：固体生物质燃料实验室样品包括全水分样品和分析样品。样品制备前如果实验室样品的初始质量超过了表 3-14 所给出的最小质量，可用上述方法之一进行缩分，也可全部破碎至小于 30mm 后再缩分。需要时，缩分前称量并记录实验室样品质量 $m_{s,1}$。制备程序如下。

表 3-14　　　　　　　　　　　　缩分各阶段应保留的最小试样量

标称最大粒度（mm）	初始容积密度（kg/m³）		
	<200	200～500	>500
≥100	10000	15000	15000
50	1000	2000	3000

标称最大粒度（mm）	初始容积密度（kg/m³）		
	＜200	200～500	＞500
30	300	500	1000
10	150	250	500
6	50	100	200
≤1	20	50	100

1）预干燥。预干燥是为了使后续的制样过程顺利进行和减小生物活性。所有样品应摊平在称量盘中，为便于干燥，其厚度应尽可能小，然后采用以下任意一种方式进行预干燥：

（a）在室温下放置至少24～48h，以使它们达到与实验室的温度和湿度的近似平衡状态，可以顺利进行后续制样程序。

（b）在40℃的鼓风干燥箱中干燥至少16～24h，以使它们较快达到与实验室的温度和湿度的近似平衡状态，可以顺利进行后续制样程序。

（c）在105℃的鼓风干燥箱中干燥至少3～6h，以使它们更快达到与实验室的温度和湿度的近似平衡状态，可以顺利进行后续制样程序。

如果需要记录预干燥期间的水分损失，应在预干燥前后称量样品质量，按下式计算预干燥过程中的水分损失（结果计算到小数点后一位）

$$M_p = \frac{m_{s,1} - m_{s,2}}{m_{s,1}} \times 100\%$$

式中：M_p 为预干燥阶段的水分损失质量分数，%；$m_{s,1}$ 为样品预干燥前的质量，g；$m_{s,2}$ 为样品预干燥后的质量，g。

用经过预干燥的试样测定全水分时，应按 GB/T 28733—2012《固体生物质燃料全水分测定方法》中的规定对全水分测定结果进行这一水分损失补正。

2）全水分样品的制备。全水分样品粒度小于30mm。粒度大于30mm的样品应进行破碎，使之全部通过30mm筛，混合所有样品。然后进行缩分，可先缩取1000～1500g作为全水分样，封存在密闭容器中。再缩取至少300g或500g或1000g作为其他项目试样，按上述预干燥程序预干燥后进行分析样品制备。

全水分样应在密封的、不明显生热、机内空气流动较小的破碎机中破碎，如果破碎后存在着实质性水分偏倚，则应该将样品空气干燥后再进行破碎。样品在空气干燥之前缩分则应在机内空气流动较小的缩分器中进行，如果样品过湿不能顺利通过缩分器，则缩分应在空气干燥后进行，或者采用棋盘法、条带混合法等人工方法进行缩分。

全水分样品应存储在不吸水、不透风的密封容器中，并放在阴凉的地方。如果由于条件所限，存储时间太长，应将样品和密封容器一起称量以便测定存储过程的水分损失，并将途中水分损失计入全水分值。

3）分析样品的制备。分析样品的制备一般分2～3个制样阶段来完成，也可以根据实际情况加以调整，为了减少制样误差，在条件允许的情况下，应减少缩分阶段。每个制样阶段一般包括干燥（必要时）、破碎、混合、缩分（必要时）等步骤。

（a）制备样品到小于6mm。破碎大于6mm的样品，使之全部通过6mm筛，混合所有样品。用上述缩分方法之一缩取试样和存查样，缩取的样品质量应符合表 3-13 的规定。存查样量除满足表 3-13 的规定外，还应满足检验项目的需要，必要时，应增加留样量。

空气干燥是一般分析煤样的制备过程的一个步骤，在样品制备的中间过程空气干燥的作用是使样品顺利地通过破碎机、缩分设备等，此时，空气干燥在任何一个阶段都可以进行，可以不用达到空气干燥状态，而制样的末期一定要使样品达到空气干燥状态。将缩取的试样摊平到称量盘中，在实验室环境下或在 40℃ 干燥箱中放置一定时间进行干燥，干燥时间根据样品的干燥程度和环境湿度确定，通常于 40℃ 下干燥 4h 可保证下一步制样粒度达到要求。

(b) 制备样品到小于 0.5mm 或小于 1mm。将小于 6mm 的样品用细碎设备破碎至小于 0.5，使之全部通过 0.5mm 筛，混匀所有样品。放置一定时间，使之达到空气干燥状态后装瓶。遇特殊样品，不能破碎至全部通过 0.5mm 筛时，应全部通过 1mm 筛。

细碎过程中，应采用少量多次的原则，每次入料的样品质量一般宜控制在 50g 以下，并将破碎时间控制在使制备的分析试样粒度满足要求所需的最短时间内，防止时间过长产生过多的热量。如果物料含有种子或谷粒，它们可能会在破碎机中旋转或粘在筛子上。同样，含有禾草的物料，某些禾草可能留在筛子上。破碎完成后应检查破碎机。人工破碎未过筛的物料至全部过筛，并加入这些物料到分析试样中。

(12) 存查样品：存查样品用于对结果存在争议时，重新开启以便复查。存查样品一般留取 6mm 样品和表 3-13 规定的留样质量，如有其他特殊要求可在其他制样程序中分取。存查样品的保存时间一般从发出报告之日起后保存两个月。

第 *4* 章

生 物 质 发 热 量 测 定

发热量是固体生物质燃料的一项重要特性指标，凡利用固体生物质燃料的热能时都必须准确了解其发热量值。如在发电锅炉燃烧中，锅炉设计、燃烧工艺条件确定、燃烧过程控制、燃烧效率计算等，都需要以燃料的发热量数据为基础。发热量测定的准确与否直接关系到锅炉燃烧效率的高低，影响到电厂的经济效益。

4.1 生物质发热量的定义、单位及表示方法

生物质的发热量是指单位质量的生物质完全燃烧后产生的热量。

4.1.1 热量单位

1. 焦耳

焦耳是我国颁布的法定计量单位中的热量单位，也是国际标准采用的热量单位。焦耳是能量单位，用符号 J 表示。其定义为 1 焦耳等于 1 牛顿的力在力的方向上通过 1m 的距离所做的功。生物质燃料发热量测定结果以焦耳/克（J/g）或兆焦/千克（MJ/kg）表示。

2. 卡

卡是过去惯用的一种表示热量的单位，1 卡是指 1 克纯水升高 1℃所吸收的热量，由于水的比热容是随温度的不同而变化的，见表 4-1，因而不同温度下 1 卡所包含的真实热能并不相同。我们常说的卡是指将 1 克纯水从 19.5℃提高至 20.5℃所吸收的热量，以 20℃卡表示，它与焦耳的换算为

$$1cal(20℃) = 4.1816J$$

表 4-1   10～30℃范围内水的比热容

温度（℃）	比热容 [J/(g·℃)]	温度（℃）	比热容 [J/(g·℃)]	温度（℃）	比热容 [J/(g·℃)]
10	4.1919	18	4.1829	26	4.1790
12	4.1890	20	4.1816	28	4.1785
14	4.1866	22	4.1805	30	4.1782
16	4.1846	24	4.1797		

上面介绍的热量单位之间的换算均可通过焦耳来进行。

4.1.2 发热量的表示方法

生物质发热量的高低主要取决于生物质中可燃物的含量及其组成，同时与生物质的燃烧

条件有关。燃烧条件不同，其燃烧产物就不完全相同，产生的热量也就有所高低，根据燃烧条件可将发热量分为弹筒发热量 $Q_{b,ad}$、恒容高位发热量 $Q_{gr,v}$ 及低位发热量 $Q_{net,v}$。

1. 弹筒发热量 $Q_{b,ad}$

单位质量的生物质样在充有过量氧的氧弹中完全燃烧所产生的热量称为弹筒发热量，也即用热量计实测的发热量。其燃烧产物为氧气、二氧化碳、氮气、硝酸、硫酸、液态水和固态的灰。

2. 恒容高位发热量 $Q_{gr,v}$

单位质量的燃料在充有过量氧气的氧弹内燃烧放出的热量称为恒容高位发热量。其燃烧产物为氧气、二氧化碳、氮气、二氧化硫、液态水和固态的灰。

生物质在实际工业锅炉中燃烧，其中的硫只生成二氧化硫，氮则生成游离氮，但在氧弹中燃烧时情况则不同，生物质在氧弹中燃烧，其中的硫生成的二氧化硫进一步氧化成三氧化硫并与氧弹中的水反应生成硫酸，所以氧弹中生物质燃烧要多出一个硫酸生成热与二氧化硫生成热之差。另外在氧弹中燃烧，其中的氮要形成一部分硝酸，从而增加了硝酸形成热，所以高位发热量就是由弹筒发热量减掉硫酸生成热与二氧化硫生成热之差及稀硝酸的生成热后所得的发热量。由于弹筒发热量是恒定容积下测定的，故由此算出的高位发热量，也相应地称为恒容高位发热量。它比工业的恒压（即大气压力）状态下的发热量低 8~16 J/g，一般可忽略不计。

3. 恒容低位发热量 $Q_{net,v}$

单位质量的燃料在恒容条件下，在充有过量氧气的氧弹内燃烧放出的热量称为恒容低位发热量。其燃烧产物为氧气、二氧化碳、氮气、二氧化硫、气态水（假定压力为 0.1MPa）和固态灰。计算恒容低位发热量需要知道生物质燃料样品中水分和氢的含量。

工业燃烧与氧弹中燃烧的另一个不同条件是在前一情况下全部水（包括燃烧生成的水和生物质中原有的水）呈蒸汽状态随燃烧废气排出，在后一情况下，水蒸气则又凝结成液体，从而多出一个水蒸气的潜热。低位发热量就是由高位发热量减掉水的蒸发热后所得的发热量。

4.1.3 热容量

测定生物质的发热量前，应先标定氧弹热量计的热容量 E_0。热容量（也称能当量）是指热量计量热系统（除内筒水外，还包括内筒、氧弹、搅拌器、温度计浸没于水中的部分）升高 1K（1℃）所吸收的热量。通常以焦耳每开尔文（J/K）表示。在标定热容量时，称取一定量已知热值的标准苯甲酸，置于密封氧弹中，在充有过量氧的条件下完全燃烧，其放出的热量使整个量热体系由起始温度 t_0 升高至终点温度 t_n，这样就可按式（4-1）计算出热容量 E

$$E = \frac{Qm}{t_n - t_0} \tag{4-1}$$

式中：Q 为标准苯甲酸的热值，J/g；m 为标准苯甲酸的质量，g；t_0 为量热体系的起始温度，℃；t_n 为一量热体系的终点温度，℃。

当测定生物质样时，是将一定量的待测试样在与上述完全相同的条件下燃烧测定，因而可以得到被测试样的发热量

$$Q = \frac{E(t_n - t_0)}{m} \tag{4-2}$$

式中：Q 为试样的发热量，J/g；E 为热量计的热容量，J/℃；t_0 为量热系统的起始温度，℃；t_n 为量热系统的终点温度，℃；m 为试样质量，g。

4.2 氧弹量热法原理

世界各国测定燃料发热量的标准方法，均采用氧弹热量计，简称热量计或量热仪。氧弹量热法的基本原理很简单，即把一定量的试样放在充有过量氧气的弹筒中燃烧，由燃烧后水温的升高来计算试样的发热量。量热仪要准确检测样品热值必须解决以下两个问题。

（1）试样燃烧后放出的热量不仅被水吸收，而且要被氧弹本身、水筒以及插在水中的搅拌器和温度计等整个量热系统吸收。

（2）量热系统不是与外界隔绝的，与周围环境存在热交换。

对于第一个问题，通常采用已知发热量的基准物（如苯甲酸）来标定量热系统每升高 1℃ 所吸收的热量，这个热量就称为仪器的热容量。对于第二个问题，是把盛氧弹的水筒放在一个双壁水套（外筒）中，通过控制水套的温度来消除量热系统与周围环境的热交换，或经过计算对热交换引起的误差进行校正。根据水套温度控制方式的不同，所以将热量计分成两种型式，即恒温式热量计和绝热式热量计。绝热式热量计除多一套自动控温装置外，其他部件基本上与恒温式热量计相同。热量计由氧弹、内筒、外筒（或称外套）、量热温度计、搅拌装置、点火装置等部件组成。传统的恒温式热量计及绝热式热量计分别如图 4-1 和图 4-2 所示。氧弹是热量计的核心部件，由耐热、耐腐蚀的镍铬钼合金钢制成，不受燃烧过程中出现的高温和腐蚀性产物的影响而产生热效应，能承受充氧压力和燃烧过程中产生的瞬时高压，能保证试验过程中的完全气密性。氧弹容积为 350mL，氧弹头上装有充氧和排气的阀门以及点火电源的接线电极。氧弹结构剖面示意图如图 4-3 所示。

恒温式热量计就是以适当方式使外筒温度保持恒定不变，以便使用较简便的计算公式来校正热交换的影响。保持外筒恒定的方法有两种，一种是采用大容量的外筒加绝热层，使其少受室温变化的影响，二是自动控制外筒温度恒定，前者称为静态式，后者称为自动恒温式。

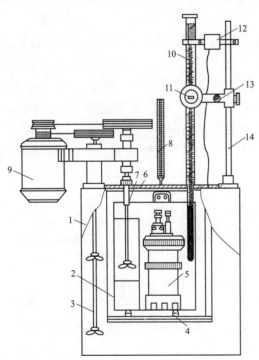

图 4-1 传统恒温式热量计的结构

1—外筒；2—内筒；3—外筒搅拌器；4—绝缘支柱；
5—氧弹；6—盖子；7—内筒搅拌器；8—普通温度计；
9—电机；10—贝克曼温度计；11—放大镜；
12—电动振荡器；13—计时指示灯；14—导杆

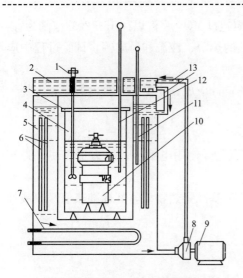

图 4-2　传统绝热式热量计的结构

1—内筒搅拌器；2—顶盖；3—内筒盖；

4—内筒；5—绝热外套；6—加热极板；

7—冷却水蛇形管；8—水泵电极；9—水泵；

10—氧弹；11—普通温度计；

12—贝克曼温度计；13—循环水连接管

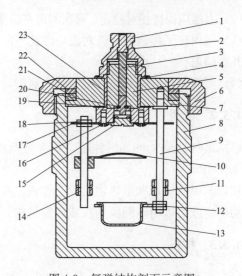

图 4-3　氧弹结构剖面示意图

1—充氧头；2—放气阀；3—顶架；4—绝缘套 1；5—充氧体；

6—氧弹盖；7—氧弹头；8—弹筒；9—电极杆 1；10—遮火罩；

11—点火丝固定螺母；12—坩埚架；13—坩埚；14—电极杆 2；

15—密封块；16—隔热板固定螺钉；17—隔热板；

18—电极杆固定螺母；19—密封阀；20—密封阀密封圈；

21—弹头密封圈；22—弹头压圈；23—绝缘套 2

　　绝热式热量计就是以适当方式使外筒温度在试验过程中始终与内筒保持一致，也就是在试样点燃后内筒温度上升的过程中，外筒温度也跟踪而上，当内筒温度达到最高点而呈现平稳时，外筒温度始终保持一致，从而消除了热交换。

　　在绝热式量热法中，外筒温度能通过自动控温系统紧随内筒温度的变化而变化，内、外筒之间基本不存在温差，所以内筒温度变化可以认为完全是由燃料燃烧放出的热及点火热引起的，从而可直接由温升来计算燃料的发热量。这种方法操作简单，计算容易，但仪器结构较复杂。

　　绝热式热量计有一个带有双层盖子的水套，水套中的水要在盖中循环，使量热系统完全处于水套的包围之中。水套中装有加热电极，装满蒸馏水，在水中加一定量的电解质（常用 Na_2CO_3 或 $NaCl$），水套中还装有一个通冷却水的蛇形管，试验中开冷却水以抵消外来热源的影响，试验过程中要仔细调节平衡点，使内筒温度稳定在每分钟变化不超过 0.0005℃ 的范围内。

　　在恒温式量热法中，点燃燃料后至达到稳定时，内筒温度的变化并不是完全由燃料的燃烧引起的。其中有一部分是由内、外筒间的温差所导致的热交换引起的，因此，在根据点火后内筒温度的升高来计算燃烧热值时，必须对这部分热交换引起的内筒温度变化进行校正。

　　所以恒温式量热法比绝热式量热法多一步冷却校正，故使操作及计算均较复杂。

4.3　生物质燃料发热量检测

4.3.1　实验室条件

（1）进行发热量测定的实验室应为单独房间，不得在同一房间内同时进行其他试验项目。

（2）室温应保持相对稳定，每次测定室温变化不应超过 1℃，室温以在 15～30℃ 范围为宜。

（3）室内应无强烈的空气对流，因此不应有强烈的热源、冷源和风扇等，试验过程中应避免开启门窗。

（4）实验室最好朝北，以避免阳光照射，否则热量计应放在不受阳光直射的地方。

4.3.2　试剂

（1）氧气：至少 99.5％纯度，不含可燃成分，不允许使用电解氧；压力足以使氧弹充氧至 3.0MPa。

（2）苯甲酸：基准量热物质，二等或二等以上有证基准量热物质，其标准热值经权威计量机构确定或可以明确溯源到权威计量机构。

4.3.3　材料

（1）点火丝：直径 0.1mm 左右的铁、铜、镍丝或其他已知热值的金属丝或棉线。如使用棉线，则应选用粗细均匀、不涂蜡的白棉线。

（2）铁丝：热值 6700J/g。

（3）镍铬丝：热值 6000J/g。

（4）铜丝：热值 2500J/g。

（5）棉线：热值 17500J/g。

（6）点火导线：直径 0.3mm 左右的镍铬丝或其他金属丝。

（7）擦镜纸：使用前先测出燃烧热：抽取 3～4 张纸，团紧，称准质量，放入燃烧皿中，然后按常规方法测定发热量，取三次结果的平均值作为擦镜纸热值。

4.3.4　设备

1. 热量计（恒温式和绝热式）

热量计由燃烧氧弹、内筒、外筒、搅拌器、水、温度传感器、试样点火装置、温度测量和控制系统构成。热量计的正面结构如图 4-4 所示。

电源开关：仪器电源开关。

热量计的背面结构如图 4-5 所示。

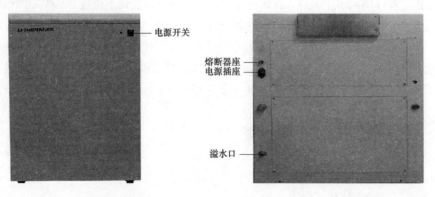

图 4-4　热量计的正面结构　　　图 4-5　热量计的背面结构

熔断器座：内装 3.15A 熔断器，电源熔断熔丝。

电源插座：提供仪器电源的插座。

溢水口：外筒水满后从此口溢出。

通常热量计有两种，恒温式和绝热式，它们的量热系统被包围在充满水的双层夹套（外筒）中，它们的差别只在于外筒的控温方式不同，其余部分无明显区别。无水热量计的内筒、搅拌器和水被一个金属块代替。氧弹由双层金属构成，其中嵌有温度传感器，氧弹本身组成了量热系统。

自动氧弹热量计在每次试验中应记录并给出详细的信息（打印或其他方式），如观测温升、冷却校正值（恒温式）、有效热容量、样品质量和样品编号、点火热和其他附加热等。

热量计的准确度要求为用苯甲酸作为样品进行 5 次发热量测定，其 5 次测定结果的相对标准差不大于 0.20%，且其平均值与标准热值之差不超过 50J/g。计算中除燃烧不完全外，所有的测试结果不能随意舍弃。

2. 氧弹

氧弹由耐热、耐腐蚀的镍铬或镍铬钼合金钢制成，需要具备以下主要性能。

（1）不受燃烧过程中出现的高温和腐蚀性产物的影响而产生热效应。

（2）能承受充氧压力和燃烧过程中产生的瞬时高压。

（3）试验过程中能保持完全气密。

弹筒容积为 250～350mL，弹头上应装有供充氧和排气的阀门以及点火电源的接线电极。新氧弹和新换部件（弹筒、弹头、连接环）的氧弹应经 20.0MPa 的水压试验，证明无问题后方能使用。此外，应经常注意观察与氧弹强度有关的结构，如弹筒和连接环的螺纹、进气阀、出气阀和电极与弹头的连接处等，如发现显著磨损或松动，应进行修理，并经水压试验合格后再用。

氧弹还应定期进行水压试验，每次水压试验后，氧弹的使用时间一般不应超过两年。

当使用多个设计制作相同的氧弹时，每一个氧弹都应作为一个完整的单元使用。氧弹部件的交换使用可能导致发生严重的事故。

3. 内筒

内筒由纯铜、黄铜或不锈钢制成，断面可为椭圆形、菱形或其他适当形状。筒内装水通常为 2000～3000mL，以能浸没氧弹（进气阀、出气阀和电极除外）为准。

内筒外面应高度抛光，以减少与外筒间的辐射作用。

4. 外筒

内筒为金属制成的双壁容器，并有上盖。外壁为圆形，内壁形状则依内筒的形状而定；外筒应完全包围内筒，内、外筒间应有 10～12mm 的间距，外筒底部有绝缘支架，以便放置内筒。

恒温式外筒和绝热式外筒的控温方式不同，应分别满足以下要求。

（1）恒温式外筒：恒温式热量计配置恒温式外筒。自动控温的外筒在整个试验过程中，外筒水温变化应控制在 ±0.1K 之内；非自动控温式外筒——静态式外筒，盛满水后其热容量应不小于热量计热容量的 5 倍（通常 12.5L 的水量可以满足外筒恒温的要求），以便试验过程中保持外筒温度基本恒定。外筒的热容量应该是当冷却常数约为 0.0020min⁻¹时，从试样点火到末期结束时的外筒温度变化小于 0.16K；当冷却常数约为 0.0030min⁻¹时，此温度变化应小于 0.11K。外筒外面可加绝热保护层，以减少室温波动的影响。用于外筒的温度计最小分度值应为 0.1K。

（2）绝热式外筒：绝热式热量计配置绝热式外筒。外筒中水量应较少，最好装有浸没式加热装置，当样品点燃后能迅速提供足够的热量以维持外筒水温与内筒水温相差在 0.1K 之内。通过自动控温装置，外筒水温能紧密跟踪内筒的温度。外筒的水还应在特制的双层盖中循环。

自动控温装置的灵敏度应能达到使点火前和终点后内筒温度保持稳定（5min 内温度变化平均不超过 0.0005K/min）；在一次试验的升温过程中，内、外筒间热交换量应不超过 20J。

5. 搅拌器

搅拌器为螺旋桨式或其他形式。转速以 400～600r/min 为宜，并应保持恒定。搅拌器轴杆应有较低的热传导或与外界采用有效的隔热措施，以尽量减少量热系统与外界的热交换。搅拌器的搅拌效率应能使热容量标定中由点火到终点的时间不超过 10min，同时又要避免产生过多的搅拌热（当内、外筒温度和室温一致时，连续搅拌 10min 所产生的热量不应超过 120J）。

6. 量热温度计

用于内筒温度测量的量热温度计的分辨率至少应为 0.001K，以便能以 0.002K 或更好的分辨率测定 2～3K 的温升；它代表的绝对温度应能达到近 0.1K。量热温度计在它测量的每个温度变化范围内应是线性的或线性化的。它们均应经过计量部门的检定，证明已达到上述要求。

有以下两种类型的温度计可用于此目的：

（1）玻璃水银温度计：常用的玻璃水银温度计有两种，一种是固定测温范围的精密温度计；一种是可变测温范围的贝克曼温度计。两者的最小分度值应为 0.01K。使用时应根据计量机关检定证书中的修正值做必要的校正。两种温度计都应进行温度校正（贝克曼温度计称为孔径校正），贝克曼温度计除这个校正值外还有一个称为平均分度值的校正值。

为了满足所需要的分辨率，需要使用 5 倍的放大镜来读取温度，为防止水银柱在玻璃上的黏滞，通常需要一个机械振荡器来敲击温度计。如果没有机械振荡器，在读取温度前应人工敲击温度计。

（2）数字显示温度计：数字显示温度计可代替传统的玻璃水银温度计，它们由诸如铂电阻、热敏电阻以及石英晶体共振器等配备合适的电桥，以及零点控制器、频率计数器或其他电子设备构成，它们应能提供符合要求的分辨率，这些温度计的短期重复性不应超过 0.001K，6 个月内的长期漂移不应超过 0.05K，线性温度传感器在发热量测定中引起的偏倚比非线性温度传感器小。

7. 燃烧皿

铂制品最理想，一般可用镍铬钢制品。规格为高 17～18mm、底部直径 19～20mm、上部直径 25～26mm、厚 0.5mm。其他合金钢或石英制的燃烧皿也可使用，但以能保证试样燃烧完全而本身又不受腐蚀和产生热效应为原则。

8. 压力表和氧气导管

压力表由两个表头组成：一个指示氧气瓶中的压力，一个指示充氧时氧弹内的压力。表头上应装有减压阀和保险阀。压力表每两年应经计量部门检定一次，以保证指示正确和操作安全。

压力表通过内径 1～2mm 的无缝铜管与氧弹连接，或通过高强度尼龙管与充氧装置连接，以便导入氧气。

压力表和各连接部分禁止与油脂接触或使用润滑油。如不慎沾污，应依次用苯和乙醇清洗，并待风干后再用。

9. 点火装置

点火采用 12～24V 的电源，可由 220V 交流电源经变压器供给。线路中应串接一个调节电压的变阻器和一个指示点火情况的指示灯或电流计。

点火电压应预先试验确定。方法：接好点火丝，在空气中通电试验。在熔断式点火的情况下，调节电压使点火丝在 1～2s 内达到亮红；在非熔断式点火的情况下，调节电压使点火线在 4～5s 内达到暗红。

在非熔断式点火的情况下如采用棉线点火，则在遮火罩以上的两电极柱间连接一段直径约 0.3mm 的镍铬丝，丝的中部预先绕成螺旋数圈，以便发热集中。然后通电，准确测出电压、电流和通电时间，以便计算电能产生的热量。

10. 天平

分析天平：感量 0.1mg。

工业天平：最大称量 5kg，感量 0.1g。

4.3.5 分析试样的制备

用于测定发热量的固体生物质燃料样品可按照 GB/T 28730—2012《固体生物质燃料样品制备方法》中规定的程序制备成小于 1mm 的一般分析试样。可能时，制备成小于 0.5mm 或小于 0.2mm 的一般分析试样，以保证样品完全燃烧和要求的重复性。

试样应充分混匀，并与实验室环境达到湿度平衡。为了能对分析试样进行正确的水分校正，应该在称量发热量试样时同时称出水分测定试样，并尽快进行水分测定。

分析试样的水分测定应按照 GB/T 28731—2012《固体生物质燃料工业分析方法》中的水分测定方法进行。

4.3.6 测定步骤

发热量的测定由两个单独的试验组成，即在规定的条件下基准量热物质的燃烧试验（热容量标定）和试样的燃烧试验。为了消除未受控制的热交换引起的系统误差，要求两种试验的条件尽量相近。

试验过程分为初期、主期（燃烧反应期）和末期。对于绝热式热量计，初期和末期是为了确定开始点火的温度和终点温度；对于恒温式热量计，初期和末期的作用是确定热量计的热交换特性，以便在燃烧反应主期内对热量计内筒与外筒间的热交换进行正确的校正。初期和末期的时间应足够长。

由于固体生物质燃料密度低，它们需用已知热值的擦镜纸包裹并压紧后再进行发热量测定，以防止试样在燃烧试验中爆燃而导致燃烧不完全（氧弹内有黑色碳迹）。有些固体生物质燃料试样，包纸后仍出现爆燃和燃烧不完全现象，可采取减少氧弹内的加水量为 1mL 或降低氧弹内充氧压力为 1.8～2.0MPa 的方法防止其爆燃。此时，仪器的热容量应采用相同加水量或相同充氧压力下的标定值。

1. 恒温式热量计法

（1）按使用说明书安装和调节热量计。

（2）取一张已标定了热值的擦镜纸，折叠为三层，准确称其质量。然后在纸上称取粒度小于 1mm 的固体生物质燃料试样 0.9～1.1g，称准到 0.0002g。用纸将试样包裹紧后放入燃烧皿内。

（3）在熔断式点火的情况下，取一段已知质量的点火丝，把两端分别接在氧弹的两个电极柱上，弯曲点火丝接触包裹的试样；并注意勿使点火丝接触燃烧皿，以免形成短路而导致点火失败，甚至烧毁燃烧皿。同时还应注意防止两电极间以及燃烧皿与另一电极之间的短路。在非熔断式点火的情况下，当用棉线点火时，把已知质量的棉线的一端固定在已连接到两电极柱上的点火导线上（最好夹紧在点火导线的螺旋中），另一端轻轻与包裹的试样搭接。往氧弹中加入蒸馏水。小心拧紧氧弹盖，注意避免燃烧皿和点火丝的位置因受震动而改变，氧弹中缓缓充入氧气，直至压力到 2.8～3.0MPa，达到压力后的持续充氧时间不得少于 15s。当钢瓶中氧气压力降到 5.0MPa 以下时，充氧时间应酌量延长，压力降到 4.0MPa 以下时，应更换新的钢瓶氧气。

（4）往内筒中加入足够的蒸馏水，使氧弹盖的顶面（不包括突出的进气阀、出气阀和电极）淹没在水面下 10～20mm。内筒水量应在所有试验中保持相同，相差不超过 0.5g。水量最好用称量法测定。如用容量法，则需对温度变化进行补正。注意恰当调节内筒水温，使终点时内筒比外筒温度高 1K 左右，以使终点时内筒温度出现明显下降。外筒温度应尽量接近室温，相差不得超过 1.5K。

（5）把氧弹放入装好水的内筒中，如氧弹中无气泡漏出，则表明气密性良好，即可把内筒放在热量计中的绝缘架上；如有气泡出现，则表明漏气，应找出原因，加以纠正，重新充氧。然后接上点火电极插头，装上搅拌器和量热温度计，并盖上热量计的盖子。温度计的水银球（或温度传感器）对准氧弹主体（进气阀、出气阀和电极除外）的中部，温度计和搅拌器均不得接触氧弹和内筒。靠近量热温度计的露出水银柱的部位（使用玻璃水银温度计时）应另悬一支普通温度计，用以测定露出柱的温度。

（6）开动搅拌器，5min 后开始计时，读取内筒温度（t_0）后立即通电点火。随后记下外筒温度（t_j）和露出柱温度（t_e）。外筒温度至少读到 0.05K，内筒温度借助放大镜读到 0.001K。读取温度时，视线、放大镜中线和水银柱顶端应位于同一水平线上，以避免视差对读数的影响。每次读数前，应开动振荡器振动 3～5s。

（7）观察内筒温度（注意：点火后 20s 内不要把身体的任何部位伸到热量计上方）。如在 30s 内温度急剧上升，则表明点火成功。当用式（4-6）计算冷却校正值时，点火后 1′40″

时读取一次内筒温度（$t_{1'40''}$），接近终点时，开始按 1min 间隔读取内筒温度；当用式（4-7）计算冷却校正值时，点火后按 1min 间隔读取内筒温度直至终点。点火后最初几分钟内，温度急剧上升，读温精确到 0.01K 即可，但只要有可能，读温应精确到 0.001K。

（8）以第一个下降温度作为终点温度（t_n），试验主期阶段至此结束。一般热量计由点火到终点的时间为 8～10min。对于一台具体热量计，可根据经验恰当掌握。

若终点时不能观察到温度下降（内筒温度低于或略高于外筒温度时），可以随后连续 5min 内温度读数增量（以 1min 间隔）的平均变化不超过 0.001K/min 时的温度为终点温度 t_n。

（9）停止搅拌，取出内筒和氧弹，开启放气阀，放出燃烧废气，打开氧弹，仔细观察弹筒和燃烧皿内部，如果有试样燃烧不完全的迹象或有炭黑存在，试验应作废。量出未烧完的点火丝长度，以便计算实际消耗量。

样本处理：由于生物质挥发分含量较高，燃烧时易爆燃喷溅，可以采用压饼或者包纸的方式处理样品。

2. 绝热式热量计法

（1）按使用说明书安装和调节热量计。

（2）按恒温式热量计法步骤 2 称取试样。

（3）按恒温式热量计法步骤 3 准备氧弹。

（4）按恒温式热量计法步骤 4 称出内筒中所需的水。调节水温使其尽量接近室温，相差不要超过 5K，以稍低于室温为最理想。内筒温度过低，易引起水蒸气凝结在内筒外壁；内筒温度过高，易造成内筒水的过多蒸发。这都对获得准确的测定结果不利。

（5）按恒温式热量计法步骤 5 安放内筒、氧弹、搅拌器和温度计。

（6）开动搅拌器和外筒循环水泵，开通外筒冷却水和加热器。当内筒温度趋于稳定后，调节冷却水流速，使外筒加热器每分钟自动接通 3～5 次（由电流计或指示灯观察）。如自动控温线路采用可控硅代替继电器，则冷却水的调节应以加热器中有微弱电流为准。

（7）调好冷却水后，开始读取内筒温度，借助放大镜读到 0.001K，每次读数前，开动振荡器 3～5s。当以 1min 为间隔连续三次温度读数极差不超过 0.001K 时，即可通电点火，此时的温度即为点火温度 t_0。否则，调节电桥平衡钮，直到内筒温度达到稳定，再行点火。

（8）点火后 6～7min，再以 1min 间隔读取内筒温度，直到连续三次读数极差不超过 0.001K 为止。取最高的一次读数作为终点温度 t_n。

（9）关闭搅拌器和加热器（循环水泵继续开动），然后按恒温式热量计法步骤 9 结束试验。

3. 自动氧弹热量计法

（1）按照仪器说明书安装和调节热量计。

（2）按恒温式热量计法步骤 2 称取试样。

（3）按恒温式热量计法步骤 3 准备氧弹。

（4）按仪器操作说明书进行其余步骤的试验，然后按恒温式热量计法步骤 9 结束试验。

（5）试验结果被打印或显示后，校对输入的参数，确定无误后报出结果。

4.3.7 结果计算

1. 温度计校正

发热量测定中温度测量的准确性是保证测定结果可靠的关键之一，温度测量正确与否直接影响发热量的测定值。使用玻璃温度计时，应根据检定证书对点火温度和终点温度进行校正。

（1）温度计刻度校正。贝克曼温度计是一种刻度精度高的温度计，在制作过程中，由于技术上的原因，温度计的毛细孔径和刻线都不可能十分均匀，这就使得每一单位刻度的毛细管的容积不同，因而容纳的水银量就不同，所表示的温度变化也就不同，因此必须对这种误差进行校正，这就是温度计的刻度校正或毛细孔径的校正。

根据检定证书中所给的孔径修正值校正点火温度 t_0 和终点温度 t_n，再由校正后的温度 t_0+h_0 和 t_n+h_n 求出温升，其中 h_0 和 h_n 分别代表 t_0 和 t_n 的孔径修正值。

（2）温度计平均分度值的校正。平均分度值是温度计 1℃ 所代表的真实温度的数值。平均分度值是随温度计使用时的条件而变化的，所以在测定热值时，用贝克曼温度计直接测出的内筒温升必须乘以平均分度值才能代表真实的温升。

影响贝克曼温度计平均分度值的因素主要有以下三种：

1）基点温度：基点温度是指贝克曼温度计上 0℃ 刻度所代表的实际温度。它由玻璃泡中水银量的多少决定。基点温度不同，即玻璃泡中水银量不同，平均分度值必定不同。因为水银量不同时，温度变化 1℃ 水银的膨胀或缩小的体积就会不相同，因而在温度计毛细管内，水银柱长度的变化也不相同，所以基点温度不同时，同一根温度计上同一单位刻度（经孔径校正后）的毛细管内虽然容纳的水银体积相同，但所代表的真实温度是不同的。因此每当改变基点温度时，必须对温度计进行平均分度值修正。

2）露出柱温度：温度计插在水中时，有一段水银柱是露出水面的，露出柱的温度与水温不同，这就要影响平均分度值，所以当露出柱温度不同而水温相同时，温度计上所指示的温度会不同，这就使平均分度值不同。

3）浸没深度：同一基点温度，温度计的浸没深度不同，平均分度值也不一样。但如果能保证热容量标定和发热量测定时温度计的浸没深度一致，可不必进行浸没深度的校正。

试验过程中，当试验时的露出柱温度 t_e 与标准露出柱温度相差 3℃ 以上时，按式（4-3）计算平均分度值 H

$$H = H^0 + 0.00016(t_s - t_e) \qquad (4-3)$$

式中：H 为平均分度值，℃；H^0 为该基点温度下对应于标准露出柱温度时的平均分度值；t_s 为该基点温度所对应的标准露出柱温度，℃；t_e 为试验中的实际露出柱温度，℃；0.00016 为水银对玻璃的相对膨胀系数。

调定基点温度后，应根据检定证书中所给的平均分度值计算该基点温度下对应于标准露出柱温度（根据检定证书所给的露出柱温度计算而得）的平均分度值 H^0。

2. 冷却校正（热交换校正）

绝热式热量计的热量损失可以忽略不计，因而无需冷却校正。恒温式热量计在试验过程中内筒与外筒间始终发生热交换，对此散失的热量应予校正，办法是在温升中加上一个校正值 C，这个校正值称为冷却校正值，其计算方法如下：

首先根据点火时和终点时的内、外筒温差 $(t_0 - t_j)$ 和 $(t_n - t_j)$ 从 $v(t-t_j)$ 关系曲线中查出相应的 v_0 和 v_n，或根据预先标定出的式（4-4）和式（4-5）计算出 v_0 和 v_n

$$v_0 = k(t_0 - t_j) + A \qquad (4-4)$$

$$v_n = k(t_n - t_j) + A \tag{4-5}$$

式中：v_0 为对应于点火时内、外筒温差的内筒降温速度，K/min；v_n 为对应于终点时内、外筒温差的内筒降温速度，K/min；k 为热量计的冷却常数，min^{-1}；A 为热量计的综合常数，K/min；$t_0 - t_j$ 为点火时的内、外筒温差，K；$t_n - t_j$ 为终点时的内、外筒温差，K。

注：当内筒使用贝克曼温度计，外筒使用普通温度计时，应从实测的外筒温度中减掉贝克曼温度计的基点温度后再当作外筒温度 t_j，用来计算内、外筒温差 $t_0 - t_j$ 和 $t_n - t_j$。如内、外筒都使用贝克曼温度计，则应对实测的外筒温度校正内、外筒温度计基点温度之差，以便求得内、外筒的真正温差。然后按式（4-6）计算冷却校正值

$$C = (n - \alpha)v_n + \alpha v_0 \tag{4-6}$$

式中：C 为冷却校正值，K；n 为由点火到终点的时间，min；当 $\Delta / \Delta_{1'40''} \leqslant 1.20$ 时，$\alpha = \Delta / \Delta_{1'40''} - 0.10$；当 $\Delta / \Delta_{1'40''} > 1.20$ 时，$\alpha = \Delta / \Delta_{1'40''}$；其中 Δ 为主期内总温升（$\Delta = t_n - t_0$），$\Delta_{1'40''}$ 为点火后 $1'40''$ 时的温升（$\Delta_{1'40''} = t_{1'40''} - t_0$）。

在自动氧弹热量计中，或在特殊需要的情况下，可使用瑞-方（Regnault-Pfandler）公式

$$C = nv_0 + \frac{v_n - v_0}{t_n - t_0}\left[\frac{t_0 - t_n}{2} + \sum_{i=1}^{n-1} t_i - nt_0\right] \tag{4-7}$$

式中：t_i 为主期内第 $i\,min$ 时的内筒温度；其余符号意义同前。

3. 点火热校正

在发热量测定中，点火分熔断式和非熔断式。在熔断式点火法中，应由点火丝的实际消耗量（原用量减掉残余量）和点火丝的燃烧热计算试验中点火丝放出的热量。一般常见的点火丝的燃烧热如下：①铁丝，6700J/g（1602cal/g）；②镍铬丝，6000J/g（1435cal/g）；③铜丝，2500J/g（598cal/g）；④棉线，17500J/g（4185cal/g）。

在非熔断式点火法中，用棉线点燃样品时，首先算出所用一根棉线的燃烧热（剪下一定数量适当长度的棉线，称出它们的质量，然后算出一根棉线的质量，再乘以棉线的单位热值），然后按下式确定每次消耗的电能热

电能产生的热量（J）＝电压（V）×电流（A）×时间（s）。

二者放出的总热量即为点火热。例如，一台热量计算出的点火电能为电压 2.6V，电流 2.4A，点火时间 4s，1 根棉线的热为 50J，总的点火热为 $2.6 \times 2.4 \times 4 + 50 \approx 75$（J）。

4. 弹筒发热量和高位发热量的计算

按式（4-8）或式（4-9）计算空气干燥试样的弹筒发热量 $Q_{b,ad}$。

使用恒温式热量计时

$$Q_{b,ad} = \frac{EH[(t_n + h_n) - (t_0 + h_0) + C] - (q_1 + q_2)}{m} \tag{4-8}$$

式中：$Q_{b,ad}$ 为空气干燥试样的弹筒发热量，J/g；E 为热量计的热容量，J/K；q_1 为点火热，J；q_2 为添加物如包纸等产生的总热量，J；m 为试样质量，g；H 为贝克曼温度计的平均分度值，使用数字显示温度计时，$H = 1$；h_0 为 t_0 时的毛细孔径修正值，使用数字显示温度计时，$h_0 = 0$；h_n 为 t_n 时的毛细孔径修正值，使用数字显示温度计时，$h_n = 0$。

使用绝热式热量计时

$$Q_{b,ad} = \frac{EH[(t_n + h_n) - (t_0 + h_0)] - (q_1 + q_2)}{m} \tag{4-9}$$

按式（4-10）计算空气干燥试样的恒容高位发热量 $Q_{gr,ad}$

$$Q_{gr,ad} - (94.1 \times S_{t,ad} - \alpha \times Q_{b,ad}) \tag{4-10}$$

式中：$Q_{gr,ad}$ 为空气干燥试样的恒容高位发热量，J/g；$S_{t,ad}$ 为空气干燥试样中的全硫含量，%；94.1 为空气干燥试样中每 1.00% 硫的校正值，J/g；α 为硝酸形成热校正系数，当 $Q_b \leqslant 16.70$MJ/kg 时，$\alpha = 0.0010$；当 16.70MJ/kg$< Q_b \leqslant 25.10$MJ/kg，$\alpha = 0.0012$；当 $Q_b >$ 25.10MJ/kg，$\alpha = 0.0016$。

5. 低位发热量计算

$$Q_{net} = (Q_{gr,ad} - 206H_{ad}) \times \frac{100 - M_{ar}}{100 - M_{ad}} - 23M_{ar} \tag{4-11}$$

式中：$Q_{gr,ad}$ 为分析试样的高位发热量，J/g；M_{ar} 为煤中全水含量，%；M_{ad} 为煤中空气干燥基的水分含量，%；H_{ad} 为煤中空气干燥基的氢含量，%。

4.3.8 结果表述

弹筒发热量和高位发热量的结果计算到 1J/g，取高位发热量两次重复测定的平均值，按 GB/T 21923—2008《固体生物质燃料检验通则》修约到最接近的 10J/g 的倍数，按 J/g 或 MJ/kg 的形式报出。

4.3.9 方法精密度

生物质燃料发热量测定的重复性限和再现性临界差见表 4-2。

表 4-2　　　　　　　　　　发热量测定的重复性限和再现性临界差

高位发热量 $Q_{gr,ad}$（J/g）	重复性限（以 $Q_{gr,ad}$ 表示）（J/g）	再现性临界差（以 $Q_{gr,d}$ 表示）（J/g）
	120	300

4.4 热容量标定和 v 与（$t - t_j$）关系曲线的绘制

标定仪器热容量是计算发热量所必需的一步，在标定仪器热容量的同时，将降温速度 v 与内、外筒温差（$t - t_j$）的关系标出，即作出（$t - t_j$）与 v 的关系曲线。具体标定的步骤如下：

（1）在不加衬垫的燃烧皿中称取经过干燥和压片的苯甲酸，苯甲酸片的质量以（1.0±0.1）g 为宜。苯甲酸应预先研细并在盛有浓硫酸的干燥器中干燥 3 天或在 60～70℃烘箱中干燥 3～4h，冷却后压片，也可直接使用片状苯甲酸量热标准物质。苯甲酸也可以在燃烧皿中熔融后使用。熔融可在 121～126℃的烘箱中放置 1h，或在酒精灯的小火焰上进行，放入干燥器中冷却后使用。熔体表面出现的针状结晶，应用小刷刷掉，以防燃烧不完全。

（2）根据所用热量计和类型（恒温式或绝热式），按照发热量测定相应的步骤，准备氧弹，调节内、外筒温度，并将氧弹放入内筒装入量热仪，装置好温度计。

（3）以恒温式热量计为例，开动搅拌器，5min 后开始记录内筒温度 T_0，再继续搅拌

10min，记录内筒温度 t_0 并立即点火，然后立即记下外筒温度 t_j 和露出柱温度 t_e，点火后 $1'40''$ 时记录一次内筒温度 $t_{1'40''}$（此时的读温只需读到 0.01），快接近终点时每分钟读温一次，直至第一个温度下降点（终点），记下终点时内筒温度 t_n 及此时的外筒温度 $t_{j,n}$ 和露出柱温度 $t_{e,n}$，再继续搅拌 10min，记录内筒温度 T_n，试验到此结束，打开弹筒，检查内部，如有碳墨存在，试验作废。

（4）根据观测数据，计算出 v_0、v_n 和对应的内、外筒温差 $(t-t_j)$。上述 t_j 为对实测的外筒温度经刻度校正后所得的数值。热容量标定试验结束之后，列出 v_0、v_n 及对应的内、外筒温差（见表 4-3）。

表 4-3　　　　　　　　　　　　　v_0、v_n 及对应的内、外筒温差

v	$t-t_j$
$v_0 = \dfrac{T_0 - t_0}{10}$	$\dfrac{T_0 + t_0}{2} - t_j$
$v_n = \dfrac{T_n - t_n}{10}$	$\dfrac{T_n + t_n}{2} - t_j$

以平均内、外筒温差为横坐标，以 v_0 和 v_n 为纵坐标在坐标纸上描点图，画出一条直线从所有点的中间通过，如图 4-6 所示。再根据平均内、外筒温差从图中查出 v_0 和 v_n，用查出的 v_0、v_n，根据 $C=(n-\alpha)v_n+\alpha v_0$ 计算冷却校正值，并计算仪器的热容量。以后的发热量试验就可根据点火和终点时的内、外筒温差，由图 4-6 中查出相应的 v_0、v_n。

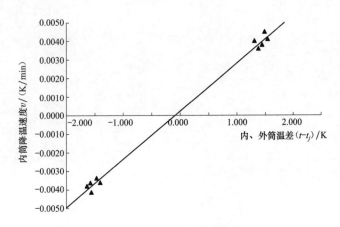

图 4-6　v-$(t-t_j)$ 关系图

（5）热容量标定中的硝酸校正热可按式（4-12）求得

$$q_n = Q \times m \times 0.0015 \tag{4-12}$$

式中：q_n 为硝酸的形成热，J；Q 为苯甲酸的标准热值，J/g；m 为苯甲酸的用量，g；0.0015 为苯甲酸燃烧时的硝酸形成热校正系数。

（6）热容量的计算

$$E = \frac{Q \times m + q_1 + q_2}{H[(t_n + h_n) - (t_0 + h_0) + C]} \tag{4-13}$$

式中：Q 为苯甲酸的标准热值，J/g；q_1 为点火热，J；q_2 为添加物如擦镜纸等产生的热量，

J；H 为贝克曼温度计的平均分度值；C 为冷却校正值，K；其他符号意义同前。

（7）热容量标定一般进行 5 次重复试验，计算 5 次重复试验结果的平均值和相对标准差，其相对标准差不应超过 0.20%；若超过 0.20%，再补做一次试验，取符合要求的 5 次结果的平均值，修整到 1J/K，作为仪器的热容量。若任何 5 次结果的相对标准差都超过 0.20%，则应对试验条件和操作技术仔细检查并纠正存在的问题后，再重新进行标定，舍弃原有的全部结果。相对标准偏差 RSD 为

$$RSD = \frac{S_x}{\bar{x}} \tag{4-14}$$

式中：$\bar{x}$ 为 5 次标定结果的平均值；S_x 为 5 次标定结果的标准偏差。

（8）热容量标定的有效期一般为 3 个月，超过此限期时，则应复查。发生下列任一情况时，应立即重测：①更换量热温度计；②更换热量计的较大部件，如氧弹盖、连接环等；③标定热容量与测定发热量时的内筒温度之差超过 5K；④热量计经过较大搬动、变换环境。

第 5 章

工业分析检测技术

工业分析是水分、灰分、挥发分、固定碳四项特性指标检测的总称。水分、灰分为生物质中的不可燃组分，挥发分、固定碳则为可燃组分，它们之和构成生物质的全部组成。生物质的工业分析是基础性检验，是入厂及入炉生物质每天必测的常规检测项目。

5.1 生物质中水分的测定

5.1.1 生物质燃料水分的影响

目前国内在运行的生物质流化床锅炉其入炉生物质燃料普遍含水量高，特别是秸秆类和树皮类，目前入炉水分为 $30\% \sim 50\%$，高水分燃料入炉后，着火相应延迟，炉内流化速度大，燃料在炉内的有效停留时间短，造成燃烧效率下降，燃料热值偏低，燃料消耗量更大。

着火滞后引起的炉膛上部温度偏高使过热蒸汽超温，过热器管壁温度偏高，带来安全上的隐患；锅炉密相区床温控制变得困难，锅炉低负荷稳燃水平下降；另由于燃烧产生的烟气量增加，排烟温度升高，锅炉的排烟损失增加，锅炉效率降低。

因此，要达到良好的效益必须尽量控制入炉燃料的水分在合理范围内，首先应控制收购的燃料含水率，杜绝人为加水，其次生物质流化床锅炉应建足够的防雨料库，从源头上控制燃料入炉含水率。

生物质燃料的水分含量是燃料性质中变化最频繁、波动范围最大、对锅炉负荷影响最大的影响因素，通过实现对生物质燃料量实时准确的控制，可以消除锅炉负荷随燃料水分含量的波动，保证锅炉的安全稳定运行，提高锅炉运行效率。

5.1.2 煤中水分的存在形式及其特性

各种生物质都含有一定量的水分，水分随着生物质种类不同而变化，同时由于位置的迁移、空气中的水分不同而变化。生物质中水分按其结合形态，可分为游离水和结合水。游离水附着于生物质颗粒表面及吸附于毛细孔内，结合水和生物质中的矿物质成分化合，在生物质中含量很少，在游离水的测定温度范围内不能去除，超过 $200℃$ 才能分解逸出。结合水不能用加热方法单独测定。

根据赋存状态游离水还可以分为外在水分 M_f 和内在水分 M_{inh}。外在水分是指将生物质风干后所失去的水分，在开采、运输、储存时被带入，覆盖在生物质颗粒表面上，在实际测定中是指样品达到空气干燥状态所失去的那部分水分。当生物质放置在空气中（一般规定温度为 $20℃$，相对湿度为 65%）风干 $1 \sim 2$ 天后，外在水分即蒸发而消失。内在水分是指吸附或凝聚在生物质内部毛细孔中的水，在实际测定中指样品达到空气干燥状态时保留下来的那部分水分。生物质检测中所指的全水分实际上只是游离水，包括外在水分及内在水分，两者总和为全水分 M_t。

在电力用生物质中，对水分的测定包括生物质全水分 M_t 及分析水分。全水分是生物质中所含的全部游离水分，包括内在水分、外在水分。空气干燥基水分（也称分析水分）是分析试样与环境空气达到湿度平衡时所含的水分。

水分容易受环境温度的变化而变化，其测定值只说明样品指定测定状态下的水分含量，空气干燥基水分在不同的时间和空气条件分析时，其测定结果不会相同，因此，空气干燥基水分无可比性，只作为基准换算的参数。

水分测定的关键是将欲分析的水分尽可能地从生物质中逐出，尽量减少甚至避免生物质中有机物被氧化及生物质的热分解。生物质中水分含量可通过直接测定生物质中水分的质量或体积获得，称为直接法，包括重量法和容量法。重量法是用加热干燥的方法将生物质中水分逐出后，用吸湿剂吸收，根据吸湿剂的增重计算出生物质中的含水量。容量法是将生物质与与水互溶的溶剂（如甲苯、二甲苯）混合，在水分抽提器中共沸蒸馏，水分与溶剂一起蒸馏出来，经冷凝管冷却流入接受器，从接受器的刻度尺上直接读出水分的体积，该体积即为生物质样品的含水量，计算见式（5-1）

$$M_{ad} = \frac{v \times d}{m} \tag{5-1}$$

式中：M_{ad} 为空气干燥样品的水分含量，%；v 为由回收曲线图上查出的体积，mL；d 为水的密度，20℃时取 1.00g/mL；m 为样品的质量，g。

测定生物质中水分也可采用间接法，使生物质样在一定温度下干燥，由生物质样的失重间接获得水分的含量。可测多个样品，根据干燥介质不同，有空气干燥法和通氮干燥法。通氮干燥法测定生物质样处于氮气惰性气氛中，不易被氧化，测定准确度高，但消耗大量高纯度氮气，成本费用高。空气干燥法所需设备简单，测定条件易于掌握，操作方便，在现场例行生物质检测中被广泛采用。干燥法测定水分均是在有鼓风装置的恒温箱中进行，借助鼓风机产生扰乱气流，消除不同高度层的温度差，使温度计指示温度能够真实反映箱内的实际温度。

5.1.3　生物质中全水分的测定

生物质中全水分的测定分 A、B 两种方法。方法 A 为仲裁法，方法 B 为简化法。全水分样品按照 GB/T 28730—2012《固体生物质燃料样品制备方法》的规定制备，粒度不大于 30mm 的，质量不少于 2kg。

在测定全水分之前，应检查收到的样品是否用密封防水容器包装，并与容器标签所注明的总质量进行核对。如果称出的总质量小于标签上所注明的总质量（不超过 1%），并且能确定样品在运送过程中没有损失，应将减少的质量作为固体生物质燃料试样在运送过程中损失的水分质量，计算水分损失百分率，并进行水分损失补正。

称取样品之前，将样品倒在干净的平面或托盘上，混合均匀并摊平，用棋盘法取样。

1. 方法 A（仲裁法）

称取一定量的固体生物质试样，于 (105±2)℃的温度下，在空气流中干燥到质量恒定，趁热称量。根据样品干燥后的质量损失并经浮力校正后计算出全水分含量。

试验用干燥箱的箱体应严密，带有自动控温和鼓风装置，能将温度控制在（105±2）℃范围内，有气体进、出口，有足够的换气量，每小时换气 5 次以上。

试验步骤如下：

（1）在预先干燥和已称量过的托盘（m_1）内迅速称取粒度不大于 30mm 的样品（300±10）g，称准至 0.1g，平摊在托盘中。使得每平方厘米的样品不超过 1g。同时称量一同样的空白托盘（m_4）。

（2）将盛有样品的托盘（m_2）和空白托盘一起放入（105±2）℃的空气干燥箱中，在鼓风条件下干燥，首次干燥 2.5h。取出样品，趁热称量（m_3），以避免样品和托盘吸收水分。同时趁热称量空白托盘（m_5）。

（3）进行检查性干燥，每次 30min，直至连续两次干燥后的质量减少不超过 0.5g 或质量增加时为止（达到质量恒定）。以上称量均称准至 0.1g。在质量增加的情况下，采用质量增加前一次的质量作为计算依据。

注：达到质量恒定的时间取决于试样的粒度、干燥箱内的换气速度及样品层的厚度等因素。

$$M_t = \frac{(m_2 - m_3) - (m_4 - m_5)}{(m_2 - m_1)} \times 100\% \tag{5-2}$$

式中：M_t 为固体生物质试样的全水分质量分数，%；m_1 为空托盘的质量，g；m_2 为干燥前空托盘和样品的质量，g；m_3 为干燥后空托盘和样品的质量，g；m_4 为干燥前空白托盘在室温下的质量，g；m_5 为干燥后空白托盘趁热称量的质量，g。

测定值和报告值均保留一位小数。全水分测定的重复性限为 1.0%。

2. 方法 B（简化法）

称取一定量的固体生物质试样，于（105±2）℃的温度下，在空气流中干燥到质量恒定，趁热称量。根据样品干燥后的质量损失计算出全水分含量。

方法 B 除不进行空白托盘试验外，其余步骤同方法 A。

$$M_t = \frac{m_2 - m_3}{m_2 - m_1} \times 100\% \tag{5-3}$$

式中：M_1 为空托盘的质量，g；M_2 为干燥前空托盘和样品的质量，g；M_3 为干燥后空托盘和样品的质量，g。

3. 水分损失补正

如果运送过程中固体生物质的水分有损失，则要进行补正。

$$M'_t = M_1 + \frac{100 - M_1}{100} M_t \tag{5-4}$$

式中：M'_t 为固体生物质的全水分质量分数，%；M_1 为固体生物质在运送过程中的水分损失，%；M_t 为不考虑固体生物质运送过程中水分损失量时的全水分质量分数，%。当 M_1 大于 1% 时，表明固体生物质在运送过程中可能受到意外损失，则不可补正，但测定的水分可作为实验室收到样品的全水分。在报告结果时，应注明"未经水分损失补正"。

5.1.4 生物质空气干燥基水分的测定

对于固体生物质燃料空气干燥基水分的测定，方法 A 为通氮干燥法，方法 B 为空气干燥法。如样品在（105±2)℃易于氧化，应选用方法 A。

1. 方法 A（通氮干燥法）

称取一定量的固体生物质燃料一般分析试样（达到空气干燥状态，样品粒度小于 1mm 或更小粒度），置于（105±2)℃干燥箱中，在干燥的氮气流中干燥到质量恒定，然后根据试样的质量损失计算出水分的质量分数。

测定步骤如下：

（1）在预先干燥和已称量过的称量瓶内称取固体生物质燃料试样（1±0.1）g，称准至 0.0002g，平摊在称量瓶中（见图 5-1）。

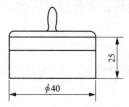

图 5-1 玻璃称量瓶

（2）打开称量瓶盖，放入预先通入干燥氮气并已加热到（105±2)℃的干燥箱［箱体严密，具有较小的自由空间，有气体进、出口，并带有自动控温装置，能保持温度（105±2)℃］中，干燥 2h。在称量瓶放入干燥箱前 10min 开始通氮气，氮气流量以每小时换气 15 次为准。

（3）从干燥箱中取出称量瓶，立即盖上盖，放入干燥器中冷却至室温（约 20min）后称量。

（4）进行检查性干燥，每次 30min，直到连续两次干燥试样质量的减少不超过 0.0010g 或质量增加时为止。在质量增加的情况下，采用质量增加前一次的质量为计算依据。

$$M_{ad} = \frac{m_1}{m} \tag{5-5}$$

式中：M_{ad} 为固体生物质燃料样品水分的质量分数，%；m 为称取的固体生物质燃料样品的质量，g；m_1 为固体生物质燃料样品干燥后失去的质量，g。

2. 方法 B（空气干燥法）

称取一定量的固体生物质燃料试样，置于（105±2)℃鼓风干燥箱内，于空气流中干燥到质量恒定。根据试样的质量损失计算出水分的质量分数。

测定步骤如下：

（1）在预先干燥并已称量过的称量瓶内称取固体生物质燃料试样（1±0.1）g，称准至 0.0002g，平摊在称量瓶中。

（2）打开称量瓶盖，放入预先鼓风并已加热到（105±2)℃的干燥箱中，在一直鼓风的条件下，干燥 2h。预先鼓风是为了使温度均匀。可在装有试样的称量瓶放入干燥箱前 3～5min 就开始鼓风。

（3）从干燥箱中取出称量瓶，立即盖上盖，放入干燥器中冷却至室温（约 20min）后称量。

（4）进行检查性干燥，每次 30min，直到连续两次干燥试样的质量减少不超过 0.0010g 或质量增加时为止。在质量增加的情况下，采用质量增加前一次的质量为计算依据。计算同式（5-5）。

固体生物质燃料试样水分测定的重复性限为 0.15%。

5.1.5 水分测定中的若干问题及注意事项

（1）全水分测定中防止水分的变化。在全水分测定中，关键问题是要使试样保持其原有的含水状态，即在制备和分析过程中不吸水也不失水。为此，可采取以下措施：

1）将全水试样保存在密封良好的容器中，并放在阴凉的地方。

2）制样操作要快，最好用密封式破碎机。

3）进行全水分测定的煤样不宜过细，样品通过粗切割破碎机破碎到小于 30mm 即可。

（2）水分测定中防止样品的氧化。在用加热干燥失重法测定水分时，要防止样品氧化。氧化会使样品增重，从而使测定结果偏低。为了克服这一问题，一般采取两种措施：一种是在真空或惰性气氛（氮气）中加热，避免样品与氧接触；另一种是适当提高加热温度以尽量缩短加热时间，减弱氧化程度。

（3）水分测定必须使用带鼓风的干燥箱，在鼓风的情况下进行干燥。试验表明，在鼓风情况下，水分蒸发比较完全，测定值均高于不鼓风情况下测得的水分值。

（4）全水分样品达到实验室后立即称重，尽快测定。

（5）称样尽可能快（不必称准到 1g）。干燥器中的干燥剂要经常更换，称量瓶取出后立即盖盖，称量后放入干燥器中，尽量防止水分的变化。

（6）称样的台秤或天平的精度要合适，不能用大秤称量少量的样品。

5.1.6 在线水分检测

1. 在线水分检测介绍

水分分析方法一般可分为两大类，即物理分析法和化学分析法。经典水分分析方法已逐渐被各种物理水分分析方法所代替，目前市场上主要存在的水分测定仪主要有卡尔费休（Karl Fischer）水分测定仪、红外水分仪、卤素灯水分仪、露点水分仪、微波水分仪、库仑水分仪，以及一些专用水分仪。这些仪器测定方法操作简便、灵敏度高、再现性好，并能连续测定，自动显示数据。

适合固体物质的水分检测方式有高频电容法、红外吸收法、微波检测法、中子衰减法等。其检测方法各有千秋。

（1）高频电容法：高频电容水分传感器的测量原理是当传感器置于待测样品进行测量时，100MHz 方波激励信号加在由电阻和探针的等效电容组成的一阶 RC 电路上，进行周期性的充放电，同时探针上会出现相应的周期性波形信号，然后利用真有效值检测器对此波形信号进行真有效值转换，等效地输出直流电压，作为传感器的测量结果。当样品的含水量不同时，其介电常数发生变化，探针的等效电容也随之变化，导致探针等效电容上的充放电曲线发生变化，即探针上的周期性波形发生变化，最终使传感器输出的直流电压发生改变。

（2）红外吸收法：它是基于水对近红外具有特征吸收光谱，被吸收能量与物质含水量有关联原理制成的。其光学结构通常有反射式和透射式，近来又发展成一种反射透射联合式Ⅲ。反射式主要用于测定固体物料，发射和接收系统位于被测物同一侧，安装方便，光程较长，灵敏度高，但精度较低，一般为±0.2%。透射式主要用于测定纸张等薄而透光物质，发射和接收系统位于被测物两侧，较直观，信号强，但安装精确度要求高。反射透射式主要用于卷烟、洗衣粉等行业在线测水，可根据被测对象灵活选择反射式或透射式。

红外吸收式水分计能连续、快速、准确、无接触地测量，有很多独特的优点。国外在20世纪70年代已有较多产品广泛用于工业在线检测，但价格较贵，不易推广应用。

（3）微波检测法：微波是一种高频电磁波，微波透射介质时产生的衰减、相位改变主要由介质的介电常数、介质损耗角正切值决定。水是一种极性分子，水的介电常数和介质损耗角正切值都远高于一般介质。通常情况下，含水介质的介电常数和损耗角正切值的大小主要由它的水分含量决定。微波从探头微波发射源发射出来，透过物料后被微波接收器接收。根据微波功率的衰减和相位移的改变，即可计算物料中的水分含量。

微波波长为1cm～1m，频率为300MHz～300GHz。微波水分计针对微波能量的吸收或微波空腔谐振频率随水分变化而制成。它被应用于造纸、纺织、木材、石油、粮食等行业的在线测量，微波吸收式、谐振式等方式的微波水分计分别用于各行各业，其一般精度为1%～2%。

由于微波完全穿透过程物料，因此所有的物理性水分都能被测定。这不仅适用于表面的水分，而且也适于内部的水分。该技术保证了装置具有很高的测量准确性和精度，而物料的颜色和表面结构不会影响测量结果。

（4）中子衰减法：中子衰减法水分仪由中子源、探测器和相应的计数装置组成。按装置分类，有固定式、手提式和取样式；按测量方式分类，有插入型、表面型、透射型和散射型；按工作原理分类，有中子减速扩散法、中子减速透射法、中子衰减法和中子散射法。

中子水分仪是一种较先进的在线测水仪器，能在不破坏物料结构和不影响物料正常运动状态下准确测量。但是，由于使用辐射元件，其使用范围受到限制。

（5）各种在线水分检测结果比对：取出几种生物质燃料，应用不同的检测方法与重量法进行比较，结果见表5-1。

表 5-1　　　　　　　　　　　几种检测方法与重量法的比较

种类	重量法	微波检测法			红外吸收法			高频电容法		
		含量（%）	绝对差	偏差（%）	含量（%）	绝对差	偏差（%）	含量（%）	绝对差	偏差（%）
树皮（一）	58.12	55.62	−2.5	−4.30	57.44	−0.68	−1.17	59.12	1.0	1.72
果壳	9.68	9.88	0.2	2.07	9.87	0.19	1.96	10.36	0.68	7.02
木边皮	15.33	16.23	0.9	5.87	16.56	2.79	8.02	18.68	3.35	21.85
木屑	28.35	30.12	1.77	6.24	29.48	1.13	3.99	30.52	2.17	7.65
木尾	35.12	33.54	−1.58	−4.50	35.23	0.11	0.31	37.35	2.23	6.35
树皮（二）	49.68	50.12	0.44	0.89	51.24	1.56	3.14	55.36	5.68	11.43
三夹板	52.3	51.87	−0.43	−0.82	53.42	1.12	2.14	55.38	3.08	5.89
平均偏差		3.52			2.96			14.93		

由表5-1可见，红外吸收法偏差最小（2.96%），高频电容法偏差最大（14.93%），微波检测法偏差较小（3.52%）。

综合几种水分检测方式的比对结果见表5-2。

表 5-2   几种水分检测方式的比对结果

检测技术	灵敏度	最高分辨率	适应能力	价格
高频电容法	优	0.002%	差	中
红外吸收法	良	0.005%	一般	高
射频频移法	好	0.02%	良	中
高频衰减法	好	0.01%	一般	中
微波迟滞法	良	0.5%	良	低
中子辐射法	一般	1.5%	优	高
LNIR 光谱法	极高	$<10 \times 10^{-6}$	优	高

2. 在线微波水分检测技术

(1) 在线微波水分检测技术的优点：由于微波完全穿透过程物料，因此所有的物理性水分都能被测定。这不仅适用于表面的水分，而且也适于内部的水分。该技术保证了装置具有很高的测量准确性和精度，物料的颜色和表面结构不会影响测量结果。

(2) 在线微波水分检测技术的运用：微波技术运用于检测仪上，就研发出了在线微波水分检测仪。相对于传统的红外线检测仪，它的优点是显而易见的。例如，在检测煤粉的时候，红外线检测仪检测的范围是十分有限的，但是微波可以穿透检测所有的煤粉，这样就保证了检测的精确性。它是一种具有高可靠性的非接触式水分测试仪，坚固耐用，响应快，测量精度较好，被设计用来在生产过程中对产品水分进行连续测量。在线微波水分检测仪的另一大特点是可选择穿透模式或反射模式测量。可以广泛运用于煤、烧结（球团）混合料、铁矿石、化学品、铝土矿、镍矿、糖、烟草、蔗渣、谷物、硅、木料、羊毛、食品、砂、聚合物、棉花和其他非传导材料。

(3) 在线微波水分检测技术的特征：

1) 非接触、连续在线测量，无磨损，不干扰物料传输，实时输出物料水分含量数据，穿透物料测量全部物料水分，不只测量物料表面水分，测量结果更有代表性。

2) 测量准确度高，不受外界环境温度、粉尘、光线、物料颜色等影响，抗干扰能力强，可应用于恶劣环境。

3) 可靠性高，安装调试简单，易操作，免维护，运行费用低，无辐射。

4) 按照安装方式不同，可分皮带物料水分检测和下料口物料水分检测两种。

在松散物料的湿度检测中，剥离下来的碎屑、沉积物、黏合物或者松散物料堆积的高度都会对检测的精度造成不良影响。因此，接触式的湿度检测传感器在这一领域中的应用受到了很大的限制。而利用微波透射检测技术则是一种非常明智的检测方法。

大多数原材料和产品的湿度检测原理都是类似的，与空气湿度检测的方法没有多少差别。而这些湿度检测方法在实践中的应用多多少少都有自身的局限性。湿度检测属于检测和调节技术中相对比较复杂的一种检测任务，涉及被测物体物理和化学特性的问题。即使是对于经验丰富的专业人员来讲，材料湿度的检测技术也是一个捉摸不透的领域。

微波透射湿度检测技术是一种新的、以模块式结构设计为基础的、适合于不同微波传感器的非接触式湿度检测技术。它将迄今为止一直没有标准化的各种湿度检测技术统一起来，提供了适合于标准化的湿度检测方案，能够简单方便地完成各种湿度检测。

3. 微波水分检测

（1）微波湿度检测的内容：微波水分检测内容旨在提供一种具备良好实用性的生物质燃料水分在线检测器。

为解决上述技术问题，微波水分检测的技术方案如下：生物质燃料水分在线检测器的外壳正面设有图像显示屏、水分显示屏、打印机和电源开关，同时，外壳背面设有通风孔、图像电缆插座、水分电缆插座、温度电缆插座和电源插座。外壳背面的水分电缆插座连有水分探头，水分探头包括测量部件、检测部件，检测部件连有电缆，电缆连有信号接头，水分探头通过信号接头与水分电缆插座相接。

（2）微波水分检测仪：图 5-2 所示为生物质燃料在线水分检测仪，包括外壳 1，外壳 1 正面设有图像显示屏 2、水分显示屏 3、打印机 4 和电源开关 5，同时，外壳 1 背面设有通风孔 6、图像电缆插座 7、水分电缆插座 8、温度电缆插座 9 和电源插座 10。

外壳 1 背面的水分电缆插座 8 连有水分探头 11；水分探头 11 包括测量部件 14，检测部件 14 连有电缆 13，电缆 13 连有信号接头 12，水分探头 11 通过信号接头 12 与水分电缆插座 8 相接。

通过水分探头 11 对物料进行检测。

水分探头 11 采用高频射电技术，通过发射合适频率的电磁波，介电检测技术都基于水的介电特性。水分子能够磁化，磁化后的水分子在外部磁场的作用下沿着一定的顺序排列，即呈现一定的极性。此时，若受到交变电磁场的作用，水分子则随着电磁场的频率而不断地旋转变换方向（定向极化）。这一效应通常用介电常数 DK 表示。水的介电常数大约为 80；而大多数的固体材料，包括粉碎成松散物料的固体材料的介电常数则要小得多（一般为 2～10，大多数为 3～6）。由于这一明显的差异，即使只有很少量的水也能够轻易地鉴别出来。

水分探头 11 使用前在温度室中做精密标准，标准系数被编成相应的程序存入校准存储器中，在测量过程中可对相对湿度进行自动校准。它们不仅能准确测量相对温度，还能测量温度和露点。测量相对温度的范围是 0～100，分辨力达 0.03RH，最高精度为 ±2RH。测量温度的范围是 −40～123.8℃，分辨力为 0.01℃。测量露点的精度小于 ±1℃。在测量湿度、温度时，A/D 转换器的位数分别可达 12 位、14 位。利用降低分辨力的方法可以提高测量速率，减小功耗。

水分探头 11 的测量部件 14 采用共振检测，利用物体共振参数的变化进行检测，检测的参数包括共振频率、品质和耦合系数。共振湿度检测最主要的优点在于它属于时间测定的方法，具有比其他检测方法高出很多的检测精度。因此，共振式的湿度检测方法可用于检测精度和重复检测精度要求很高的检测场合。精密的湿度检测直至超精密的湿度检测范围是这种共振湿度检测最理想的检测领域。

在实际应用中，测量关键在于选择合适的部位作为检测点，该部位具有代表性，能够反映整体水分的平均水平，满足在线水分的检测技术要求。为获得更好的检测效果，将测量部件 14 设置在物料传输的缓冲间（如物料输送机构的机侧壁），利用该缓冲间进行物料的流动测量。

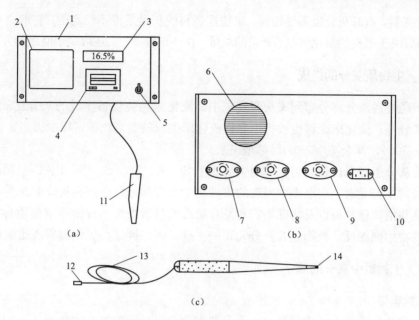

图 5-2　生物质燃料在线水分检测仪

5.2　生物质中灰分的测定

生物质原料除了碳、氢、氧、硫、磷等有机可燃物之外，还含有一定数量的钾、钠等无机矿物质。生物质中所有可燃成分完全燃烧以及生物质中矿物质在一定温度下产生一系列分解、化合等复杂反应后的残留无机物残渣是灰分。生物质中矿物质含量越高，灰分含量也越高，发热量则越低，燃烧稳定性也越差。

5.2.1　生物质灰分的来源

生物质中矿物质是生物质中除水分外的所有无机物质，它们由各种硅酸盐、碳酸盐、硫酸盐、氧化亚铁矿物等组成。生物质中不能燃烧的矿物杂质可以分为外部杂质和内部杂质。外部杂质是在采获、运输和储存过程中混入的沙和泥土等。生物质作为固体燃料其矿物杂质主要是瓷土（$Al_2O_3 \cdot 2SiO_2 \cdot 2H_2O$）和氧化硅（$SiO_2$）以及其他金属氧化物等。

5.2.2　生物质灰分的特性

在生物质能利用中，生物质中的灰是影响利用过程的一个很重要的参数。例如，生物质燃烧、气化过程中受热面的积灰、磨损及腐蚀，流化床中燃烧气化时床料结块等均与灰的性质密切相关。另外，灰的性质还会影响到生物质燃烧、气化、热解等过程中的产物和其作为副产品使用的功能。生物质的灰分含量高，将减少燃料的热值，降低燃烧温度，如秸秆的灰分含量可达 15%，导致其燃烧比较困难。农作物收获后，将秸秆在农田中放置一段时间，利用雨水进行清洗，可以减少其中 Cl 和 K 的含量，除去部分灰分，减少灰渣处理量。

燃料的灰分是杂质的主要成分。燃料含灰的程度是不同的，燃料的种类不同则灰分不同，就是同一种燃料，有时灰分也不尽相同。矿物性燃料的灰量是极不稳定的，它取决于燃料产地的性质，即取决于燃料的炭化情况、开采的质量，在一定程度上，还取决于储藏的方法和时间。

5.2.3　生物质灰分的组成

生物质燃烧后灰分将分布到飞灰和底灰中。流化床燃烧设备生成的灰分比固定床更多，原因是除灰分外，流化床床料也被排出。但流化床生成的底灰比固定床少得多，仅占灰分总量的 20%～30%，其余 70%～80% 都是飞灰。

生物质灰分组分布比较均匀，其中生物质中 Si、K、Na、S、Cl、P、Ca、Mg、Fe 是导致结渣积灰的主要元素。在地壳中出现的每种化学元素都可以在植物灰分中发现，生物元素的比例是某些植物种和科以及特殊器官和发育阶段的显著特征。许多草本植物含 K 多于 N，而在适氮植物中则相反。植物主要灰分元素——硅、钙、钾三种氧化物所占比例最高。

5.2.4　生物质中灰分的测定

1. 方法要点

称取一定量的固体生物质样品，放入马弗炉中，以一定的速度加热到（550±10）℃灼烧至恒重，残留物的质量占试样质量的质量分数即为试样的灰分。

2. 仪器设备

马弗炉：炉膛具有足够的恒温区，能以 5℃/min 的速度升温并能保持温度为（550±10）℃。炉内通风速度应能使加热过程中不会缺乏燃料所需的氧气。马弗炉恒温区应在关闭炉门时测定，并至少每年测定一次。高温计（包括热电偶和高温计）至少每年校准一次。

马弗炉的控制面板示意图如图 5-3 所示。

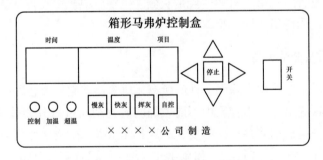

图 5-3　马弗炉的控制面板示意图

（1）开关：控制马弗炉控制盒的电源通断。

（2）【停止】键：终止测试。

（3）方向键：左、右键移动光标，上、下键改变数值。

（4）【慢灰】键：进行缓慢灰化法测试。

（5）【快灰】键：进行快速灰化法测试。

（6）【挥发】键：进行挥发分测试。

（7）【自控】键：自主控制灼烧温度及灼烧时间。

（8）时间：显示试验时间，单位为 min，最大值为 5999min。

（9）温度：显示及时温度，单位为℃，最大值为 1200℃。

（10）项目：显示程序跳转的组次或步骤。

（11）控制：加温控制信号灯。

（12）加温：马弗炉通电信号灯。

（13）超温：超过预期温度信号灯。

控制盒接线端如图 5-4 所示。

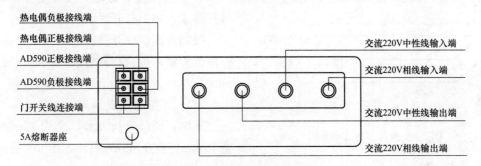

图 5-4　控制盒接线端示意图

马弗炉与控制盒的连接示意图如图 5-5 所示。

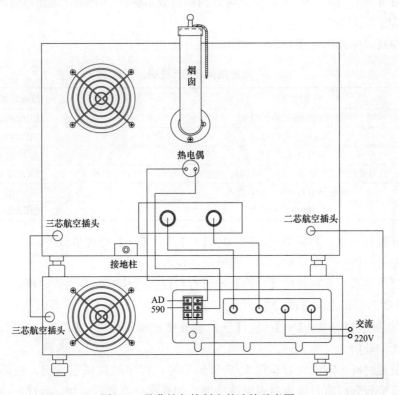

图 5-5　马弗炉与控制盒的连接示意图

连接马弗炉与控制盒的连接方法如下：

（1）将烟囱从炉膛后方插入炉膛内，并用螺钉固定。

（2）将热电偶从炉膛后方插入炉膛内，并用螺钉固定。

（3）将马弗炉安放于控制盒上或放置于控制盒的旁边。

（4）连接马弗炉与控制盒的连线。

控制盒侧面绿按钮开关：

（1）炉膛加热时，门控开关指示灯会亮起。

（2）做快灰试验时，将其按下，炉门打开时，炉体照常加温；做慢灰及挥发分试验时，将其弹起，炉门打开时，炉体不加温。

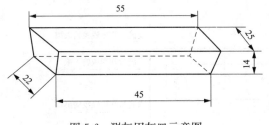

图 5-6 测灰用灰皿示意图

控制盒侧面红开关：散热风扇开关，客户根据需要，可自行开启散热风扇。做挥发分试验时，为了在 3min 内顺利恢复到（900±10）℃，不能开启此风扇。

灰皿：瓷质，长方形，底长 45mm，底宽 22mm，高 14mm，具体如图 5-6 所示。

3. 分析步骤

（1）启动仪器：显示模块开始检测数码管，主控模块开始检测蜂鸣器、炉丝、固态继电器、A/D 转化器等部件。各部件正常时，前四位显示从接通电源开始到目前的时间，后六位交替显示温度和"PLEASE"；不正常时，前四位显示从接通电源开始到目前的时间，后六位交替显示温度和故障代码。

故障部件及故障代码见表 5-3。

表 5-3 故障部件及部件代码

故障部件	故障代码
热电偶断丝或炉温超温	ERROR1
热电偶正负极接反	ERROR2
A/D 转换不稳定	ERROR3
升温慢：固态继电器开路、炉丝断、电压低	ERROR4
固态继电器短路、炉丝断	ERROR5
A/D 转换器不采样	ERROR6

系统等待时可用【↑】键调整小时，用【←】键、【→】键调整分钟。

系统时钟可当作一个电子钟使用，但断电不保存。

（2）自控：在系统等待时按【自控】键可自行设置灼烧时间及灼烧温度，最多自行设置 5 组。设置参数时，正在闪烁的位表示为正被操作的位置。【↑】键可以 0～9 循环改变数值；【↓】键切换项目组数；【←】键、【→】键改变被操作位置；【自控】键启动自控程序。起始组从"40"开始。

当遇到设置时间为零或设置温度大于 1200℃时，程序跳过该设置组；当遇到设置温度为零或程序已执行完所有设置组时退出该功能。如有多个有效设置组，程序在完成第 1 组设置后，将自动进入下一组。中途如需退出，请按【停止】键。

（3）用预先灼烧至质量恒重的灰皿称取（1±0.1）g 固体生物质样品，称准至 0.0002g，均匀摊平在灰皿中。

（4）将灰皿放入处于室温状态的冷马弗炉恒温区中，关上炉门并使炉门留有 15mm 左右的缝隙或能保证每分钟 5～10 次空气变换的通风速度。在系统等待时按【灰分测定】键。在不少于 50min 的时间内（升温速率 5℃/min）将炉温逐步升温至（250±10）℃，停留 60min。继续在不少于 60min 的时间内（升温速率 5℃/min）升温到（550±10）℃，持续灼烧 2h。

（5）从炉中取出灰皿，放在耐热瓷板或石棉板上，在空气中冷却 5min，转入干燥器中冷却至室温（约 20min）后称量。

（6）观察灼烧后试样是否灰化完全。如果怀疑灰化不完全，应进行检查性灼烧：每次 30min，温度（550±10）℃，直至质量变化小于 0.002g。

（7）结果的计算

$$A_{ad} = \frac{m_1}{m} \times 100 \tag{5-6}$$

式中：A_{ad} 为固体生物质试样空气干燥基灰分的质量分数，％；m_1 为灼烧后固体生物质试样灰渣的质量，g；m 为固体生物质试样的质量，g。

（8）灰分测定的精密度：固体生物质试样灰分测定的重复性限见表 5-4。

表 5-4　　　　　　　　　　　　　　灰分测定的重复性限

灰分质量分数 A_{ad}（％）	重复性限 A_{ad}（％）
＜10.00	0.15
≥10.00	0.20

5.3　生物质中挥发分的测定

5.3.1　挥发分的定义与组成

生物质样品在空气隔绝条件下在一定的温度条件下加热一定时间后，由生物质中的有机物质分解出来的液体（此时为蒸气状态）和气体产物的总和称为挥发分，但挥发分在数量上并不包括燃料中游离水分蒸发的水蒸气，剩下的不挥发物称为焦渣。挥发分是评定生物质燃烧性能的首要指标，其检测结果完全取决于所规定的试验条件。

挥发分的主要成分是有 H_2、CH_4 等可燃气体和少量的 O_2、N_2、CO_2 等不可燃气体。生物质的挥发分含量远高于煤的挥发分含量。

挥发分本身的化学成分是一种饱和的以及未饱和的芳香族碳氢化合物的混合物，是氧、硫、氮以及其他元素的有机化合物的混合物，以及燃料中结晶水分解后蒸发的水蒸气。挥发分并不是生物质中固有的有机物质的形态，而是特定条件下的产物，是当燃料受热时才形成的，挥发分含量的高低是指燃料所析出的挥发分的量，而不是这些挥发分在燃料中的含量，因此称为挥发分产率较为确切，一般简称为挥发分。

5.3.2　挥发分的测定

（1）方法提要：称取一定量的固体生物质试样，放在带盖的瓷坩埚中，在（900±10）℃下，隔绝空气加热 7min。以减少的质量占试样质量的质量分数，减去该试样的水分含量作为试样的挥发分。

（2）仪器设备：

1）挥发分坩埚：测定挥发分时，必须使用符合标准要求的挥发分坩埚，其盖与坩埚配合严密。挥发分坩埚的结构如图5-7所示。坩埚总质量为15～20g。称量试样连同坩埚盖一起称重，为了使同一炉中测定的各个试样保持相同的试验条件，应将挥发分坩埚置于坩埚架上，将其放于高温炉恒温区内。这样既可避免坩埚底与炉底直接接触，又使各个坩埚所处的温度尽可能一致。

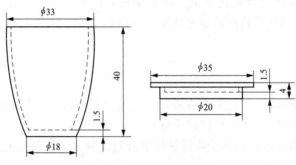

图5-7 挥发分坩埚的结构

2）马弗炉：带有高温计和调温装置，能保持温度在（900±10）℃，并有足够的恒温区。马弗炉的热容量为当起始温度为920℃时，放入室温下的坩埚架和若干坩埚，关闭炉门后，在3min恢复到（900±10）℃。炉后壁有一个插热电偶的小孔。小孔位置应使热电偶插入炉内后其热接点在埚底和炉底之间，距炉底20～30mm处。炉后壁如装有烟囱，测定时应关闭烟囱。马弗炉的恒温区应在关闭炉门下测定，并至少每年测定一次。高温计（包括高温计和热电偶）至少每年检定/校准一次。

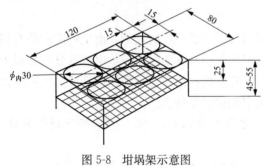

图5-8 坩埚架示意图

3）热电偶：铠装的热电偶应永久安装在马弗炉中，且其热接头应尽可能靠近加热室的中心。未铠装的热电偶要足够长，以到达加热室的中心，用于校正。

4）坩埚架：用镍铬丝或其他耐热金属丝制成。其规格尺寸以能使所有的坩埚都在马弗炉恒温区内，并且坩埚底部紧邻热电偶热接点上方为宜，如图5-8所示。

（3）测定步骤：

1）在预先于900℃温度下灼烧至质量恒定的带盖瓷坩埚中，称取固体生物质燃料试样（1±0.0.01）g，称准至0.0002g，然后轻轻振动坩埚，使试样摊平，盖上盖，放在坩埚架上。

2）将马弗炉预先加热至起始温度900℃左右。打开炉门，迅速将放有坩埚的坩埚架送入恒温区，即关上炉门并计时，准确加热7min。坩埚及坩埚架放入后，要求炉温在3min内恢复至（900±10）℃，此后保持在（900±10）℃，否则此次试验作废。加热时间包括温度恢复时间在内。

注：马弗炉预先加热温度可视马弗炉具体情况调节，如起始温度为900℃时达不到上述

要求，可将起始温度调整为不超过 920℃，以保证在放入坩埚及坩埚架后，炉温在 3min 内恢复至（900±10）℃为准。

3）从炉中取出坩埚，放在空气中冷却 5min 左右，移入干燥器中冷却至室温（约 20min）后称量。

（4）计算结果

$$V_{ad} = \frac{m_1}{m} \times 100 - M_{ad} \tag{5-7}$$

式中：V_{ad} 为固体生物质试样空气干燥基挥发分的质量分数，%；m_1 为固体生物质试样加热后减少的质量，g；m 为固体生物质试样的质量（g）；M_{ad} 为固体生物质试样水分的质量分数，%。

（5）挥发分测定的精密度。固体生物质试样挥发分测定的重复性限为 0.60%。

5.3.3 挥发分测定中的若干问题

5.3.3.1 防止样品喷溅

生物挥发分含量比较高，测定过程中有可能由于挥发分的快速逸出而使坩埚盖吹开，造成生物质试样损失会使结果偏高。因此，在测定挥发分时，对水分含量高、易喷溅生物质样品，将试样压成饼可有效防止喷溅。

5.3.3.2 化合水问题

化合水并不是真正的挥发分，但由于它不可能准确地与其他挥发性物质分开，因此一般还是把它算作挥发分。

5.3.3.3 操作注意事项

（1）电偶、表头要定期校正，使用时应注意冷端放在冰筒中或使用冷端补偿器，保证炉温正确；

（2）定期测量恒温区，坩埚一定都要放在恒温区内；

（3）每次放入 4 个坩埚，以保证每次试验热容量基本一致；

（4）使用标准上规定的挥发分坩埚，盖子要严，带槽的坩埚盖不能用；

（5）放坩埚的坩埚架不能掉皮，否则会沾在坩埚上影响坩埚的质量；

（6）保证 3min 内温度回升到（900±100）℃内，在以后的加热时间内（总加热时间为 7min）也不会超过（900±100）℃；

（7）空气中放置时间不宜过长，以防止吸潮，冷到一定程度立即放入干燥器内；

（8）如果样品出现喷溅，必须压饼，切成小块后再做试验；

（9）最好用专用的高温炉（无烟囱和通风小孔），如果采用灰分高温炉，必须将烟囱和通风小孔关闭，以避免空气流通。

5.4 固定碳

固定碳是生物质试样在隔绝空气的条件下逸出挥发分之后剩余的有机物，它也是生物质中有机物的分解产物。固定碳是参与气化反应的基本成分。它与平常所说的单质碳是有区别的，主要成分为烃类碳氢化合物。固定碳的含量用质量分数表示，测定挥发分后，坩埚中的残存物称为焦渣，焦渣由固定碳和灰分组成，将焦渣的质量减去灰分的含量就是固定碳的质量。生物质由于含有挥发分较多，因此固定碳较少，一般在 10％左右。固定碳燃点很高，需要在较高温度下才能着火燃烧，因此固定碳含量能够影响生物质的着火点和燃烧容易程度。

固定碳的计算如下

$$FC_{ad} = 100 - (M_{ad} + A_{ad} + V_{ad}) \tag{5-8}$$

式中：FC_{ad} 为固体生物质试样空气干燥基固定碳的质量分数，％；M_{ad} 为固体生物质试样水分的质量分数，％；A_{ad} 为固体生物质试样空气干燥基灰分的质量分数，％；V_{ad} 为固体生物质试样空气干燥基挥发分的质量分数，％。

第 *6* 章

生物质中全硫及其测定

6.1　生物质中的硫元素

　　物质燃料中的硫在燃烧过程中生成二氧化硫排放到大气中，会造成环境污染，同时也可能腐蚀燃烧设备。虽然在大部分固体生物质燃料中其含量很低，但仍需密切关注，尽可能减少它对环境的污染和对设备的腐蚀。

　　生物质中的硫分可以根据存在形态和可燃与否进行分类，按其存在的形态分为有机硫和无机硫两种。生物质中的有机硫，以有机物的形态存在，生物质中的无机硫，以无机物的形态存在，又分为硫化物硫和硫酸盐硫。按照可燃性生物质中的硫分可分为可燃硫和不可燃硫。有机硫、硫铁矿硫和单质硫都能在空气中燃烧，都是可燃硫。硫酸盐硫不能在空气中燃烧，是不可燃硫。

　　生物质燃烧后留在灰渣中的硫称为固定硫（以硫酸盐硫为主）。生物质燃烧逸出的硫称为挥发硫［以硫化氢和硫氧化碳（COS）等为主］。生物质的固定硫和挥发硫不是不变的，而是随燃烧或焦化温度、升温速率及矿物质组分的性质和数量等而变化。

　　生物质各种形态的硫的总和称为生物质的全硫（S_t）。生物质的全硫通常包含生物质的可燃硫（S_s）和不可燃硫（S_o）

$$S_t = S_s + S_o \tag{6-1}$$

6.2　测定硫的重要意义及方法

　　生物质在加热燃烧过程中，其中硫形成二氧化硫及三氧化硫气体排放到大气中，成为大气污染的主要成分，硫的氧化物在锅炉尾部与水形成硫酸而腐蚀锅炉设备。所以，硫分是生物质中有害元素之一，也是评价生物质碳质量的重要指标之一。为此，生物质资源利用、生产、贸易等相关部门都十分重视生物质中硫的测定。

　　国外推荐采用离子色谱法、等离子体发射光谱法（ICP）和管式炉（燃烧）法测定硫，但这些方法需要昂贵的仪器设备。我国国家标准推荐的方法是艾氏卡法和库仑滴定法。与煤相比，生物质燃料的密度小，结构比较松散，挥发分高，易燃、易喷；其中的硫含量很低（0.02%～0.21%）；燃烧特点是着火温度低，一般为300℃左右，挥发分析出温度低，一般180～370℃，易结焦且温度低，一般为800℃左右。虽然固体生物质燃料和煤都是固体燃料，其组成和特性有许多相似之处，但它们在结构和成分组成以及特性上仍有明显的差异，因此艾氏卡法和库仑滴定法与煤炭检验方法有很大的不同之处。

6.3 艾氏卡法

6.3.1 艾氏卡法的基本原理

生物质样与艾氏卡试剂均匀混合后，在高温下灼烧，使生物质中的硫转化成二氧化硫和少量三氧化硫，并与艾氏卡试剂中的碳酸钠作用生成亚硫酸钠和碳酸钠，在空气中氧的作用下，亚硫酸钠又转化成硫酸钠。生物质中存在的硫酸盐与碳酸钠进行复分解反应转化为硫酸钠。反应如下

$$生物质 \xrightarrow{\triangle} CO_2 \uparrow + H_2O + N_2 \uparrow + SO_2 \uparrow + SO_3 \uparrow (少量) + \cdots$$

$$2NaCO_3 + 2SO_2 + O_2 \xrightarrow{\triangle} 2NaSO_4 + 2CO_2 \uparrow$$

$$2MgO + 2SO_2 + O_2 \xrightarrow{\triangle} 2MgSO_4$$

$$CaSO_4 + Na_2CO_3 \xrightarrow{\triangle} CaCO_3 + Na_2SO_4$$

生成的硫酸盐用水浸取，在一定的酸度下，加入氯化钡溶液，使可溶性硫酸盐转变为硫酸钡沉淀，测定硫酸钡的质量，即可求出生物质中的全硫含量，反应如下

$$MgSO_4 + Na_2SO_4 + 2BaCl_2 \longrightarrow 2BaSO_4 \downarrow + 2NaCl + MgCl_2$$

6.3.2 试剂、材料和仪器设备

（1）艾士卡试剂：以 2 份质量的化学纯轻质氧化镁与 1 份质量的化学纯无水碳酸钠混匀并研细至粒度小于 0.2mm 后，保存在密闭容器中。

（2）盐酸溶液：（1+1），1 体积盐酸加 1 体积水混匀。

（3）氯化钡溶液：100g/L，10g 氯化钡溶于 100mL 水中。

（4）甲基橙溶液：2g/L，0.2g 甲基橙溶于 100mL 水中。

（5）硝酸银溶液：10g/L，1g 硝酸银溶于 100mL 水中，加入几滴硝酸，储存于深色瓶中。

（6）瓷坩埚：容量为 30mL 和 10～20mL 两种。

（7）滤纸：中速定性滤纸和致密无灰定量滤纸。

（8）分析天平：感量 0.1mg。

（9）马弗炉：带温度控制装置，能升温到 900℃，温度可调并可通风。

6.3.3 测定步骤

（1）称取（1±0.01）g（称准到 0.0002g）生物质样放在 30mL 的瓷坩埚中，加（2±0.1）g 艾氏卡试剂，仔细混合均匀，再加（1±0.1）g 艾氏卡试剂均匀覆盖在混合物上。

（2）将装有试样的坩埚移入马弗炉中，在 1～2h 内将马弗炉从室温逐渐升到 800～850℃并在该温度下加热 1～2h。

（3）将坩埚从马弗炉中取出，冷却到室温。将坩埚中的灼烧物用玻璃棒轻轻捣碎，

如发现有未烧尽的黑色试样颗粒，应继续灼烧 30min，然后把灼烧物转移到 400mL 烧杯中。用热水将坩埚内壁冲洗干净并将洗液收集到烧杯中。在烧杯中再加入刚煮沸的热蒸馏水 100～150mL，充分搅拌。如果此时尚有黑色颗粒漂浮在液面上，则本次测定作废。

（4）用中性定性滤纸以倾泻法过滤上述溶液，并用热水冲洗 3 次，然后将残渣转移到滤纸中，用热水仔细清洗至少 10 次，洗液总体积为 250～300mL。

（5）向滤液中滴入 2～3 滴甲基橙指示剂，然后加（1+1）的盐酸中和滤液至淡红色，再加入过量 2mL 盐酸溶液，使溶液呈微酸性。将溶液加热到沸腾，在不断搅拌下，慢慢滴加 10％氯化钡热溶液 10mL。使带沉淀的溶液在近沸状态维持约 2h，溶液最终体积约为 200mL，冷却或静置过夜。

（6）用致密无灰定量滤纸过滤，并用热水洗涤到无氯离子为止（用硝酸银溶液检验）。

（7）将沉淀连同滤纸移入已知质量的磁坩埚中，先在低温下灰化滤纸（切勿使之着火燃烧），然后在温度为 800～850℃的马弗炉内灼烧 20～40min，取出坩埚，在空气中稍加冷却后，再放入干燥器中冷却到室温（约 25～30min），称重，求得硫酸钡沉淀的质量。

（8）空白试验：每配制一批艾氏卡试剂或更换其他任一试剂时，应进行两次以上空白试验（不加生物质样品，其他操作步骤与试样测定相同）。$BaSO_4$ 沉淀的质量差值不能大于 0.0010g，取其算术平均值作为空白值。

6.3.4　结果计算

$$S_{t,ad} = \frac{(m_1 - m_2) \times 0.1374}{m} \times 100\% \tag{6-2}$$

式中：$S_{t,ad}$ 为分析生物质样中的全硫含量，％；m_1 为硫酸钡质量，g；m_2 为空白试验的硫酸钡质量，g；0.1374 为由硫酸钡换算为硫的系数；m 为生物质样质量，g。

6.3.5　方法精密度

艾氏卡法测定固体生物质燃料中全硫的重复性限和再现性临界差规定见表 6-1。

表 6-1　　　　艾氏卡法测定固体生物质燃料中全硫的重复性限和再现性临界差

全硫范围 S_t（％）	重复性限 $S_{t,ad}$（％）	再现性临界差 $S_{t,d}$（％）
≤1.00	0.05	0.10

对于全硫含量大于 1.00％的生物质样品，不适用本重复性限和再现性临界差。

6.3.6　提高测定结果准确度的措施

艾氏卡试剂中氧化镁的作用有两个，一是防止硫酸钠在较低温度下熔融，使被加热物保持疏松状态，增加生物质样与空气的接触面积，促进其氧化；二是与硫氧化物作用生成硫酸镁。

灼烧生物质样与艾氏卡试剂混合物时，为了避免生物质爆燃造成挥发物和硫氧化物（即

SO_2）很快逸出而不能被艾氏卡试剂完全固定，要从室温开始升温加热，升温速率要慢，务必在 1～2h 内加热到 800～850℃；此外在灼烧过程中，要半启炉门，以使空气进入。

因为重量法是根据硫酸钡沉淀的质量来计算分析结果的，所以对硫酸钡的沉淀有严格的要求。首先要求沉淀要完全，要纯净（不带杂质）；其次硫酸钡沉淀颗粒要大，不能穿滤。为此，在操作中应采取以下措施：

（1）控制一定的酸度使沉淀完全，溶液酸度是微酸性。

（2）加入过量的氯化钡溶液，要缓慢地将之滴入热溶液中，切勿一次加入 10mL。

（3）沉淀操作完毕后，要放置一段时间（过夜，使硫酸钡沉淀颗粒增大）。

（4）硫酸钡沉淀要用热水洗净，要用少量水进行多次洗涤。不宜用水过多，否则有部分溶解的可能。

（5）灼烧硫酸钡沉淀时，必须从低温开始。因为当加热到 600℃时滤纸中的碳可能使 $BaSO_4$ 沉淀还原成 BaS，会使结果偏低。

6.4 库仑滴定法

6.4.1 库仑法的化学原理

1. 氧化与还原及氧化还原当量

（1）氧化与还原：在某些化学反应中，一些原子或离子把电子传给另一些原子或离子，这种有电子得失的反应称为氧化还原反应。物质失去电子的变化称为氧化物质，得到电子的变化称为还原。反应中夺取电子的物质称为氧化剂，得到电子的物质称为还原剂。例如，反应式中右上角标记的 2+、0 等称为化合价；+e 和 −e 表示得失电子。

（2）氧化还原当量：任何一个化学反应，参与反应的物质都以一定的量相互作用，这个彼此相当的质量称为当量。氧化还原当量是以物质在反应中得失电子数为基础的，与得（失）一个电子相当的质量就是该物质的当量。如用 E 表示物质的克当量，M 表示物质的克分子质量（克），m 表示氧化还原反应中得失的电子数，则 E、M、m 之间的关系为

$$E = M/m \tag{6-3}$$

2. 电解及法拉第电解定律

（1）电解：图 6-1 所示为由 $CuCl_2$ 溶液和电极组成的电解池，$CuCl_2$ 称为电解质，电解池中与外电源正极相连的电极称为阳极，与外电源负极相连的电极称为阴极。

当电解池的电极与外电源接通后，负离子 Cl^- 移向阳极，在阳极释放电子而被氧化；正离子 Cu^{+2} 移向阴极，在阴极上得到电子而被还原。电解后，分别在阳极和阴极上生成氯气和金属铜两种新的物质。电解反应如下

阴极（还原作用）　　　　　　　　　$Cu^{+2} + 2e \longrightarrow Cu$

阳极（氧化作用）　　　　　　　　　$2Cl^- + 2e \longrightarrow Cl_2$

即　　　　　　　　　　　　　　　$CuCl_2 \xrightarrow{\text{电解}} Cu + Cl_2$

这种在电流作用下使电解质分解的作用称为电解作用，电解反应也是氧化还原反应，也可根据电子得失数求出氧化还原当量。在电解 $CuCl_2$ 溶液的过程中，参与反应的电子数为

2，因此 $CuCl_2$ 的克当量是

$$E_{CuCl_2} = M_{CuCl_2}/2 = 67.5(g)$$

Cu 的克当量是

$$E_{Cu} = M_{Cu}/2 = 64/2 = 32(g)$$

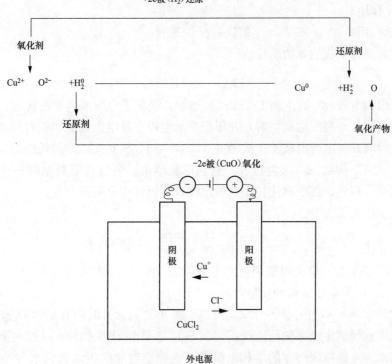

图 6-1 电解原理图

（2）法拉第电解定律：通电于电解溶液后，在电极上析出 1g 当量任何物质（或 1g 当量任何电解质发生电解反应），需要 96485C 电量（电量的单位是库仑，库仑＝安培×秒），近似计为 96500C 的电量，这就是法拉第电解定律。有了这个定律，即可从电解反应时消耗的电量来确定电解物的量。例如，在电解 $CuCl_2$ 溶液的过程中，要在电极中析出 32gCu 就需要 96500C 的电量，或者说如在电解时耗用了 96500C 的电量，在电极上肯定能得到 32gCu。

库仑滴定法测生物质中全硫就是测定电解反应时所消耗的电量，根据法拉第电解定律来计算硫含量的过程。

6.4.2　库仑滴定法的基本原理

库仑滴定法是根据库仑定律提出的，也就是法拉第电解定律。即当电流通入电解液中，在电极下析出的物质的量与通过电解液的电量成正比。

生物质燃料试样在催化剂作用下，于空气流中燃烧分解。生物质燃料中的硫生成硫化物，其中二氧化硫被碘化钾溶液吸收，以电解碘化钾溶液所产生的碘进行滴定。根据电解所消耗的电量计算生物质燃料中全硫的含量。

根据库仑滴定法原理，木质生物质在高温条件下及催化剂的作用下，在净化过的空气流中燃烧，木质生物质中各种形态的硫均被燃烧分解成 SO_2 和少量 SO_3 气体，而被净化过的空气流带到电解池内，生成 H_2SO_3 和少量 H_2SO_4。在电解池内装有碘化钾 KI（电解质）水溶液，在电解池的两个铂电极上通以直流电极，则发生如下反应

阳极（氧化作用） $2I^- - 2e \longrightarrow I_2$

阴极（还原作用） $2H^+ + 2e \longrightarrow H_2$

电解产生的碘与生成的亚硫酸反应

$$I_2 + H_2 \overset{4+}{S}O_3 + H_2O \longrightarrow H_2 \overset{+6}{S}O_4 + 2H^+ + 2I^-$$

结果溶液中的 $I_2(Br_2)$ 减少而 I^-（Br^-）增加，破坏了电解液的平衡状态，指示电极间的电位升高，仪器自动判断启动电解，并根据指示电极上的电位高低，控制与之对应的电解电流的大小与时间，使电解电极上生成的 I_2（Br_2）与 H_2SO_3 反应所消耗的数量相等，从而使电解液重新回到平衡状态，重复过程，直到试验结束。最后仪器对电解产生的 I_2（Br_2）所耗用的电量进行积分，再根据法拉第电解定律计算试样中全硫的含量。

生物质中全硫含量为

$$S_{t,ad} = \frac{16 \times Q \times 1.06}{96500 \times m} \times 100\% \tag{6-4}$$

式中：1.06 为校正系数；Q 为电解消耗的电量，C；96500 为法拉第电量，C；16 为硫的摩尔质量，g/mol；m 为生物质样的质量，g。

校正系数包括对 $2SO_2 + O_2 \rightleftharpoons 2SO_3$ 可逆平衡（在 1150℃时约有 4%SO_3 生成率）的校正和由于其他因素使测定结果偏低的校正，如 SO_2 与 H_2O 作用的校正（这些来自生物质中氢燃烧生成的水、生物质中储存的水和电解液渗入烧结玻璃熔板的微量水与 SO_2 作用生成的 H_2SO_3 被吸附在进入电解池的管道中，而造成测值偏低）。

6.4.3 试剂、材料和仪器设备

（1）三氧化钨。

（2）变色硅胶：工业品。

（3）氢氧化钠：化学纯。

（4）电解液：称取碘化钾、溴化钾各 5.0g，溶于 250～300mL 水中并中加入冰醋酸 10mL。当电解液 pH<1 时，应重新配制电解液。

（5）燃烧舟：长约 70mm（装样部分长度约为 60mm），素瓷或刚玉制品，耐温 1200℃以上。

（6）有证煤炭标准物质。

（7）库仑测硫仪，主要由下列各部分构成：

1）管式高温炉：能加热到 1200℃以上，并有至少 70mm 长的 (1150±10)℃恒温带，带有铂铑-铂热电偶测温及控温装置，炉内装有耐温 1300℃以上的异径燃烧管。

2）电解池和电磁搅拌器：电解池高 120～180mm，容量不少于 400mL，内有面积约 150mm² 的铂电解电极对和面积约 15mm² 的铂指示电极对。指示电极响应时间应小于 1s，

电磁搅拌器转速约 500r/min，且连续可调。

3）库仑积分器：电解电流 0～350mA 范围内积分线性误差应小于 0.1%，配有 4～6 位数字显示器或打印机。

4）送样程序控制器：可按指定的程序灵活前进、后退。

5）空气供应及净化装置：由电磁泵和净化管组成。供气量约 1500mL/min，抽气量约 1000mL/min，净化管内装氢氧化钠及变色硅胶。

（8）分析天平：感量 0.1mg。

6.4.4　试验准备

（1）将管式高温炉升温至 1150℃，用另一组铂铑-铂热电偶高温计测定燃烧管中高温带的位置、长度以及 200℃ 和 300℃（或仅 500℃）的位置。

（2）调节送样程序控制器，使试样预分解及高温分解的位置分别处于 200、300℃（或仅 500℃）和 1150℃处。

（3）在燃烧管出口处充填洗净、干燥的玻璃纤维棉；在距出口端 80～100mm 处，充填厚度 3mm 的硅酸铝棉。

（4）将程序控制器、管式高温炉、库仑积分器、电解池、电磁搅拌器和空气供应及净化装置组装在一起。燃烧管、活塞及电解池之间连接时应口对口紧接，并用硅橡胶管密封。

（5）开动抽气和供气泵，将抽气流量调节到 1000mL/min，然后关闭电解池与燃烧管间的活塞，若抽气量能降到 300mL/min 以下，则证明仪器各部件及各接口气密性良好，可以进行测定。否则检查仪器各个部件及其接口情况。

6.4.5　仪器标定

1. 标定方法

多点标定：用含硫量能覆盖被测样品硫含量范围至少 3 个有证煤标准物质进行标定。

单点标定：用与被测样品含硫量相近的标准物质进行标定。

2. 标定程序

（1）按 GB/T 212—2008《煤的工业分析方法》测定煤标准物质的空气干燥基水分。

（2）用被标定仪器测定煤标准物质的硫含量。每一标准物质至少重复测定 3 次。以 3 次测定的平均值作为煤标准物质的硫测定值。

（3）将煤标准物质的硫测定值和空气干燥基标准值输入测硫仪（或仪器自动读取），生成校正系数。

3. 标定有效性核验

另外选取 1～2 个煤标准物质或者其他控制样品，用被标定的测硫仪测定其全硫含量。若测定值与标准值（控制值）之差在标准值（控制值）的不确定度范围（控制限）内，说明标定有效。否则应查明原因，重新标定。

4. 标定检测

仪器测定期间应使用煤标准物质或者其他控制样品定期对测硫仪的稳定性和标定的有效性进行核查。如果煤标准物质或者其他控制样品的测定值超出标准值（控制值）的不确定度范围（控制限），应按上述步骤重新标定仪器。

6.4.6 测定步骤

（1）依次打开打印机、计算机、测硫仪的电源开关，合上高温炉电源闸刀。

（2）双击计算机桌面上的【YX 测硫仪】图标（以长沙友欣仪器制造有限公司产品为例）。

（3）选择【系统】→【设置】命令，可查看或修改【测试设置】中的内容。

（4）单击工具栏中的█按钮，打开仪器信息窗口。单击【检测】按钮，进入检测界面，检查仪器各项功能有无故障。

（5）单击检测界面上的【气泵开】按钮，将电解液吸入电解池中（约 250mL）。调节流量计，使气流量为 1000mL/min。在试验过程中应经常观察气流量，如过低则应调整。

（6）检查气路的气密性：先堵住气路中"点 2"所在位置，看流量计，气流量是否下降至 400mL/min 以下。如没有，则 3 号干燥管处漏气；如气流量下降至 400mL/min 以下，松开堵住的"点 2"，堵住气路中的"点 1"所在位置，看流量计，气流量是否下降至 400mL/min 以下。如没有，则电解池无漏气（可做定期检查）。库仑测硫仪的气路连接图如图 6-2 所示。

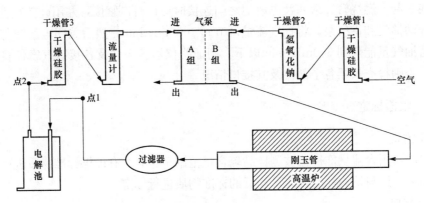

图 6-2 气路连接图

（7）单击检测界面上的【搅拌开】按钮，旋转仪器上的【搅拌转速调节器】旋钮，调节搅拌速度（在搅拌子不失步的情况下，搅拌速度越快越好。试验过程中不允许改变搅拌速度，否则此次试验无效）。

（8）在【仪器信息】窗口中单击【测试】按钮，进入测试界面。单击【电源关】按钮，高温炉开始加温。此时按钮显示为【电源开】。待炉温升到（1150±10）℃后，可开始试验。

（9）在燃烧舟中称取一般分析试样（0.05±0.005）g，称准至 0.0002g，并在试样上盖一层三氧化钨。将燃烧舟放在石英托盘上。单击测试界面上的【测试】按钮，对照放样依次输入试样质量、编号、空干基水分，单击【确定】按钮，试样即自动送进炉内。库仑滴定随即开始。样品进样程序为试样在 200℃区域停留 2min，再进入 300℃区域停留 1min，最后再送入 1150℃高温区域。

（10）分析完后，自动显示结果，或由打印机打印。

（11）样品分析完后，单击【电源开】按钮，高温炉停止加温。此时按钮显示为【电源关】。

（12）将电解液放出。在检测界面上单击【气泵开】按钮，抽入蒸馏水，搅拌数分钟后将水放干净。

（13）退出测试程序，关闭仪器电源。

注：正式测试前，先用废样做两个测试，以查看电解质是否处于平衡状态。试验最好连续进行，如中间间隔时间太长，应加烧一个废样，然后再正式进行分析。

6.4.7　结果计算

当库仑积分器最终显示数为硫的毫克数时，库仑滴定法全硫含量计算公式为

$$S_{t,ad} = \frac{m_1}{m} \times 100\%　\tag{6-5}$$

式中：$S_{t,ad}$为生物质燃料一般分析试样中全硫的质量分数，％；m_1为库仑积分器的显示值，mg；m为生物质燃料试样质量，mg。

以两次重复测定结果的平均值报出，修约到小数点后两位。

6.4.8　方法精密度

库仑滴定法测定固体生物质燃料中全硫的重复性限和再现性临界差见表 6-2。

表 6-2　　库仑滴定法测定固体生物质燃料中全硫的重复性限和再现性临界差

全硫含量范围 S_t（％）	重复性限 $S_{t,ad}$（％）	再现性临界差 $S_{t,d}$（％）
≤1.00	0.05	—

6.4.9　库仑测硫仪

库仑测硫仪由空气预处理和输送单元、温度和试样推进控制单元、燃烧炉、库仑滴定速度和终点控制单元、电解池和搅拌器及库仑积分器等组成。下面以长沙友欣仪器制造有限公司产品为例进行介绍。

1. 仪器正面结构

仪器正面结构示意图如图 6-3 所示。

（1）加热信号指示灯：高温炉加热控制信号指示。

（2）加热电源指示灯：高温炉加热电源指示。

（3）电源开关：仪器控制部分电源开关。

（4）USB 接口：USB 控制线连接口。

（5）流量计：用于载气气流量调节。

（6）气泵：提供仪器载气。

（7）干燥管 1：内装干燥硅胶，过滤空气中的水分。

（8）干燥管 2：内装氢氧化钠，过滤空气中的酸性气体。

（9）干燥管 3：内装干燥硅胶，过滤煤燃烧后产生气体中的水分。

（10）搅拌转速调节器：1kΩ 电位器，调节搅拌电动机的转速。

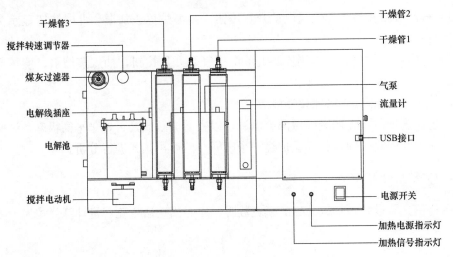

图 6-3　仪器正面结构示意图

（11）煤灰过滤器：过滤煤燃烧后产生气体中的煤灰。

（12）电解线插座：电解池连接线插座。

（13）电解池：内装电解液，对二氧化硫进行吸收、电解滴定的分析装置。

（14）搅拌电动机：搅拌电解液的装置。

2. 仪器背面结构

仪器背面结构示意图如图 6-4 所示。

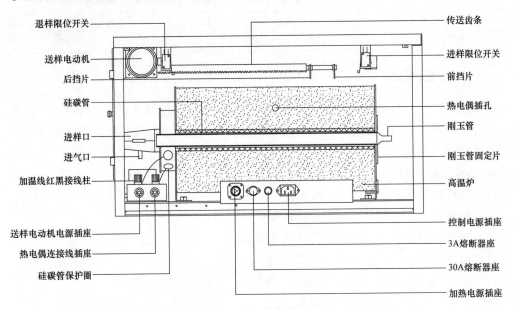

图 6-4　仪器背面结构示意图

（1）加热电源插座：提供高温炉加热电源的电源插座。

（2）30A 熔断器座：内装 30A 熔断器，加热电源熔断熔丝。

（3）3A 熔断器座：内装 3A 熔断器，控制电源熔断熔丝。

（4）控制电源插座：提供仪器内部控制电源的电源插座。

（5）高温炉：保温装置。

（6）刚玉管固定片：刚玉管固定片。

（7）刚玉管：异径燃烧管，用于试样燃烧分解后的气体收集，要求气密。

（8）热电偶插孔：安装热电偶的地方。

（9）前挡片：送样定位装置，触碰到进样限位开关自动停止送样。

（10）进样限位开关：确定送样最终位置的装置。

（11）传送齿条：送样装置。

（12）退样限位开关：确定退样最终位置的装置。

（13）送样电动机：提供进样、退样动力。

（14）后挡片：退样定位装置，触碰到退样限位开关自动停止退样。

（15）硅碳管：加热装置，用于燃烧分解试样。

（16）进样口：固定进样位置及硅碳管的装置。

（17）进气口：载气进入燃烧管的接口。

（18）加温线红黑接线柱：硅碳管加温线连接柱。

（19）送样电动机电源插座：提供送样电动机电源的插座。

（20）热电偶连接线插座：热电偶信号线的连接插座。

（21）硅碳管保护圈：硅碳管保护固定圈。

3. 仪器安装

（1）将仪器平整放在实验台上，对照仪器随机装箱单清点到货是否完整无损。

（2）取下仪器后盖板、进样口及硅碳管保护圈，将硅碳管小心装入高温炉膛内，并将硅碳管前端搭在炉膛末端的台阶上。

（3）将硅碳管的两根导线分别固定在红黑接线柱上，装好进样口及硅碳管保护圈。

（4）将刚玉管从炉膛后端插入硅碳管内，并将刚玉管前端搭在进样口台阶上。连接好刚玉管与煤灰过滤器之间的硅胶管。调整固定刚玉管固定片，将刚玉管固定。

（5）将连接好线的热电偶（红色的线接正极，黑色的线接负极）小心从热电偶插孔插入，使其前端与硅碳管之间保持 3～5mm 的距离，并将其固定。

（6）将传送齿条装入送样电动机中，并安装好送样镍铬杆和前、后挡片。

（7）安装好气泵、干燥管及电解池。

（8）在煤灰过滤器中填充干燥的脱脂棉。参照图 6-2 连接好仪器气路。

（9）正确连接好线路。

4. 功能特点

（1）采用一体化结构，将裂解炉、电解池、搅拌器、送样机构、空气净化系统等部件巧妙地装配在整个箱体内，使仪器机构紧凑、造型美观。

（2）采用库仑滴定法进行测定。测定时间可根据不同样品及装样质量自动判别，每个样品约为 5min。速度优于艾氏卡法和高温燃烧中和法。

（3）采用创新的多点动态系数校正法。系统误差直接通过软件自动修正，使高、中、低硫含量的样品测试结果准确度更高。测定结果优于国家标准。

（4）采用 PID（比例、微分、积分）控温准确，升温速率快。采用无触点式开关，具有断偶保护、硬件超温保护和电解液防回流措施，使用安全可靠。

（5）程序控制自动升温、控温、送样、退样、卸样（无需人工依次取走燃烧舟）、电解、计算，结果自动存盘、打印，操作人员所做的工作只是称样、放样。软件采用动态图形界面，操作直观简便。

5. 生物质测硫仪专利技术

目前市场上并没有专用的生物质全硫库仑测定仪，基本采用煤炭领域库仑测硫仪，但由于煤炭和生物质的理化性质不同，其结构和成分组成以及特性上仍有明显的差异，因此研发了生物质测硫仪。

（1）测硫仪自动送样技术：传统库仑测硫仪一般将裂解炉、电解池、搅拌器、送样机构、空气净化系统等部件装配在整个箱体内，结构紧凑、造型美观，但存在送样机构中纵向送样导轨工作不稳定的问题。传统导轨为铝合金 U 形槽导轨，材质较轻软，导致出现送样不稳定、卡样等现象。

为解决送样过程中出现的送样不稳定和卡样现象，研制出不锈钢的微型滚珠线性滑轨和滑块进行纵向送样，送样装配结构如图 6-5 所示。

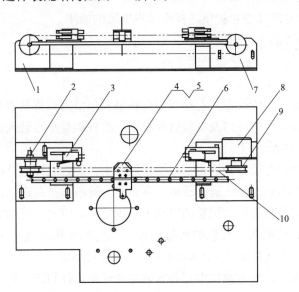

图 6-5　送样装配结构

1—送样电动机从动轴支架；2—送样电动机从动轴；3—行程开关；4—滑块；5—滑块连接板；6—微型滚珠线性滑轨；
7—送样电动机支架；8—送样杆；9—滑块导轨；10—5m 圆弧同步带

（2）优化低硫电路分辨能力：提高仪器的精度，适用于生物质燃料含硫量低的特点。

1）提高电解液分子、离子浓度检测电路的分辨能力：煤样的硫含量一般都在 0.2% 以上，而某些生物质的硫含量仅为 0.01% 左右，原来用于分析煤样的检测电路不适用于分析生物质。提高电解液检测电路，可以使其对电解液平衡点的感知更加敏锐。

2）优化电解电流：原来测硫仪兼顾到煤样和硫铁矿的测试，为了跟上硫铁矿 SO_2 的释放速度，电解电流设计得比较大，每个 DA 字对应电解电流的变化也比较大；现在的生物质专用测硫仪为了提高对生物质硫含量的测试精度，测试对象中摒弃了硫铁矿而加入了生物质，适用对象为煤和生物质。优化后的测硫仪电路图如图 6-6 所示。

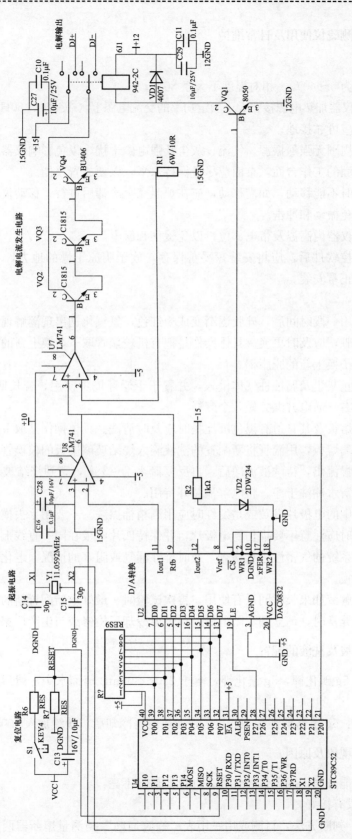

图6-6 优化后的测硫仪电路

6.4.10 库仑测硫仪使用及日常维护

1. 注意事项

（1）环境温度为 5～40℃，相对湿度不大于 80％。

（2）请务必将仪器加热电源接在大于额定功率的交流电源上（AC220V/50Hz/30A 以上）。

（3）仪器外壳应可靠接地；

（4）工作场所周围无强烈振源、气流、灰尘及强电磁干扰，以免影响仪器正常工作。

（5）有结实稳固的工作台面，桌面应尽量保持水平，以便放置仪器。

（6）仪器工作时不能移动，如需移动，应在炉温完全冷却后进行。移动仪器时应保持平稳，不要拖动，避免振动和冲击。

（7）不要触摸仪器内高温及带电部位，以免烫伤和触电。

（8）安装好测控软件后，应将安装盘妥善保存，放于阴凉干燥的地方，不得使其受挤压，以便以后能再正常安装。

2. 日常维护

（1）当仪器使用一段时间后，硅胶逐渐变成粉红色，氢氧化钠出现潮解现象；脱脂棉由于灰太多而变黑变脏，应及时更换。具体操作是把有机玻璃管取下，换上新的硅胶和氢氧化钠；拧下过滤器盖子换上新的脱脂棉。

（2）仪器应防止灰尘及腐蚀性气体侵入，并置于干燥环境中使用。若长期不用应罩好，并定期（半个月左右）通电升温并做几个废样。

（3）烧结玻璃熔板及其管道有黑色沉淀物时应及时清洗。具体操作是取下电解池，将盖打开，取下烧结玻璃熔板，用滴管将新配置的洗液滴入烧结玻璃熔板的玻璃管中。洗液会通过烧结玻璃熔板慢慢流出，待洗液流净后，再反复滴入 2～3 次，直到烧结玻璃熔板上无黑色沉淀物，然后用清水冲洗干净。将电解池装好待用。

（4）当电解池中的电极片发黄或是发红时应用酒精棉擦洗。不要用手去摸电极片，以防沾污电极片。擦洗时应注意不要损伤到电极片，并保持四片电极在同一直线上。

（5）应经常对系统的气密性进行检查，及时排除漏气或阻塞的情况。老化的干燥管、无硫硅胶管应及时更换。

（6）配置的电解液如果长时间没有使用，再次试验时，最好重新配置新的电解液使用。

（7）仪器发生异常时，请立即关闭电源。待炉温冷却后检修或与生产厂家联系。

6.4.11 电解液及洗液的配置

电解液：称取 5g 碘化钾，5g 溴化钾，溶于 250～300mL 蒸馏水中，然后加 10mL 冰醋酸搅拌均匀即可。

重铬酸钾洗液：5g 重铬酸钾和 10mL 水，加热溶解冷却后，缓缓加入 100mL 浓硫酸。

6.4.12 故障现象及原因

（1）高温炉不能升温，绿色信号灯亮，红色加热灯不亮：

1）加热电源没有接好。

2）熔丝熔断。判断方法：目测或用三用表"蜂鸣通断"挡测量熔断器两端，如无蜂鸣声，则熔丝熔断。

3）固态继电器损坏。判断方法：将固态继电器上连接线取下，在固态继电器控制端接入直流5V电源，同时用三用表"蜂鸣通断"挡测量固态继电器交流端（黑表笔接固态继电器"＋"极所对的"out"脚，红表笔接固态继电器"－"极所对的"out"脚）。如无蜂鸣声，则固态继电器损坏。绿色信号灯和红色加热灯都不亮。

4）测试程序死机。判断方法：重启测试程序或计算机。

5）控制电路故障。判断方法：如以上项目都正常，则控制电路故障。绿色信号灯和红色加热灯都亮。

6）加热硅碳管断裂。判断方法：用三用表"蜂鸣通断"挡测量，如无蜂鸣声，则硅碳管断裂。

（2）温度显示不正常：

1）热电偶正负极接反。判断方法：红色的连接线应连接热电偶正极，白色的连接线应连接热电偶负极。

2）热电偶连接线接触不好。判断方法：重新连接热电偶连接线。

3）热电偶损坏。判断方法：用三用表"蜂鸣通断"挡测量热电偶正负极，如无蜂鸣声，则热电偶损坏。

4）控制电路故障。判断方法：如以上项目都正常，则为控制电路故障。

（3）试验过程中电解过冲，电解液颜色变深：

1）搅拌问题。判断方法：搅拌速度过慢。

2）电极片污染。判断方法：电极片变色或粘连有杂质。

3）指示电极断路。判断方法：用三用表"蜂鸣通断"挡测量电解池上指示电极两端，如无蜂鸣声，则电解池指示电极断路。

4）电解液变质。判断方法：正常电解液应为淡黄色。

5）控制电路故障。判断方法：如以上项目都正常，则为控制电路故障。

（4）试验时电解液长时间发白：

1）电解池接头没有接好。

2）电解电极断路。判断方法：用三用表"蜂鸣通断"挡测量电解池上电解电极两端，如无蜂鸣声，则电解池电解电极断路。

3）控制电路故障。判断方法：如以上项目都正常，则为控制电路故障。

（5）气流量过低：

1）流量计流量过小。判断方法：调节流量计旋钮。

2）过滤器堵塞。判断方法：更换过滤器中的脱脂棉。

3）气泵皮碗损坏。判断方法：打开气泵，查看皮碗。

4）电解池烧结玻璃熔板堵塞。判断方法：正常烧结玻璃熔板应无黄、黑色堵塞。

6.5 其他全硫测定方法

除国家标准推荐的艾氏卡法和库仑滴定法外，还有其他全硫测定方法。

6.5.1 高温燃烧中和法

1. 测定原理

生物质样在高温下于氧气流中燃烧，生物质中各种形态的硫都氧化分解成硫的氧化物，然后捕集在氧化氢的溶液中，使其形成硫酸溶液，用标准氢氧化钠溶液进行滴定，以求出生物质样中的全硫含量。反应式如下

$$生物质 \xrightarrow{\text{Ce,催化剂,1250℃}} SO_2\uparrow + SO_3\uparrow + CO_2\uparrow + H_2O + Cl_2 + \cdots$$

$$SO_2（少量 SO_3） + H_2O_2 \longrightarrow H_2SO_4$$

$$H_2SO_4 + NaOH \longrightarrow Na_2SO_4 + H_2O$$

2. 仪器设备

高温燃烧中和法的装置和流程如图 6-7 所示。它由三部分组成：硅碳管高温炉、可控硅温度控制器和吸收系统。

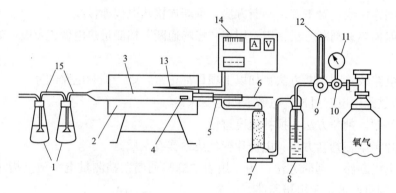

图 6-7　高温燃烧中和法的装置和流程

1—过氧化氢吸收瓶；2—管式电炉；3—刚玉燃烧管；4—燃烧舟；5—T 形管；

6—推杆；7—干燥塔；8—洗气瓶；9—针形阀；10—减压阀；11—压力表；

12—流量计；13—热电偶；14—高温表；15—导气管

3. 仪器使用前的准备

仪器安装完毕后，必须测定炉内燃烧管中各区段温度的分布及其高温带的长度，以选择生物质样在燃烧管中放置的位置。测定方法如下：

接通电源，使炉温逐渐升到 1250℃并恒定在此温度。另取一对已校正过的铂铑-铂热电偶及高温计，把该热电偶从燃烧管的一端逐渐插入到适当部位测温，然后每隔 2cm 测定并记录温度一次，以确定燃烧管内 500℃以下（预热区）和 1250℃（高温燃烧带）的位置。

在镍铬丝推棒上做两个记号，一个是把燃烧舟推到 500℃的位置（距离），一个是把燃烧舟推到高温带 1250℃的位置（距离）。

气密试验：仪器按图 6-7 连接好以后，关上通氧管，在吸收系统部分安一个吸收瓶，用水泵连续抽气，如吸收瓶中经一定时间后不再发生气泡，即表示不漏气。

4. 试剂的配制

3%过氧化氢吸收液：取 30mL 浓度为 30% 的过氧化氢溶液，加入 970mL 蒸馏水，加两滴混合指示剂（甲基红与甲基蓝），用稀硫酸或氢氧化钠溶液中和到溶液呈现钢灰色。此溶液中和后隔一段时间（一般是过夜以后）会呈现酸性，此时应重新中和。

5. 样品分析

（1）称 0.2g 左右的生物质样于燃烧舟中，盖上一薄层三氧化钨催化剂。

（2）将烧烧炉加热到并恒温于 1250℃。接上两个吸收瓶，把盛有生物质样的燃烧舟放在燃烧管的末端，随即用带有 T 形管的橡皮塞密闭燃烧管的末端。打开通气管，通入氧气，使氧气流量为 350mL/min。把燃烧舟推到 500℃ 的位置上预热 5min，再推到高温处 1250℃ 保温 10min。

（3）燃烧终了后，用弹簧夹夹住通氧的橡皮管，停止通入氧气。先取下紧连硅橡胶管的吸收瓶，然后逐个取下，关闭水力泵。打开燃烧管末端的橡皮塞，用镍铬丝钩取出燃烧舟。

（4）打开吸收瓶的橡皮塞，用蒸馏水清洗气体过滤器 2~3 次，在吸收瓶内加入 3~4 滴混合指示剂，用标准 NaOH 溶液进行滴定，溶液由桃红色变为钢灰色，即为滴定终点，记下 NaOH 溶液的用量。

空白试验：在燃烧舟中装入一薄层三氧化钨（不加生物质样），按上述试验步骤测定空白值。

6. 测定结果计算

$$S_{t,ad} = \frac{(V - V_0) \times C \times 0.016}{m} \times 100\% \qquad (6-6)$$

式中：$S_{t,ad}$ 为分析生物质样中的全硫含量，%；V 为生物质样测定时 NaOH 的用量，mL；V_0 为空白测定时 NaOH 的用量，mL；0.016 为硫的毫摩尔值；C 为 NaOH 溶液的物质的量浓度，mol/L；m 为生物质样的质量，g。

7. 生物质中氯的校正方法

生物质中氯含量较高，燃烧时生物质中析出的 Cl_2 与 H_2O_2 作用生成 HCl（$Cl_2 + H_2O_2 \longrightarrow 2HCl + O_2$）而干扰测定，因此必须在滴定时，将其消耗的标准 NaOH 扣去。

先配制羟基氢化汞 $Hg(OH)CH$ 溶液：称取 6.5g 羟基氢化汞溶于 500mL 蒸馏水中，充分搅拌后，放置片刻，过滤，滤液中加入 2~3 滴混合指示剂，用稀硫酸溶液中和至中性，储存于棕色瓶中。

在用氢氧化钠标准溶液滴定过氧化氢吸收液到终点后，往溶液中加入 10mL 羟基氢化汞溶液，此时氯离子与羟基氢化汞产生置换反应，溶液变成碱性，呈现绿色，再用硫酸标准溶液进行反滴定，记下硫酸的用量。全硫结果按下式计算

$$S_{t,ad} = \frac{C_1(V_1 - V_0) - C_2V_2}{m} \times 100\% \qquad (6-7)$$

式中：$S_{t,ad}$ 为分析生物质样中的全硫含量，%；C_1 为氢氧化钠溶液的物质的量浓度，mol/L；V_1 为生物质样测定时氢氧化钠的用量，mL；V_0 为空白测定时氢氧化钠的用量，mL；C_2 为硫酸的物质的量浓度，mol/L；V_2 为硫酸的用量，mL；m 为生物质样的质量，g。

6.5.2 红外光谱法

1. 测定原理

生物质在高温下于空气流中燃烧分解，生物质中各种形态的硫被氧化分解成二氧化硫和少量的三氧化硫。红外测硫仪利用 SO_2 在 7.4mm 处具有较强吸收带这一特性，通过对红外光强度衰减程度的检测来测定生物质中的硫含量，间接确定被测样品中硫元素的百分含量。

$$I = I_0 e^{-kCl} \tag{6-8}$$

$$C = -\frac{1}{kl} \ln \frac{I}{I_0} \tag{6-9}$$

式中：I 为入射光强度；I_0 为透射光强度；C 为被测样品高温分解生成的硫的氧化物气体浓度，%；k 为吸收常数；l 为光路长度。

2. 仪器设备

红外测硫仪的工作流程图如图 6-8 所示，它由燃烧炉、干燥管、过滤器、取样泵、流量调节器、分析室、抽气泵、计算机采样控制系统、氧气瓶等组成，而分析室包括红外光源、反射镜、调制盘、吸收池、滤光片和探测器。

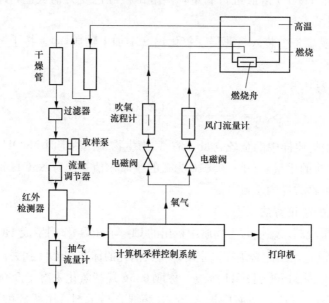

图 6-8 红外测硫仪的工作流程图

3. 分析步骤

将炉温设定为 900℃，仪器开始升温，温度到达设定温度并稳定后，用燃烧舟称取生物质样 0.2g，表面覆盖一层三氧化钨，在计算机上输入样品的质量。将样品推入炉内，关闭炉门，开始燃烧生物质样品。燃烧气体经无水高氯酸镁去除水分，过滤器去除分析气中的灰尘后，进入红外检测池进行分析，计算机采样控制系统采集分析结果信号并显示全硫结果。

4. 仪器使用注意事项

红外线可能灼伤眼睛，炉门打开时不要向燃烧炉内窥视，除了向内置入坩埚或向外取出坩埚外，其他时间炉门应保持关闭状态。同时也可以尽量减少大气中的二氧化碳进入分析仪，从而建立可信的基线。

干燥剂应定期更换，以免失效影响结果。更换干燥管时应将换下的干燥管用水清理干净，不可有残留物质。每次更换前检查干燥管是否干燥，严禁使用带有水珠的干燥管填充干燥剂。玻璃棉的更换应注意将其摆放均匀。

催化剂的作用是促进硫酸盐的分解，常用的催化剂有三氧化钨、磷酸铁、氧化铝、石英砂和镀铂硅胶（氯铂酸二乙烯、基四甲基二硅氧烷）等。

第 7 章

生物质元素分析

生物质的元素分析是指生物质中碳、氢、氮的测定和氧的计算。

7.1 生物质中碳、氢、氮和氧测定的意义

生物质由可燃质和不可燃无机物两部分组成。无机物主要是矿物质和水；可燃质是由多种复杂的高分子化合物组成的混合物，主要由碳、氢、氧、氮、硫等元素组成，其中碳、氢、氧是生物质的主要成分。与煤炭相比，固体生物质燃料除掺和物和混合物的碳含量（5%～85%）变化范围大、氢含量（1%～3%）较低外，其余种类的碳含量普遍在40%～55%范围内，与煤相比总体较低；氢含量范围为4%～6%，普遍高于煤。表7-1是我国几种生物质的元素分析组成。

表 7-1 　　　　　　　　　　　　　生物质的元素分析组成

类别	C（%）	H（%）	N（%）	O（%）	S（%）
杉木	52.8	6.3	40.5	0.1	—
树皮	56.2	5.9	36.7	—	—
麦秸	49.04	6.16	43.41	1.05	0.34
玉米芯	48.4	5.5	44.3	0.30	—
秸秆	48.63	6.08	44.92	0.36	0.01
稻草	48.87	5.84	44.38	0.74	0.17
谷壳	46.20	6.10	45.00	2.58	0.14

（1）碳。C是生物质中的主要可燃元素。在燃烧期间与氧发生氧化反应，1kg的碳完全燃烧时，可以释放34040kJ的热量，基本上决定了生物质的热值。生物质中的C与H、O等化合为各种可燃的有机化合物，部分以结晶状态C的形式存在。

（2）氢。H是生物质中仅次于C的可燃元素，1kg的H完全燃烧时，可以释放142256kJ的热量，约为碳的4倍。生物质中所含的H一部分与C、S等化合为各种可燃的有机化合物，受热时可热解析出，且易点火燃烧，这部分H称为自由氢。另有一部分H与O化合形成结晶水，这部分H称为化合氢，显然它不可能参与氧化反应，释放出热量。

（3）氧和氮。O和N均是不可燃元素。O在热解期间被释放，以部分满足燃烧过程中对氧的需求。氧在生物质中以化合态存在，氧本身不燃烧，但加热时容易使有机组分分解成挥发性物质。N是生物质中重要的非金属无机元素，对于作物成长来说是一种不可缺少的营养物质，但固体生物质燃料在燃烧过程中生成的氮氧化物的排放会对环境造成污染。准确测

定其中的 N 含量，对于锅炉燃烧热平衡的估算和防止氮氧化物对环境污染有重要的指导意义。在一般情况下，N 不会发生氧化反应，而是以自由状态排入大气；从燃烧的角度来说，N 为无用元素，有 $20\%\sim40\%$ 在燃烧中变为 NO_x，随烟气排入大气，增加污染。

生物质中碳、氢测定有三节炉法，氮测定有开氏法，碳、氢、氮测定有高温燃烧热导法，三节炉法和开氏法是国家标准推荐的方法，高温燃烧热导法是电力行业推荐的方法。本章对这三种方法进行讲解。

7.2　三节炉法测定生物质中的碳、氢含量

1. 基本原理和干扰因素的排除方法

(1) 基本原理：一定量的空气干燥生物质试样在氧气流中燃烧，生成的二氧化碳和水分别被二氧化碳吸收剂和吸水剂吸收。根据吸收剂的增重计算生物质中碳和氢的含量，反应方程式如下

$$生物质 + O_2 \xrightarrow[催化剂]{800℃} CO_2 \uparrow + H_2O + SO_3 \uparrow + SO_2 \uparrow + Cl_2 \uparrow + NO_2 \uparrow + N_2 \uparrow$$

对 CO_2 和 H_2O 的吸收反应如下

$$2NaOH + CO_2 \longrightarrow Na_2CO_3 + H_2O$$
$$CaCl_2 + 2H_2O =\!=\!= CaCl_2 \cdot 2H_2O$$
$$CaCl_2 \cdot 2H_2O + 4H_2O =\!=\!= CaCl_2 \cdot 6H_2O$$

(2) 碳、氢测定中干扰因素的排除方法：生物质燃烧时，除生成二氧化碳和水以外，还有硫的氧化物、氮的氧化物、氯等生成，这些酸性氧化物和氯若不除去，将全部被二氧化碳吸收剂吸收，使碳测值偏高。硫和氯对碳测定的干扰用铬酸铅和银丝卷消除，反应方程式如下

$$4PbCrO_4 + 4SO_2 \xrightarrow{600℃} 4PbSO_4 + 2Cr_2O_3 + O_2$$
$$4PbCrO_4 + 4SO_3 \xrightarrow{600℃} 4PbSO_4 + 2Cr_2O_3 + 3O_2$$
$$2Ag + Cl_2 \xrightarrow{180℃} 2AgCl$$

在氧气流中燃烧时，在有催化剂存在的情况下，生物质中氮生成氮的氧化物，若不除掉，会使碳测值偏高 $0.1\%\sim0.5\%$。氮对碳测定的干扰用粒状二氧化锰消除，反应方程式如下

$$MnO_2 + 2NO_2 \longrightarrow Mn(NO_3)_2$$

2. 试剂和材料

(1) 三氧化钨。

(2) 碱石棉：化学纯，粒度 $1\sim2mm$；或碱石灰：化学纯，粒度 $0.5\sim2mm$。

(3) 无水氯化钙：粒度 $2\sim5mm$；或无水高氯酸镁：粒度 $1\sim3mm$。

(4) 煤标准物质：经国家计量部门审核批准的国家一级或二级有证标准物质。

(5) 氧化铜：线状，长约 $5mm$，直径约 $1mm$。

(6) 铬酸铅：制备成粒度 $1\sim4mm$。将市售的铬酸铅用水调成糊状，挤压成型后，在

600℃下灼烧 2h，冷却后备用。

（7）粒状二氧化锰：制备成粒度 0.5～2mm。将市售的二氧化锰用水于平盘中调制后，在 150℃下干燥 2～3h，冷却，小心破碎和过筛后备用。

（8）银丝卷：<u>丝直径约 0.25mm</u>。

（9）铜丝网：<u>丝直径约 0.5mm，孔径 0.15mm</u>。

（10）氧气：纯度 99.5%，不含氢。

（11）真空硅脂。

（12）硫酸：密度 1.84g/cm³。

3. 仪器设备

三节炉碳、氢测定装置如图 7-1 所示，分为三部分：净化系统、燃烧系统和吸收系统。

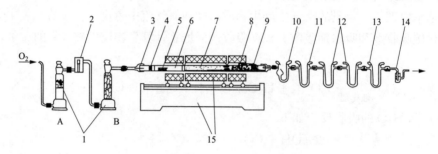

图 7-1　三节炉碳、氢测定装置

1—气体干燥塔；2—流量计；3—橡皮塞；4—铜丝卷；5—燃烧舟；6—燃烧管；7—氧化铜；8—铬酸铅；
9—银丝卷；10—吸水 U 形管；11—除氮氧化物 U 形管；12—吸收二氧化碳 U 形管；13—空 U 形管；
14—气泡计；15—三节电炉及控制装置

（1）净化系统：净化系统的作用是除去氧气中的二氧化碳和水。

氧气净化系统由一个下部（约 1/3）装碱石棉（或碱石灰）、上部（约 2/3）装无水氯化钙（或无水高过氯酸镁）的气体干燥塔和一个全部装无水氯化钙（或无水高过氯酸镁）的气体干燥塔组成。

连接的顺序，沿氧气流入方向依次为下部装碱石棉、上部装氯化钙的气体干燥塔和装有氯化钙的气体干燥塔。在两个气体干燥塔之间，装有一个量程为 0～150mL/min 的氧气流量计。

（2）燃烧系统：生物质样在燃烧装置中完全燃烧，生物质样中碳、氢生成二氧化碳和水，硫、氯等元素对测定的干扰在燃烧管内脱除。燃烧装置分为两个部分：燃烧管和加热装置（包括测温装置和控温装置）。配套有燃烧舟（素瓷或石英制成，长约 80mm）、镍铬丝钩。

1）加热装置：碳氢仪的加热装置是三节管式电炉（双管炉或单管炉），炉膛直径约 35mm，每节炉装有测温和控温装置。炉温至少每年校准一次。第一节炉长约 230mm，可加热到（850±10）℃，并可沿水平方向移动；第二节炉长度 330～350mm，可加热到（800±10）℃；第三节炉长度 130～150mm，可加热到（600±10）℃。

2）燃烧管：燃烧管用镍铬合金、不锈钢或石英制成，长 1100～1200mm，内径 20～22mm，壁厚约 2mm，燃烧管内填充有线状铜丝卷、氧化铜、铬酸铅、银丝卷。其中氧化铜的作用是使在氧气流中未能完全燃烧的物质进一步氧化为二氧化碳和水。其填充如图 7-2 所示。

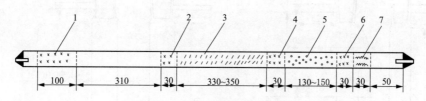

图 7-2　燃烧管的填充示意图
1，2，4，6—铜丝卷；3—氧化铜；5—铬酸铅；7—银丝卷

用铜丝网制作三个长约 30mm 和一个长约 100mm、直径稍小于燃烧管使之既能自由插入管内又与管壁密切接触的铜丝卷。

从燃烧管出气端起，留 50mm 空间，依次充填长为 30mm 银丝卷，30mm 铜丝卷，130～150mm（与第三节电炉长度相等）铬酸铅（使用石英管时，应用铜片把铬酸铅与石英管隔开），30mm 铜丝卷，330～350mm（与第二节电炉长度相等）线状氧化铜，30mm 铜丝卷，310mm 空间和 100mm 铜丝卷，燃烧管两端通过橡皮塞或铜接头分别与净化系统和吸收系统连接。橡皮塞使用前应在 105～110℃下干燥 8h 左右。

燃烧管中的填充物（氧化铜、铬酸铅和银丝卷）经 70～100 次测定后应更换。

填充剂经处理后可重复使用，填充剂的处理方法如下。

氧化铜：用孔径 1mm 筛筛去粉末。

铬酸铅：用热的稀碱液（约 50g/L 氢氧化钠溶液）浸渍，用水洗净、干燥，并在 500～600℃下灼烧 05h。

银丝卷：用浓氨水浸泡 5min，在蒸馏水中煮沸 5min，用蒸馏水冲洗干净并干燥。

（3）吸收系统：吸收系统用来吸收生物质燃烧生成的二氧化碳和水。根据吸收系统各自的增重计算生物质中的碳、氢含量。吸收系统包括吸水 U 形管、吸收二氧化碳 U 形管，中间连接一个装有二氧化锰和氯化钙的 U 形管，用来除氮。

吸水 U 形管如图 7-3 所示，入口端有一球形扩大部分，吸水剂为无水氯化钙或无水高氯酸镁，装试剂部分高 100～120mm，直径约 15mm。吸收二氧化碳 U 形管有两个，如图 7-4 所示，前 2/3 装碱石棉或碱石灰，后 1/3 装无水氯化钙或无水高氯酸镁，装试剂部分高 100～120mm，直径约 15mm。吸水 U 形管和吸收二氧化碳 U 形管的作用是吸收燃烧产物——水和二氧化碳。

吸水 U 形管和吸收二氧化碳 U 形管之间，连接除氮 U 形管，前 2/3 装粒状二氧化锰，后 1/3 装无水氯化钙或无水高氯酸镁，装试剂部分高 100～120mm，直径约 15mm。

在该系统中，用作吸水剂的氯化钙可能含有碱性物质，因而使用前应先以二氧化碳饱和，并除去过剩的二氧化碳，以免 CO_2 在吸水管中被吸收，确保测定值的准确，不致发生氢高、碳低的现象。为保证系统气密，每个 U 形管磨口塞处涂少许真空硅脂。

吸收系统的末端应连接一个装有硫酸的气泡计。在吸收系统与气泡计之间宜连接一个空 U 形管（防止硫酸倒吸）。

当出现下列现象时，应更换 U 形管中试剂。

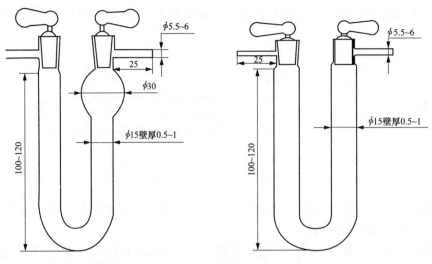

图 7-3　吸水 U 形管　　　　图 7-4　吸二氧化碳 U 形管（或除氮 U 形管）

1）吸水 U 形管中的氯化钙开始溶化并阻碍气体畅通。

2）第二个吸收二氧化碳 U 形管一次试验后的质量增加达 50mg 时，应更换第一个吸收二氧化碳 U 形管中的吸收剂。

3）除氮 U 形管中的二氧化锰一般使用 50 次左右应更换。

上述 U 形管更换试剂后，应以 120mL/min 的流量通入氧气至质量恒定后方能使用。

4. 试验前的准备及测定步骤

（1）试验前准备：

1）炉温的校准：将工作热电偶插入三节炉的热电偶孔内，使热端插入炉腔，冷端与高温计连接。将炉温升至规定温度，保温 1h。然后沿燃烧管轴向将标准热电偶依次插到空燃烧管中对应于第一节炉、第二节炉和第三节炉的中心处（勿使热电偶和燃烧管管壁接触）。根据标准热电偶指示，将管式电炉调节到规定温度并恒温 5min。记下相应工作热电偶的读数，以后即以此控制炉温。

2）气密性检查：将仪器按图 7-1 所示连接好，将所有 U 形管磨口塞旋开，与仪器相连，接通氧气，调节氧气流量约为 120mL/min，然后关闭靠近气泡计处 U 形管磨口塞，此时若氧气流量降至 20mL/min 以下，表明整个系统气密；否则，应逐个检查 U 形管的各个磨口塞，查出漏气处，予以解决。检查气密性时间不宜过长，以免 U 形管磨口塞因系统内压力过大而弹开。

（2）空白试验：空白是指燃烧舟中只放催化剂，不放生物质样而按照规定的试验步骤操作时，吸收管的增重值。在氢的测定中，应减掉空白值。空白主要是由盛生物质样的燃烧舟表面和催化剂吸附空气中一定量的水分，氧气不纯等因素造成的。

吸附空气中水分造成的空白，应在氢测定结果中减掉。

空白试验步骤：通电升温，将吸收系统各 U 形管磨口塞旋至开启状态并接通氧气，调节氧气流量为 120mL/min。在升温过程中将第一节炉往返移动几次。通氧气 20min 左右后，取下吸收系统，将各 U 形管磨口塞关闭，用绒布擦净，在天平旁放置 10min 左右称重。这时，各 U 形管的质量是与试验装置内的压力达到平衡的初始质量。

当第一节炉温升到（850±10）℃，第二节炉温升到（800±10）℃，第三节炉达到并保持在（600±10）℃并保持各自温度后，开始做空白试验。此时将第一节炉移至紧靠第二节炉，接上已经通气并称量过的吸收系统。在一个燃烧舟内加入三氧化钨（质量和试样分析时相当）。打开橡皮塞，取出铜丝卷，将装有三氧化钨的燃烧舟用镍铬丝推棒推至第一节炉入口处，将铜丝卷放在燃烧舟后面，塞紧橡皮塞，接通氧气并调节氧气流量为 120mL/min。

移动第一节炉，使燃烧舟位于炉子中心，通气 33min，将第一节炉移回原位。2min 后取下吸收系统 U 形管，将磨口塞关闭，用绒布擦净，在天平旁放置 10min 左右称量，吸水 U 形管增加的质量即为空白值。

重复相同的空白试验，直至连续两次测定的吸水管空白值差值不超过 0.0010g。到除氮 U 形管和吸收二氧化碳 U 形管最后一次质量变化不超过 0.0005g 时为止，取两次空白值的平均值作为当天试验的空白值。

（3）碳、氢测定步骤：

1）将第一节炉温控制在（850±10）℃，第二节炉温控制在（800±10）℃，第三节炉温控制在（600±10）℃，并使第一节炉紧靠第二节炉。

2）在预先灼烧过的燃烧舟中称取粒度小于 1mm 或更小粒度的空气干燥生物质样（0.2±0.01）g（称准到 0.0002g）并均匀铺平，在生物质样上盖一层三氧化钨。可把装有试样的燃烧舟暂存入专用的磨口玻璃管或不加干燥剂的干燥器中。

3）接上已测过空白并称重过的吸收系统，并以 120mL/min 的流量通入氧气。关闭靠近燃烧管出口端的 U 形管，打开入口端橡皮塞，取出铜丝卷，迅速将装有生物质样的燃烧舟放入燃烧管内，用推棒推至第一节炉炉口处，放入铜丝卷，塞紧橡皮塞，保持氧气流量为 120mL/min。5min 后向净化系统移动第一节炉的炉体，使燃烧舟的一半进入炉口；5min 后，移动第一节炉的炉体，使燃烧舟末端进入炉口；再 5min 后，使燃烧舟位于第一节炉的炉体中央。保持 18min 后，把第一节炉移回原位。2min 后，取下吸收系统，将磨口塞关闭，用绒布擦净，在天平旁放置 10min 后称重（除氮管不必称重）。若第二个吸收二氧化碳 U 形管质量变化小于 0.0005g，计算时可以忽略。

（4）有效性核验：用煤标准物质按上述步骤测定碳、氢。如果实测的碳、氢值与标准值的差值不超过其规定的不确定度，表明测定仪可用。否则需查明原因并纠正后才能进行试样测定。

5. 结果计算

生物质燃料中碳、氢质量分数分别按下列公式计算，以两次重复测定结果的平均值作为报告值，测定值和报告值均保留到小数点后两位。

$$C_{ad} = \frac{0.2729 \times m_1}{m} \times 100\% \tag{7-1}$$

$$H_{ad} = \frac{0.1119(m_2 - m_3)}{m} \times 100\% - 0.1119 M_{ad} \tag{7-2}$$

式中：C_{ad} 为空气干燥基碳的质量分数，%；H_{ad} 为空气干燥基氢的质量分数，%；m 为生物质样质量，g；m_1 为吸收二氧化碳 U 形管的质量增重，g；m_2 为吸收水分 U 形管的质量增重，g；m_3 为氢空白值，g；0.2729 为将二氧化碳折算成碳的系数；0.1119 为将水折算成氢的系数；M_{ad} 为生物质试样水分的质量分数，%。

6. 方法精密度

碳测定的重复性限（C_{ad}）为 0.50%，氢测定的重复性限（H_{ad}）为 0.15%。

7.3 生物质中氮的测定

我国国家标准推荐的生物质中氮的测定方法为开氏法，本节对开氏法测氮进行介绍。

7.3.1 基本原理

称取一定量的空气干燥生物质试样，加入混合催化剂和硫酸，加热分解，生物质中氮转化成硫酸氢铵。加入过量的过氧化钠溶液，把氨蒸出并以硼酸吸收。用硫酸标准溶液滴定，根据硫酸的消耗量，计算生物质中氮的含量。

开氏法测氮包括以下四个过程。

1. 消化过程

$$生物质 + H_2SO_4（浓）\xrightarrow[\text{HgSO}_4 + \text{Se}]{\Delta \text{Na}_2\text{SO}_4} NH_4HSO_4 + CO\uparrow + H_2O + CO\uparrow + SO_2\uparrow + SO_3\uparrow$$

$$+ Cl_2\uparrow + H_3PO_4 + N_2\uparrow（极少）+ \cdots$$

消化过程是生物质中氮生成硫酸氢铵的过程。加入硫酸钠，是为了提高浓硫酸的沸点，即提高消化温度，以缩短消化时间；而硫酸汞和硒粉则作为催化剂，促进消化。

2. 蒸馏过程

$$NH_4HSO_4 + H_2SO_4 + 4NaOH\xrightarrow[\text{（过量）}]{H_2O\ 蒸气}NH_3\uparrow + 2Na_2SO_4 + 4H_2O$$

蒸馏过程是使硫酸氢铵转化成氨，并被蒸出的过程。如何使硫酸氢铵完全转化成氨，是该过程的关键。

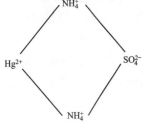

图 7-5　硫酸汞与氨生成稳定的汞铵络离子

由于在生物质样消化时加入的催化剂硫酸汞容易与氨生成稳定的汞铵络离子（见图 7-5），使氨不能完全被蒸馏出来，因此蒸馏时要加入硫化钠（配成混合碱溶液），使汞盐生成硫化汞沉淀而不与铵络合，以保证氨能完全被蒸出。又由于消化时加入过量的浓硫酸，蒸馏时须相应加入过量的氢氧化钠溶液。如果过量的硫酸不能完全被氢氧化钠中和，它与硫化钠反应，放出硫化氢，一方面拟制氨蒸出，另一方面，也干扰测定。所以，蒸馏时除加硫化钠外，要加入过量的氢氧化钠溶液。

3. 吸收过程

$$H_3BO_3 + xNH_3 \longrightarrow H_3BO_3 \cdot xNH_3$$

这个过程的关键是使蒸馏出的氨能够完全被硼酸吸收。因此，在蒸馏时，不宜使蒸馏量过大，以免造成吸收不完全或溅入碱滴等不良后果。若发生此类问题，试验应作废。

4. 滴定过程

$$2H_3BO_3 \cdot xNH_3 + xH_2SO_4 \longrightarrow x(NH_4)_2SO_4 + 2H_3BO_3$$

以标准硫酸溶液来滴定氨，根据硫酸溶液的消耗量，来计算生物质中的氮含量。

7.3.2 试剂和材料

（1）无水碳酸钠：基准试剂或碳酸钠纯度标准物质。

（2）蔗糖。

（3）混合催化剂：将无水硫酸钠、硫酸汞和化学纯硒粉按质量比（64＋10＋1）混合（如将 32g 无水硫酸钠、5g 硫酸汞和 0.5g 硒粉混合），研细且混匀后备用。

（4）硫酸：密度 1.84g/cm^3。

（5）乙醇：质量分数 95％及以上。

（6）混合碱溶液：将氢氧化钠 370g 和硫化钠 30g 溶解于水中，配制成 1000mL 溶液。

（7）硼酸溶液：约 30g/L。将 30g 硼酸溶入 1L 热水中，配制时加热溶解，冷却后滤去不溶物。

（8）硫酸标准溶液：$c(1/2H_2SO_4) \approx 0.025$mol/L。硫酸标准溶液的配制：在烧杯中加入约 40mL 水，用移液管吸取 0.7mL 硫酸缓缓加入烧杯中，之后将溶液转移至 1000mL 容量瓶中，加水稀释至刻度，充分振荡均匀。硫酸标准溶液的标定：于锥形瓶中称取 0.02g（称准至 0.0002g）预先在 130℃下干燥到质量恒定的无水碳酸钠，加入 50～60mL 水使之溶解，然后加入 2～3 滴甲基橙指示剂，用硫酸标准溶液滴定到由黄色变为橙色。煮沸，赶出二氧化碳，冷却后，继续滴定到橙色。按式（7-3）计算硫酸标准溶液的浓度。硫酸标准溶液的浓度需两人标定，每人各做 4 次重复标定，8 次重复标定结果的极差不大于 0.00060mol/L，以其算术平均值作为硫酸标准溶液的浓度，保留 4 位有效数字。若极差超过 0.00060mol/L，再补做两次试验，取符合要求的 8 次结果的算术平均值作为硫酸标准溶液的浓度；若任何 8 次结果的极差都超过 0.00060mol/L，则舍弃全部结果，并对标定条件和操作技术进行仔细检查并纠正存在问题后，重新进行标定

$$c = \frac{m}{MV} \tag{7-3}$$

式中：c 为硫酸标准溶液的浓度，mol/L；m 为称取的碳酸钠的质量，g；V 为硫酸标准溶液的用量，mL；M 为碳酸钠（$1/2Na_2CO_3$）的摩尔质量，以 0.053 计，g/mmol。

（9）甲基橙指示剂：1g/L。0.1g 甲基橙溶于 100mL 水中。

（10）甲基红和亚甲基蓝混合指示剂：称取 0.175g 甲基红，研细，溶入 50mL 乙醇中，存于棕色瓶；称取 0.083g 亚甲基蓝，研细，溶入 50mL 乙醇中，存于棕色瓶；使用时将上述两种液体按体积比（1＋1）混合。混合指示剂的使用期一般不应超过 7 天。

7.3.3 仪器设备

开氏法测定生物质中氮含量的测定装置包括消化装置、蒸馏和吸收装置及微量滴定管三部分。

1. 消化装置

消化装置由开氏瓶、短颈玻璃漏斗、加热体和加热炉组成。开氏瓶容量为 50mL；短颈玻璃漏斗直径约 30mm；加热体具有良好的导热性能以保证稳定均匀，使用时四周以绝缘材

料如石棉绳等缠绕，铝加热体的规格如图 7-6 所示；加热炉带有控制装置，能控温在（350±10）℃，用于消化生物质样。

2. 蒸馏和吸收装置

蒸馏和吸收装置（见图 7-7）用于蒸馏出氨，并吸收于硼酸溶液，并由以下器皿组成。

（1）开氏瓶：容量 250mL。

（2）锥形瓶：容量 250mL。

（3）直形玻璃冷凝管：冷却部分长约 300mm。

（4）开氏球：直径约 55mm。

（5）圆底烧瓶：容量 1000mL。

（6）加热电炉：额定功率 1000W，功率可调。

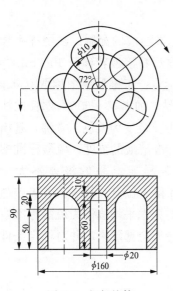

图 7-6　铝加热体

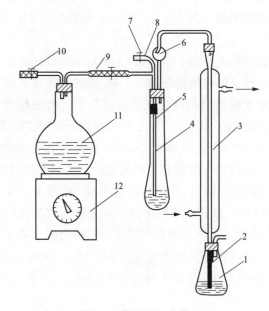

图 7-7　蒸馏和吸收装置

1—锥形瓶；2，8—胶皮管；3—直形玻璃冷凝管；4—开氏瓶；5—玻璃管；
6—开氏球；7—夹子；9—胶管；10—夹子；11—圆底烧瓶；12—万能电炉

3. 微量滴定管

微量滴定管，容量 10mL，分度值为 0.05mL。

7.3.4　试验步骤

（1）在薄纸（擦镜纸或其他纯纤维纸）上称取粒度小于 1mm 或更小粒度的空气干燥生物质试样（0.2±0.01）g（称准到 0.0002g），把生物质样包好，放入 50mL 开氏瓶中，加入混合催化剂 2g 和浓硫酸（密度 1.84g/cm³）5mL，然后将开氏瓶放入铝加热体的孔中，并用石棉板盖住开氏瓶的球形部分。在瓶颈上部插入一短颈玻璃漏斗，防止硒粉飞溅。在加热体中心的小孔中放入热电偶，接通电源，在不少于 60min 内缓缓加热，使温度约达 350℃，保持此温度，直到溶液清澈透明。

（2）将溶液冷却后，用少量蒸馏水稀释后，移至 250mL 开氏瓶中，用蒸馏水充分洗净原开氏瓶中的剩余物，洗液并入开氏瓶中，使溶液体积约为 100mL，然后将盛有溶液的开氏瓶放在蒸馏装置上。

（3）把直形玻璃冷凝管的上端连到开氏球上，下端用橡胶管连上玻璃管，直接插入一个盛有 20mL 硼酸溶液和 2～3 滴混合指示剂的锥形瓶中，玻璃管浸入溶液并距瓶底约 2mL。

（4）往开氏瓶中注入 25mL 混合碱溶液，然后通入蒸汽进行蒸馏，蒸馏至锥形瓶中馏出液体积达到 80mL 为止，此时硼酸溶液已由紫色变成绿色。

（5）蒸馏完毕时，拆下开氏瓶并停止供给蒸汽，取下锥形瓶，用水冲洗插入硼酸溶液中的玻璃管，洗液收入锥形瓶中，总体积约 110mL。

（6）用硫酸标准溶液滴定吸收溶液，直到溶液由绿色变成刚灰色即为终点。记录硫酸标准溶液的用量。

（7）当天在试样分析前蒸馏装置须用蒸汽进行冲洗空蒸，待馏出物体积达到 100～200mL 后，再正式放入试样进行蒸馏。蒸馏瓶中水的更换应在当天空蒸前进行，否则应加入刚煮沸过的水。

（8）更换水、试剂或仪器设备后应进行空白试验。用 0.2g 蔗糖代替试样，按全面测定步骤进行试验。以硫酸标准溶液滴定体积相差不超过 0.05mL 的两个空白测定平均值作为空白值。

7.3.5 结果计算

生物质燃料中氮测定结果按下式计算

$$N_{ad} = \frac{c \times (V_1 - V_0) \times M_N}{m} \times 100\% \tag{7-4}$$

式中：N_{ad} 为空气干燥基氮的质量分数，%；c 为硫酸标准溶液的浓度，mol/L；V_1 为试样试验时硫酸标准溶液的用量，mL；V_0 为空白试验时硫酸标准溶液的用量，mL；M_N 为氮的摩尔质量，以 0.014 计，g/mmol；m 为称取的空气干燥试样的质量，g。

7.3.6 方法精密度

开氏法测定生物质燃料中氮的重复性限（以 N_{ad} 表示）为 0.08%。

7.4 高温燃烧-红外、热导联合法测定碳、氢、氮快速分析方法

三节炉法和开氏法测定生物质中碳、氢、氮含量测定精度高，但测定时间长，只能单个样品测试，操作人员应具备熟练的操作技能。采用红外光谱法和热导法的碳、氢、氮仪器分析方法已经广泛应用，测试相率高，可以同时完成数十个样品测试，目前国内市场上燃料快速元素分析仪主要为国外产品，包括美国 Leco 公司生产的 CHN 系列、Tru spec 系列，德国 Elementar 公司生产的 Vario 系列，美国 PE 公司生产 2000 系列，意大利 EuroVector 公司生产的 EA3000 系列及 Thermo Fisher Scientific 公司生产 FLASH EA 系列等。电力行业使用较多的燃料快速元素分析仪主要为美国 Leco 公司 Tru spec 型和德国 Elementar 公司 Vario MAX 型，主要特征参数见表 7-2。

表 7-2　　美国 Leco 公司和德国 Elementar 公司元素分析仪的主要特征参数

序号	特征参数	Tru spec 型	Vario MAX 型
1	称样量/碳量	500mg/250mg	300mg/200mg
2	测试周期	4min	15min
3	测试用气体	高纯氧气、氦气	高纯氧气、氦气
4	燃烧管温度（主/次）	950℃/850℃	900℃/900℃
5	还原管温度	700℃	830℃
6	燃烧时氧气流量	0～200mL/min	70～200mL/min
7	标定方式	单点、线性、二次、三次曲线	线性、非线性（可分为两段）
8	校正方式	空白校正、漂移校正	空白校正、漂移校正
9	测试精度（RSD）	C：0.5%；H：1%；N：0.5%	<0.5%

碳、氢、氮快速分析方法分为高温燃烧-红外、热导联合法和高温燃烧-吸附解析-热导法，代表产品分别为美国 Leco 公司 Tru spec 型和德国 Elementar 公司 Vario MAX 型。

7.4.1　高温燃烧-红外、热导联合法的测定原理

称取一定量的样品，在通入过量氧气的高温环境下燃烧，样品中的碳、氢和氮元素被完全转化成气态化合物（二氧化碳 CO_2、水蒸气 H_2O 和氮氧化物 NO_x）。燃烧气体产物经过炉试剂（其中的硫氧化物及卤化氢被炉试剂吸收并释放水分）进入储气罐混合。随后，经充分混匀后的一部分气体由氦气作为载气进入定量腔进行定量，然后通过加热的、装有铜屑的容器，去除多余的氧气、并将氮氧化物还原为氮气，接着通过氢氧化钠（碱石棉）去除二氧化碳、通过高氯酸镁去除水分，最后剩余的气体通过热导池测定氮元素含量。同时经充分混匀后的另一部分气体由氦气作为载气通过碳红外检测池和氢红外检测池测量出碳和氢的含量。

反应式如下

$$生物质 + O_2 \longrightarrow CO_2 + H_2O + NO_x + SO_2 + SO_3 + Cl_2 + \cdots$$

生成的气体通过过滤器除去 SO_2、SO_3，反应式如下

$$2SO_2 + 2SO_3 + 4CaO + O_2 \longrightarrow 4CaSO_4$$

Cl_2 由炉子试剂除去。

去除了燃烧产物中硫的氧化、氯气等干扰气体后，水蒸气、二氧化碳、氮的氧化物进入混容缸混合均匀后，定量抽出一份混合气体进入碳、氢红外检测池，分别测定碳、氢含量。由于水蒸气、二氧化碳对其相应波长红外光具有选择性吸收作用，光强度的衰减遵守比耳定理

$$I = I_0 e^{-kl} \tag{7-5}$$

$$C = -\frac{1}{kl} \ln \frac{I}{I_0} \tag{7-6}$$

式中：I 为入射光强度；I_0 为透射光强度；C 为被测样品高温分解生成的二氧化碳（或水蒸气）气体浓度，%；k 为吸收常数；l 为光路长度。

由此可见，水蒸气或二氧化碳对某一波长的红外光具有一定的吸收作用，而光强度的衰

减与被测样品的浓度存在一定的比例关系，这就是红外吸收法测定碳、氢元素的原理。

不同气体具有不同的热力学性质，它们的热导率之间存在差异，同时多组分共存的组合气体的导热系数还随着某一组分的含量不同而发生变化，而导热系数的变化又转变为测量热敏电阻的变化，电阻的变化很容易用电桥测量。

7.4.2 仪器设备

碳、氢、氮元素分析仪主要由燃烧系统、气体过滤系统、混合储气系统及抽取系统、氮氧化物还原系统、红外及热导检测系统和信号采集及处理系统组成。以美国力可公司生产的 CHN-2000 型为例，其结构如图 7-8 所示。

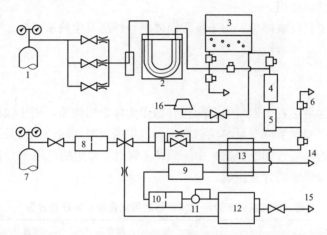

图 7-8　CHN-2000 型碳、氢、氮元素分析仪系统流程图

1—燃烧用氧气；2—高温炉；3—混气罐；4—氢红外池；5—碳红外池；6—红外池排气；7—氮气；
8—氮气净化器；9—催化加热器；10—测量气流净化器；11—流量控制器；12—热导池；
13—剂量腔；14—剂量腔排气；15—热导排气；16—压力传感器

（1）燃烧系统：提供适宜的燃烧条件［包括助燃气体流量、燃烧炉（管）控制温度和燃烧时间］以确保样品中的碳、氢和氮化合物经燃烧后完全转化为二氧化碳、水蒸气和氮氧化物，同时通过填充试剂将干扰成分（包括硫氧化物和卤化氢气体）去除。

（2）混合储气系统：处理了干扰成分后的燃烧产物气体被储存在储存罐中充分混合。由载气携带，一路气体分别进入碳、氢红外池测碳、氢，另一路气体经过滤后进入定量腔定量，然后进入热导池测氮。

（3）气体过滤系统：过滤和处理气体中的固体颗粒、二氧化碳和水分等。

（4）氮氧化物还原系统：燃烧气体产物中的残余氧通过热的铜屑被吸收，同时氮氧化物被铜屑还原为氮气。

（5）检测系统：包括红外检测器（包括碳红外检测池和氢红外检测池）和热导检测器（氮热导检测池），检测系统因通过的气体中被检测元素浓度的不同而产生不同的信号。

（6）信号采集及处理系统：用于采集测定的红外及热导信号，根据标定试验结果建立标准值与信号的回归曲线（线性或二次方曲线或三次方曲线），查取相应的元素浓度值，根据抽取的气体的体积、样品的质量，计算出样品中碳、氢和氮的含量。

（7）附属部件及消耗品

1）盛样囊：锡或铜囊，一端开口，用于盛放样品。

2）燃烧坩埚：筒形陶瓷制品，外径略小于燃烧管内径，放置于燃烧管内，用于盛放样品燃烧及燃烧后固体产物，可定期进行更换。

3）燃烧管：一般分为主级燃烧管和次级燃烧管，放置于加热炉内，内装有填充试剂，通过气体管路连接构成燃烧系统。

4）二氧化碳和水分吸收管：装有填充试剂，用于测定氮气前吸收二氧化碳和水分。

5）还原管：装有填充试剂，用于消除气体中残留氧及将燃烧后氮氧化物还原为氮气。

（8）电子天平：量程不小于20g，最小分度值0.0001g。可单独使用或通过数据传送线与元素分析仪主机联机使用。

（9）试样量取工具：取样勺，用于量取固体燃料样品及生物质燃料。

7.4.3 试剂

1. 标定用物质

用碳、氢和氮含量接近于燃料组分的化合物作为标定用物质，用于仪器标定，即建立检测气体中碳、氢和氮元素浓度含量与仪器检测器产生的信号之间的标准关系曲线。标定用物质通常存储于干燥的环境（如干燥器）中。表7-3列出了常用的可用于元素分析仪标定用化合物及其碳、氢和氮元素的含量组成。

表7-3　　　　　碳、氢、氮元素分析仪常用标定用化合物及其理论含量

化合物	分子式	碳含量（%）	氢含量（%）	氮含量（%）
EDTA	$C_{10}H_{16}N_2O_8$	41.10	5.52	9.59
苯基丙氨酸	$C_{10}H_{11}NO_2$	65.43	6.71	8.48
乙酰苯胺	C_8H_9NO	71.09	6.71	10.36
2,5-双(5-叔丁基-2-苯并噁唑基)噻吩/BBOT	$C_{26}H_{26}N_2O_2S$	72.5	61	6.5

2. 煤标准物质

具有碳、氢和氮元素含量标准值的有证标准煤样，用于固体燃料测定结果（尤其是元素氮）的可靠性核验。

3. 助燃气体、载气及动力气体

（1）氧气：高纯（99.998%）；

（2）氮气：高纯（99.995%）；

（3）压缩空气，氮气或氦气。

4. 仪器专用填充试剂

通常为仪器厂商针对自身的特殊方法而配置。

燃烧管填充试剂如下。

（1）石英棉：长绒，纯白色；

（2）燃烧助剂：活性氧化铝粉；

（3）炉试剂：颗粒状氧化钙；

（4）氧化镁：颗粒状；

（5）氧化铝：片状。

还原管填充试剂如下。

（1）氮催化剂；

（2）铜丝；

（3）铜粒。

二氧化碳和水分吸收管填充试剂如下：

（1）碱石棉：分析纯；

（2）高氯酸镁：分析纯。

7.4.4 分析步骤

1. 试验准备

应严格按照仪器生产厂商提供的仪器操作说明书进行仪器准备，主要内容及操作顺序如下：

（1）燃烧管、还原管及二氧化碳和水分吸收管试剂的填充和更换。确认各个填充试剂使用寿命是否到期，若是应及时更换新试剂。

（2）燃烧坩埚的更换：确认燃烧坩埚是否被灰烬充满，若是应及时更换空坩埚。一般仪器内设置试剂和坩埚的寿命计数器（以试验次数计），当试验次数到达设定的数值后会有提示，当更换了试剂后应将计数器重新清零。

（3）助燃气体、载气和动力气瓶出口压力的检查：打开助燃气体、载气及动力气的气瓶总阀，按照仪器使用说明书中的规定，调整氧气、氮气和动力气体钢瓶的减压阀至出口压力达到规定值。

（4）开机预热：打开仪器电源，并打开仪器气路开关（氧气流量为待机状态），仪器按照预先设定的程序和参数进行预热，主要参数包括主、次级燃烧管温度，还原管温度，储气罐恒温箱温度，红外检测池及热导检测池恒温箱温度和检测电压等。待达到规定值后仪器方可进行测定试验（包括空白试验、漂移校正试验、标定试验、标定曲线有效性核验试验、测试结果可靠性核验试验及样品测定试验）。

（5）仪器气路的气密性检查：在试验前，应检查燃烧系统、储气系统和检测系统是否泄漏。

2. 仪器标定

（1）新购仪器如出厂时未进行标定，或已经标定的仪器工作曲线发生较大变动时应进行仪器标定。

（2）空白试验：用于确定助燃气体和载气中碳、氢和氮的空白值（或基线）。当新更换氧气或载气或相关填充试剂之后，应重新进行空白试验。除不加入样品外，操作方法同样品测定方法。空白试验的 N_2 检测信号平均值以不超过校准用标准物质的最小称样量测定，试验时以仪器检测器产生信号的 1% 为宜，否则应检查原因直至满足。

（3）建立工作曲线：按照样品测定方法，对选定的标定用标准物质进行若干次碳、氢和氮的测定，根据测定结果和已知的标准值，绘制标准回归曲线并保存。测试次数根据回归方程按照表 7-4 规定进行选择。

表 7-4	不同回归方式的最少测定次数
回归方式	要求的标定试验次数
一次曲线（线性）	6
二次曲线	8
三次曲线	8

3. 工作曲线有效性核验

在样品测定前、期间和结束后可通过对其他标定用标准物质进行碳、氢和氮的测定，以对标定曲线（包括漂移校正后曲线）的有效性进行核验。若核验结果超出表 7-5 的规定值，应重新进行标定试验，同时应舍弃本次核验试验至上次合格核定试验之间的所有测定试验结果。

表 7-5	核验结果偏差的相对限定值
元素	相对限定值（%）
碳	1.20
氢	2.10
氮	1.80

4. 日常试验

（1）空白试验：空白试验的目的是消除仪器气体管道中残余的空气、二氧化碳、水分对分析结果的影响，空白值将在样品测试中扣除，更换气体时应重新进行空白试验，空白试验次数不少于 6 次，分析完毕，取测定结果比较接近的几次结果的平均值作为仪器空白值。

（2）漂移校正试验：按照样品测定方法，对选定的标定用标准物质进行 3 次以上碳、氢和氮的测定，取满足重复性限规定的 3 次测定结果平均值和已知的标准值，进行漂移校正计算并更改标准回归曲线。漂移校正系数超出 0.9～1.1 时，应进行仪器标定。

（3）仪器可靠性检验：按照测试方法，选定与测定样品的碳、氢和氮含量相近的煤标准物质进行两次以上碳、氢和氮的测定，若其平均值落入标准值不确定度范围内，则认为测定结果可靠，否则应调整燃烧系统条件参数，重新进行标定试验、标定曲线有效性核验试验和测定结果可靠性核验试验，直至满足要求。核验试验应在某批次样品测定试验结束后进行。称样量应与样品测定试验时相近。

（4）样品测定：准确称取 0.050～0.100g 的样品于盛样囊中（称准至 0.0002g），将样品装入后使用镊子封口，并将盛样囊外壁擦拭干净。置于天平托盘称量后手动或自动输入样品。将已称量过质量的试样放入自动进样装置或手动进样，然后按照仪器操作说明书规定连续进行测定。测定试验结束后，仪器自动计算、保存，并可打印样品中全碳、全氢和全氮的分析结果。

在样品测定中每进行 15～20 次测定后应进行仪器可靠性检验。

7.4.5 结果计算

碳和氮的测定结果可直接作为空气干燥基结果报出。

氢的分析结果应按下式计算后报出。

$$H_{ad} = H - 0.1119M_{ad}$$

式中：H_{ad} 为测定出样品中的全氢，%；M_{ad} 为样品中的水分，%。

如要测定有机碳，测定结果应按下式进行计算。

若 $2\% < (CO_2)_{car,ad} < 12\%$

$$C_{ad} = C - 0.2729(CO_2)_{car,ad} \tag{7-7}$$

若 $(CO_2)_{car,ad} > 12\%$

$$C_{ad} = C - 0.2729 \times 12 \tag{7-8}$$

式中：C 为测定出样品中的全碳，%；$(CO_2)_{car,ad}$ 为样品中碳酸盐二氧化碳含量，%。

氧含量计算

$$O_{ad} = 100 - (C + H_{ad} + N_{ad} + S_{c,ad} + M_{ad} + A_{ad}) \tag{7-9}$$

式中：$S_{c,ad}$ 为样品中的可燃硫含量，%，考虑到多数生物质可燃硫含量接近全硫含量，计算时可用样品中的全硫含量 $S_{t,ad}$ 代替；A_{ad} 为样品中的灰分含量，%。

7.4.6 精密度

生物质燃料样品测试结果的重复性和再现性见表 7-6。

表 7-6　　　　　　　　生物质燃料样品测试结果的重复性和再现性（一）

元素	重复性限 r（%）	再现性临界差 R（%）
碳（C_d）	0.61	1.71
氢（H_d）	0.14	0.41
氮（N_d）	0.12	0.35

7.4.7 测定过程中的一些影响因素和注意事项

样品的粒度、样品量与样品能否完全燃烧关系较大。样品的粒度越小，越有利于完全燃烧，因此，如果样品能够用玛瑙研钵继续研细，将有利于促使样品完全燃烧，有助于测定的精密度。氧气的流量要根据燃烧特性来调节。燃烧温度也是保证样品完全燃烧的必要条件，因此，炉温设置应根据说明书要求正确设置，一定要达到规定的炉温。

每次开机时，应认真检查化学试剂（如催化剂、碱石棉、铜丝等）及燃烧坩埚的使用次数，以免化学试剂使用次数失效影响测定结果。燃烧坩埚的使用次数超标，灰烬容易溢出，高温的灰烬熔融物容易将坩埚和燃烧管粘住，造成燃烧管被损坏。

进行样品测定时，一定等仪器各参数完全稳定时才能开始测试。例如，炉温、红外池电压、热导池电压等参数完全稳定时才可以开始测试，否则会造成检测结果精密度很差。需要测定氮元素的含量所使用的助燃气氧气的纯度一定要达到要求，否则，氧气中含有的少量氮气会造成氮空白值高，影响测定结果。

7.5　高温燃烧-吸附解析-热导法测定碳、氢、氮快速分析方法

7.5.1 高温燃烧-吸附解析-热导法的测定原理

称取一定量的样品，在通入过量氧气的高温环境下燃烧，样品中的元素碳、氢和氮被完

全转化成气合物（水蒸气 H_2O、氮氧化物气体 NO_x 和含碳化合物），由载气（氦气）携带进入气态燃烧产物。在高催化剂及过量氧气的作用下，气态含碳化合物（二氧化碳、一氧化碳和甲烷）进一步完全转化为二氧化碳和水蒸气。接着气态燃烧产物通过填装有吸收剂和还原剂（铜粒）的还原管，在高温下气态物中的干扰成分（包括硫氧化物气体 SO_x、卤素）被吸收去除，气态燃烧产物中的剩余氧气被还原剂吸收、氮氧化物被还原剂还原为氮气。

最后的气态产物（包含氦气 He、二氧化碳 CO_2、水蒸气 H_2O 和氮气 N_2）通过 CO_2 和 H_2O 吸附柱，CO_2 和 H_2O 被吸附分离，N_2 直接进入热导池被检测，接着分别加热 CO_2 和 H_2O 吸附柱，解析出的 CO_2、H_2O 逐次通过热导池而被检测。

7.5.2 仪器设备

碳、氢、氮元素分析仪主要由燃烧系统、气体过滤系统、气体燃烧产物处理系统、吸附-解析系统、热导检测系统和检测信号采集及处理系统组成，其结构如图 7-9 所示。

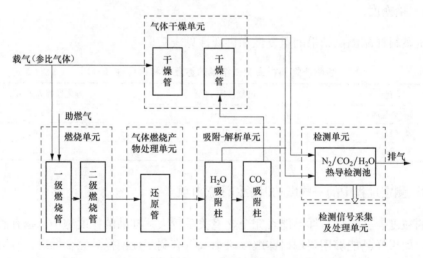

图 7-9 碳、氢、氮元素分析仪（高温燃烧-吸附解析-热导法）组成示意图

（1）气体过滤系统：过滤助燃气和载气中的固体颗粒和水分、进入热导池的参比气和检测 N_2 及 CO_2 的气体中的水分。

（2）燃烧系统：提供适宜的燃烧条件［包括助燃气体流量、燃烧炉（管）控制温度和燃烧时间］以确保样品中的碳、氢和氮化合物经燃烧后完全转化为气态碳化合物、水蒸气和氮氧化合物。

Vario MAX 测定仪采用二级燃烧管保证样品完全燃烧，一级燃烧管为不锈钢或石英管（见图 7-10），装填氧化铜，温度控制在 960℃，氧化铜为催化剂，促使 CH_4、CO 氧化为二氧化碳；样品燃烧产物接着进入二级燃烧管，二级燃烧管为不锈钢或石英管（见图 7-11），在进气端填银丝，在出气端填氧化铜，中间用刚玉球分隔，银丝的作用是除去燃烧产物中的卤素，氧化铜进一步促使 CH_4、CO 完全氧化为二氧化碳。

（3）气体燃烧产物处理系统：通过吸收试剂将燃烧气体产物的干扰成分（包括硫氧化物和卤素气体）去除，通过铜粒将燃烧气体产物中的残余氧吸收，同时将氮氧化合物还原为氮气。

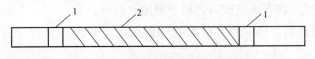

图 7-10 一级燃烧管填充物示意图

1—刚玉球；2—氧化铜

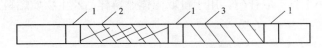

图 7-11 二级燃烧管填充物示意图

1—刚玉球；2—银丝；3—氧化铜

完全燃烧的产物进入还原管（见图 7-12），从进气端按顺序分别填充了钨粒、氧化铜、铜丝、银丝，各层间用刚玉球分隔，钨是强还原剂，还原能力为铜的 4 倍，将氮氧化物转化为氮气，同时除去硫氧化物，此时，部分二氧化碳被还原为一氧化碳，因此，在钨粒后面填充氧化铜，使一氧化碳氧化为二氧化碳，但是部分氮气会被氧化为氮氧化物，所以，接着在氧化铜后面填铜丝，将氮氧化物再次还原为氮气，终端填充的银丝是为了进一步除去残留的卤化物。

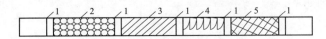

图 7-12 还原管填充物示意图

1—刚玉球；2—钨粒；3—氧化铜；4—铜丝；5—银丝

（4）吸附-解析系统：先将气体产物中的二氧化碳和水蒸气吸附于吸附管中，剩余的载气和氮气穿过吸附管直接进入热导池检测氮气。然后加热吸附管，气体发生脱附作用，水蒸气吸附柱升温到 150℃，水蒸气开始脱附，而二氧化碳吸附柱升温到 250℃，二氧化碳开始脱附，再由载气携带进入热导池进行相应检测。

（5）热导检测系统：即热导检测器，因通过的气体中被检测元素浓度的不同而产生不同的信号。

（6）检测信号采集及处理系统：用于采集测定的热导信号，根据标定试验结果建立的标准值与信号的回归曲线（线性或二次方曲线或三次方曲线），查取相应的元素浓度值。根据抽取的气体的体积、样品的质量计算出样品中碳、氢和氮的含量。

（7）附属部件及消耗品：

1）燃烧坩埚：不锈钢制品，用于盛放样品，可重复使用。

2）烟灰过滤器：过滤因样品爆燃导致的烟灰反冲。

3）燃烧管：一般分为主级燃烧管和次级燃烧管，放置于加热炉内，内装有填充试剂，通过气体管路连接构成燃烧系统。

4）还原管：装有填充试剂，用于消除气体中的干扰成分、残留氧及将燃烧后的氮氧化物还原为氮气。

5）二氧化碳吸附管：装有填充试剂，用于吸附二氧化碳。

6) 水蒸气吸附管：装有填充试剂，用于吸附水蒸气。

燃烧管、烟灰过滤器、还原管和吸附管的试剂填充和拆卸安装方法可参照仪器使用说明书。

（8）电子天平：量程不小于 20g，最小分度值 0.0001g。可单独使用或通过数据传送线与元素分析仪主机联机使用。

（9）试样量取小工具：取样勺，用于量取固体燃料样品及生物质燃料。

7.5.3 试剂

标定用物质及煤标准物质和高温燃烧-红外、热导联合法一致。

所需助燃气体、载气：氧气为高纯（99.995%），氦气为高纯（99.996%）。

仪器专用填充试剂通常为仪器厂商针对自身的特殊方法而配置，一般由厂商提供。

燃烧管填充试剂如下：

（1）石英棉：长绒，纯白色；

（2）刚玉球；

（3）氧化铜；

（4）银丝卷。

还原管填充试剂如下：

（1）石英棉；

（2）刚玉球；

（3）金属网；

（4）钨粒（催化剂）；

（5）氧化铜细粒；

（6）铜粒；

（7）银丝卷。

干燥管填充试剂如下：五氧化二磷。

7.5.4 分析步骤

1. 试验准备

应严格按照仪器生产厂商提供的仪器操作说明书进行仪器准备，主要内容及操作顺序如下：

（1）燃烧管、还原管和吸附管试剂的更换：确认各个填充试剂使用寿命是否到期，若是应及时更换新试剂。

（2）烟灰过滤器和干燥管填充物的更换：确认是否变色失效，若是应及时更换填充物。

（3）废坩埚承接器的清理：确认是否已满，若是应及时清理。一般仪器内设置试剂和废坩埚承接器的计数器（以试验次数计），当试验次数到达设定的数值后会有提示，当更换了试剂及清理后应将计数器重新清零。

（4）助燃气体和载气出口压力的检查：打开助燃气体、载气的气瓶总阀，按照仪器使用说明书中规定,调整减压阀至出口压力达到规定值。

(5) 开机预热:打开仪器电源,并打开仪器气路开关,仪器按照预先设定的程序和参数进行预热,主要参数包括主、次级燃烧管温度、还原管温度、吸附柱温度、热导检测池信号等。待达到规定值后仪器方可进行试验(空白试验、标定试验及测定试验)。

(6) 仪器气路的气密性检查:更换一级燃烧管、二级燃烧管、还原管管中的试剂或打开管线中任何接口后,或者仪器长时间未开机使用,都应作气密性检查。

2. 仪器标定

新购仪器如出厂时未进行标定,或已经标定的仪器工作曲线发生较大变动时应进行仪器标定。

空白试验和建立工作曲线方法同高温、燃烧、红外热导联合法。

3. 日常测试

空白试验、漂移校正试验、测定结果可靠性的核验试验等同高温、燃烧、红外热导联合法。

准确称取 0.050~0.100g 的样品于不锈钢坩埚中(称准至 0.0002g),将已称量过质量的试样放入自动进样装置或手动进样,然后按照仪器操作说明书规定连续进行测定。测定试验结束后,仪器自动计算、保存,并可打印样品中全碳、全氢和全氮的分析结果。结果计算同高温、燃烧、红外热导联合法计算公式。

7.5.5 精密度

生物质燃料样品测试结果的重复性和再现性见表 7-7。

表 7-7   生物质燃料样品测试结果的重复性和再现性(二)

元素	重复性限 r(%)	再现性临界差 R(%)
碳(C_d)	0.51	1.04
氢(H_d)	0.23	0.48
氮(N_d)	0.12	0.28

7.6 电量-重量法

7.6.1 测定原理

一定量的生物质样品燃烧产生二氧化碳和水分,水分与五氧化二磷反应生成偏磷酸,电解偏磷酸,根据消耗的电量计算氢的含量,而二氧化碳由二氧化碳吸收剂吸收,根据吸收剂的增重来计算碳的含量。燃烧产生的硫氧化物和氯用高锰酸银的热解产物除去,氮的氧化物用二氧化锰除去,以消除它们对二氧化碳的干扰。

7.6.2 测定步骤

1. 测定装置与流程

电量-重量法的测定装置与流程如图 7-13 所示,整个装置由氧气净化系统、燃烧系统、铂-五氧化二磷电解池系统、吸收系统等构成。氧气净化系统由净化炉、变色硅胶管、碱石棉管、高氯酸镁管组成，以除去氧气中的二氧化碳、水分等杂质，净化炉中填充线性氧化铜，温度控制在（800±10）℃。燃烧系统由燃烧炉和催化炉组成，燃烧炉温度控制在（800±10）℃，催化炉温度控制在（300±10）℃，催化炉中填充高锰酸银。电解池系统由专用电解池（见图7-14）和积分仪组成，专用电解池套在冷却水套中，池内涂五氧化二磷，电量积分仪数字积分精确到0.001mg氢。吸收系统与三节炉法相同。

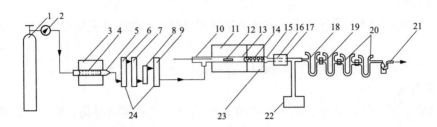

图 7-13　电量-重量法的测定装置与流程

1—氧气钢瓶；2—氧压力表；3—净化炉；4—线性氧化铜；5—净化管；6—变色硅胶；7—碱石棉；8—氧气流量计；
9—无水高氯酸镁；10—带推杆橡皮塞；11—燃烧炉；12—燃烧舟；13—燃烧管；14—高锰酸银热解产物；
15—硅酸铝棉；16—Pt-P_2O_5电解池；17—冷却水套；18—除氮氧化物U形管；19—吸水U形管；
20—吸CO_2U形管；21—气泡计；22—电量积分器；23—催化炉；24—气体干燥管

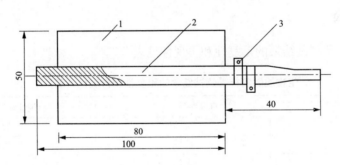

图 7-14　电解池示意图

1—冷却水套；2—池体；3—电极插头

2. 测定步骤

（1）样品测定：选择电解电极的极性（每天互换一次），通入氧气并控制流量在80mL/min，接通冷却水，通电升温。当净化炉、燃烧炉、催化炉达到控制温度时，用燃烧舟称取样品0.070～0.075g，覆盖一层薄薄的三氧化钨，接上质量已恒重的吸收CO_2U形管，保持氧气流量在80mL/min，启动电解至终点，将氢积分值和时间清零。打开带有推杆的橡皮塞，迅速将燃烧舟放入燃烧管入口端，塞上橡皮塞，用推杆推动燃烧舟，使燃烧舟一半进入燃烧炉口，样品燃烧后（约30s），按电解或测定键，将全舟推入燃烧管，停留2min，将燃烧舟推入高温带，约10min后，电解达到终点，取下吸收CO_2U形管，关闭磨口塞，冷却10min，用绒布擦净后称量。若第二支吸收CO_2U形管质量变化不超过0.0005g，忽略不计，记录氢含量读数。

（2）空白值测定：当净化炉、燃烧炉、催化炉达到控制温度时，启动电解至终点。在燃烧舟中加入三氧化钨，将氢积分值和时间清零，打开带有推杆的橡皮塞，迅速将燃烧舟放入燃烧管入口端，直接将燃烧舟推入高温带，按空白键或 9min 后按电解键，达到电解终点，记录显示的氢质量，重复上述试验，直到相邻两次空白试验的结果相差不超过 0.05g，取两次空白试验结果的平均值为当天的空白值。

（3）结果计算：碳元素的计算见式（7-1），而氢元素的计算为

$$H_{cwm} = \frac{m_2 - m_3}{m \times 1000} \times 100\% - 0.119 M_{ad} \tag{7-10}$$

式中：m_2 为测定样品时的氢读数，g；m_3 为空白试验的氢读数，g；m 为样品的质量，g；M_{ad} 为样品的空气干燥基水分，%。

第 8 章

生物质燃料灰熔融性测定

8.1 概述

8.1.1 生物质灰熔融性定义和测定意义

生物质灰熔融性（简称为灰熔点）是固体生物质燃料灰在规定条件下随加热温度变化而产生的变形、软化、半球和流动的特征物理状态。灰熔融性对生物质电站锅炉的安全运行有重要的影响，这是因为生物质的灰熔融性与煤相比较低，生物质灰较易黏结在受热面上，冷却后容易形成积灰和结渣（灰渣堆积在水冷壁、过热器等部位称为结渣，堆积在空气预热器等低温部位称为积灰）。不仅影响金属的传热，给锅炉燃烧带来困难，破坏水循环，还可以堵塞烟气通道，妨碍通风，增加吸风机的负荷，降低锅炉的出力，熔化的灰渣对熔渣段的炉壁和水冷壁也有严重的侵蚀作用。在严重的情况下，在冷灰斗、炉墙、燃烧器上形成渣瘤，迫使停炉。常见生物质燃料灰熔融温度见表 8-1。

表 8-1 不同生物质燃料灰熔融温度

生物质燃料	变形温度（℃）	软化温度（℃）	半球温度（℃）	流动温度（℃）
木材（山毛榉）	1140	1260	1310	1340
木材（云杉）	1110～1340	1410～1640	1630～1700	＞1700
树皮（云杉）	1250～1390	1320～1680	1340～1700	1410～1700
芒属	820～980	820～1160	960～1290	1050～1270
秸秆（小麦）	800～860	860～890	1040～1130	1080～1120
谷物	970～1010	1020	1120～1170	1180～1220
草	890～980	960～1020	1040～1100	1140～1170

生物质灰熔融性取决于生物质中的碳酸盐、硫酸盐、硅酸盐和硫化物等矿物成分。这些矿物成分经高温灼烧，大部分被氧化与分解。反应后的产物的性质与含量是决定生物质灰熔融温度的主要因素，所以生物质中矿物成分的性质及含量的变化，就决定了生物质灰的熔融温度。由于生物质中矿物质的成分及其含量的变动范围很大，因此燃烧时灰分的熔融情况也不相同。

生物质灰熔融性反映了生物质中矿物质在锅炉中的动态变化，测定生物质灰熔融性具有重要意义。

8.1.2 测定方法

生物质灰熔融性测定基本采用煤炭灰熔融性测定方法，主要包括以下几种：

（1）角锥法：将生物质燃料灰样制成一定尺寸的三角锥（简称灰锥），在一定的气体介质中，以一定的升温速度加热，观察灰锥在受热过程中的形态变化，观测并记录它的四个特征温度。这种方法操作比较简单方便，同时效率较高；其缺点是主观误差较大，特别是变形温度（DT）往往很难确定。

（2）熔融曲线法：这种方法是根据测定生物质灰在熔融过程中的曲线形状来判断生物质灰的熔化温度。这种方法效率低，操作也比较繁琐；其优点是测定结果不受主观误差的影响。

（3）热显微镜法：把生物质灰做成边长 3mm 的正立方体，将此立方体置于高温炉中逐渐加热，通过显微镜来观察立方体的变形。变形是通过立方体在坐标上的变化来确定的。其优点是观察比较方便，立方体的尺寸变化显示明显。

8.2 生物质灰熔融性测定方法

国家标准 GB/T 30726—2014《固体生物质燃料灰熔融性的测定方法》推荐的生物质燃料灰熔融性测定方法是角锥法，因此本节所讲述的生物质燃料灰熔融性测定方法即为角锥法。

8.2.1 方法提要

将生物质灰制成一定尺寸的三角锥体，在一定的气体介质中，以一定的升温速度加热，观察灰锥在受热过程中的形态变化，测定它的四个熔融特征温度——变形温度、软化温度、半球温度和流动温度。

8.2.2 特征温度定义

生物质灰是生物质中矿物质在高温下发生一系列化学反应后的产物，它的主要成分包括硅酸盐、碳酸盐、磷酸盐、金属氧化物等，因而没有固定的熔点，它是在规定条件内的熔融状态。灰熔融性测定方法规定了灰锥样品在熔融过程的四个特征温度，这四个特征温度分别介绍如下：

（1）变形温度：在灰熔融性测定中，灰锥尖端或棱开始变圆或变弯曲时的温度，以 DT 表示（见图 8-1 中的 DT）。

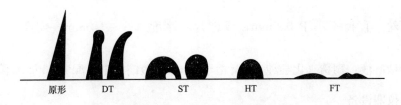

图 8-1 灰锥熔融特征示意图

（2）软化温度：在灰熔融性测定中，灰锥弯曲至锥尖触及托板或灰锥变成球形时的温度，以 ST 表示（见图 8-1 中的 ST）。

（3）半球温度：在灰熔融性测定中，灰锥形态变成近似半球形，即高约等于底长的一半时的温度，以 HT 表示（见图 8-1 中的 HT）。

（4）流动温度：在灰熔融性测定中，灰锥融化展开成高度小于 1.5mm 的薄层时的温度，以 FT 表示（见图 8-1 中的 FT）。

这四个特征温度中软化温度最重要，它用来表征熔融特性。

8.2.3 试剂和材料

（1）氧化镁：工业品，研细至粒度小于 0.1mm。

（2）碳物质：灰分低于 15％，粒度小于 1mm 的无烟煤、石墨或其他碳物质。

（3）有证煤灰熔融性标准物质：可用来检查试验气氛性质的有证煤灰熔融性标准物质。

（4）二氧化碳：99.5％纯度。

（5）还原性气体：氢气为 99.5％纯度；或一氧化碳为 99.5％纯度。

（6）刚玉舟（见图 8-2）：耐温 1500℃以上，能盛足够量的碳物质。

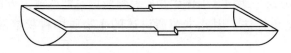

图 8-2　刚玉舟

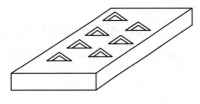

图 8-3　灰锥托板

（7）灰锥托板（见图 8-3）：在 1500℃不变形，不与灰锥发生反应，不吸收灰样。制作方法如下：取适量氧化镁，用糊精溶液润湿成可塑状。将灰锥托板模的垫片放入模座，用小刀将氧化镁铲入模中，用小锤轻轻锤打成型。用顶板将成型托板轻轻顶出，先在空气中干燥，然后在高温炉中逐渐加热到 1500℃。除氧化镁外，也可用三氧化二铝粉或等质量比的高岭土和氧化铝粉混合物制作托板。

（8）三氧化二铝：工业品。

（9）高岭土：工业品。

（10）可溶性淀粉：工业品。

（11）玛瑙研钵。

（12）金丝：直径不小于 0.5mm，或金片，厚度 0.5～1.0mm，纯度 99.99％，熔点 1064℃。

（13）钯丝：直径不小于 0.5mm，或钯片，厚度 0.5～1.0mm，纯度 99.9％，熔点 1554℃。

（14）糊精溶液：糊精（化学纯）10g 溶于 100mL 蒸馏水中，配成 100g/L 溶液。

8.2.4 仪器设备

（1）高温加热炉：凡符合下述条件的高温炉都可用于生物质灰熔融性的测定。

1）有足够的恒温区，区内各部位温差小于 5℃，恒温区的大小以能容纳灰锥并稍有余地为准。

2）能按规定的升温速度加热至 1500℃。

3）炉内气氛可控制为弱还原性。

4）能在试验过程中观察试样形态变化。

常用的管式硅碳管高温炉结构如图 8-4 所示。

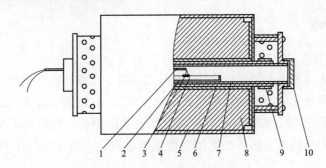

图 8-4　管式硅碳管高温炉结构

1—热电偶；2—硅碳管；3—灰锥；4—刚玉舟；5—炉壳；6—刚玉管外套管；

7—刚玉管内套管；8—保温材料；9—电极片；10—观察孔

（2）热电偶及高温计：测量范围 0～1500℃，最小分度 1℃，加气密刚玉管保护套使用。高温计和热电偶至少每年校准一次，校准方法如下。

1）用标准热电偶校准高温计和热电偶。

2）在日常测定条件下，定期观测金丝的熔点（如可能）和钯丝的熔点。如果观测到的熔点与金丝和钯丝标准熔点差值超过 10℃，则重新进行调节或校准。

（3）灰锥模子（见图 8-5）：由对称的两个半块组成，用黄铜或不锈钢制作。

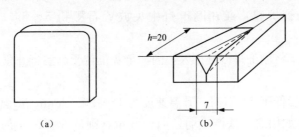

图 8-5　灰锥模子

（a）挡板；（b）锥模

（4）灰锥托板模：由模座、垫片和顶板三部分构成，采用硬木或其他坚硬材料制作。

（5）常量气体分析仪：可测量一氧化碳、二氧化碳和氧气的含量。

8.2.5　试样形状及试验气氛的控制

（1）形状：试样为三角锥体，锥高 20mm，底为边长 7mm 的正三角形，锥体的一侧面垂直于底面。

（2）试验气氛的控制：在工业锅炉和气化炉中，成渣部位的气体介质大都呈弱还原性，因此生物质灰熔融性的测定就在模拟工业条件的弱还原性气氛中进行。采用弱还原性气氛，可用通气法或封碳法控制。

1）通气法：炉内通入体积百分比为（50±10）％的 H_2 和（50±10）％的 CO_2 的混合气或者通入体积百分比为（60±5）％的一氧化碳和（40±5）％的 CO_2 的混合气。

2）封碳法：炉内封入碳物质（如封入石墨、无烟生物质、木炭等）。

8.2.6 测定步骤

1. 灰锥的制备

取一定量的固体生物质燃料试样，按 GB/T 28731—2012《固体生物质燃料工业分析方法》的规定使其完全灰化，然后用玛瑙研钵研细至 0.1mm 以下。取 1～2g 生物质灰放在瓷板或玻璃板上，用数滴 10％的糊精水溶液润湿并调成可塑状，然后用小尖刀铲入灰锥模中挤压成型。用小尖刀将模内灰锥小心地推至瓷板或玻璃上，置于空气中风干或于 60℃下烘干备用。

除糊精外，可视生物质灰的可塑性而选用水、10％的可溶性淀粉溶液。在调制生物质灰时要注意不要将生物质灰调制得太干或太稀，太干则制备出的灰锥太松散，在往灰锥托板固定时灰锥易碎；太稀则调出的灰太软，制出的灰锥锥尖易弯。

2. 在弱还原性气氛中测定

用 10％的糊精水溶液将少量镁砂调成糊状，用它将灰锥固定在灰锥托板的三角坑内，并使灰锥垂直于底面的侧面与托板表面相垂直。

将带灰锥的托板置于刚玉舟的凹槽上。如用封入含碳物质的方法来产生弱还原性气氛，则预先在刚玉舟内放置足够量的碳物质，炉内封入的碳物质种类和数量根据炉膛大小和密封性用试验的方法确定。一般是在刚玉舟中央放置石墨粉 15～20g，两端放置无烟煤 30～40g（对于气疏的高刚玉管炉膛）或在刚玉舟中央放置石墨粉 5～6g（对于气密的刚玉管炉膛）。

打开高温炉炉盖，将刚玉舟慢慢推入炉内，至灰锥位于高温带并紧邻热电偶热端（相距 2mm 左右）。

关上炉门，当炉温低于 700℃ 时，升温速度为 15～20℃/min。炉温超过 700℃ 时，升温速度为 4～6℃/min。如用通气法产生弱还原性气氛，则从 600℃ 开始通入氢气（或一氧化碳）和二氧化碳混合气体以排除空气，通气速度以能避免空气漏入炉内为准。流经灰锥的气体线性速度不低于 40mm/min，对于气密的刚玉管炉膛为 800～1000mL/min。

随时观察灰锥的形态变化（调温下观察时，需戴上墨镜），记录灰锥的四个熔融性温度 DT、ST、HT 和 FT。在可清晰地看到炉内锥体形状时（700～800℃），应先观察一下灰锥的形状，如灰锥的高度、锥尖的情况等，以便于在观测 DT 时做到对原锥样心中有数。

待全部灰锥都达到流动温度 FT 或炉温升至 1500℃ 时结束试验。

待炉子冷却后，取出刚玉舟，拿下托板仔细检查其表面，如发现试样与托板共熔，则应另换一种托板重新试验。

3. 用自动测定仪测定

使用带有自动判断功能的自动测定仪时，测定后应对记录下来的图像进行人工核验，且应经常用标准物质检查试验气氛。

8.2.7 特征熔融温度判别

1. 变形温度 DT 判别

变形温度 DT 判别可以根据以下几点：

（1）锥形尖开始变圆时的温度即为 DT。

（2）锥尖开始变弯时的温度为 DT，但此时要注意，对于某些灰样，其锥尖已经微弯，但锥尖依然很尖，丝毫没有变圆的迹象，此时还没有到达 DT。

（3）有时会出现锥体整体倾斜而锥体不变的情况。这种情况一般由于锥体固定不牢或做锥时力量不均所致，此时不记为 DT。

2. 软化温度 ST 判别

软化温度 ST 判别可以根据以下几点：

（1）锥体弯曲至锥尖触及托板、锥变成球形时的温度为 ST。

（2）某些情况下，锥体的高度已经等于（或小于）底长了，但并没有变成球形，此时不为 ST。例如，有时锥体从底部倒塌向前方或后方，但观测者只能见到锥体的底部（即为一三角形），这时样块的高度等于或小于底长，但此时的温度不是 ST。

（3）当出现锥体倒塌的情况时，应重新测定。因为锥体倒塌后，其侧面接触到托板，使其与托板的接触面积大于锥体不倒塌时的接触面积，也就是说锥全倒塌后锥体受热面积大了。故有时同一个样品，没有倒塌的灰锥还未到达 ST 状态，而同样温度下，倒塌的灰锥已经到达 ST 状态了。所以，灰锥倒塌后其结果是不准确的。

3. 流动温度 FT 判别

流动温度 FT 判别可以根据以下几点：

（1）试样熔化成液体或形成高度在 1.5mm 以下的薄层时的温度为 FT。

（2）当可看到试样表面上有一道亮线时，试样已熔化成液体。

（3）当在 ST 后，试样表面有明显的起伏现象，说明试样已成液体。此时即使试样高度在 1.5mm 以下，也应将此时温度记为 FT。

（4）有的生物质灰在高温下明显缩小到接近消失，但并未"展开"成薄层，此时不记为 FT。

（5）当锥体倒塌时，应重新测定。

8.2.8 炉内气氛性质的检查

实验室应定期或不定期地检查炉内气氛性质，有两种检查炉内气氛性质的方法：标准物质测定法和取气分析法。

1. 标准物质测定法

用有证煤灰熔融性标准物质制成灰锥，测定其四个熔融特性温度。如果实际测定值与弱还原性气氛下的标准值相差不超过 40℃，则证明炉内气氛为弱还原性；如果超过 40℃，则可根据它们与氧化性和强还原性气氛中的参比值的接近程度以及刚玉舟内碳物质的氧化程度来判断炉内气氛，并加以调整。

2. 取气分析法

（1）炉内气体的抽取：用一根刚玉管从炉子高温带以 6～7mL/min 的速度抽取气体。抽

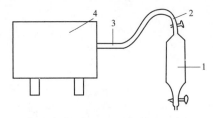

图 8-6　炉内气体抽取装置
1—取气瓶；2—乳胶管；
3—刚玉管；4—高温炉

气时，可以用小抽气泵，也可以用图 8-6 所示的方法。

使用时，先将取气瓶中充满饱合食盐水。抽气时，将取气瓶上、下方的塞子旋下，使瓶中食盐水慢慢流下，控制流速为 6～7mL/min，这样即可按要求抽取出气体。

（2）气体分析：取出的气体可以用红外气体分析仪等气体分析装置进行分析，也可以用较简单的奥氏气体分析仪进行分析。

当使用奥氏气体分析仪进行分析时，可按如下方法配置气体吸收液，试剂为三级纯试剂即可。

1）用 200mL 水溶解 100g 氢氧化钠或氢氧化钾，用来吸收二氧化碳。

2）用 200mL 水溶解 32g 邻三苯酚 $C_6H_3(OH)_3$ 及 60g 氢氧化钾或氢氧化钠，用来吸收氧气。

3）用 50mL 水溶解 30g 氯化亚铜和 40g 氯化钠及 120mL 浓氨水，用来吸收一氧化碳。

4）用 200mL 水溶解 40mL 浓硫酸，用来吸收 3）中溶液吸收一氧化碳时放出的氨。

5）封闭液：可用 10％的硫酸溶液做封闭液，并加几滴甲基红。

（3）炉内气氛的判断：如在 1000～1300℃ 范围内还原性气体（一氧化碳、氢气和甲烷等）体积百分比为 10％～70％，同时在 1100℃ 以下还原性气体时一氧化碳和二氧化碳体积比不大于 1，氧含量不大于 0.5％，则为弱还原性气氛。

8.2.9　方法精密度和结果表述

计算重复测定值的平均值，并化整到 10℃ 时报出。方法的精密度见表 8-2。

表 8-2　　　　　灰锥四个熔融特征温度的重复性限和再现性临界差

特征温度	重复性限（℃）	再现性临界差（℃）
变形温度（DT）	60	—
软化温度（ST）	40	80
半球温度（HT）	40	80
流动温度（FT）	40	80

8.3　影响生物质灰熔融性结果的因素

生物质灰成分和炉内气氛是影响生物质灰熔融性的两个主要因素，前者是内因，后者是外因，但两者又互相影响。

8.3.1　生物质灰化学组成的影响

生物质灰是一种混合物，化学组成比较复杂，通常包括 SiO_2、Al_2O_3、Fe_2O_3+FeO、CaO、MgO、Na_2O+K_2O 等氧化物，生物质中 K、Na 等碱金属含量较高，成灰后碱金属氧化物含量也高，其熔点较低；同时灰中氧化物在高温下互相作用形成较低熔点的共熔体，此外,还具备其他溶解在灰中高熔点矿物质的性能,因此,生物质灰熔融性普遍低于煤炭灰熔融性。表 8-3 列出了各种氧化物在纯净情况下的熔点温度。

表 8-3　　　　　　　　　　　灰中各种氧化物在纯净情况下的熔点温度

氧化物名称	熔点（℃）	氧化物名称	熔点（℃）
SiO_2	1625	Fe_2O_3	1565
Al_2O_3	2050	FeO	1420
CaO	2800	KNaO	800～1000
MgO	2570		

各种氧化物的影响基本上可归为三类,分别叙述如下:

(1) SiO_2:对灰熔点的影响较为复杂,它与 Al_2O_3 形成的黏土 $SiO_2 \cdot Al_2O_3$ 熔点较高(为 1850℃),两者的含量比值为 1.18 时熔点最高,随着比值增加,熔点降低,其原因是有游离的二氧化硅存在,此时游离的二氧化硅与碱金属形成较低熔点的共熔体,但随着游离的二氧化硅更多时,熔点反而升高。

(2) Al_2O_3:能提高生物质灰熔融温度,当其含量高于 40% 时,ST 一般会超过 1500℃,而其含量高于 30% 时,ST 一般会超过 1300℃。

(3) 碱金属:主要指 Fe_2O_3、FeO、CaO、MgO、Na_2O、K_2O 等,碱金属一般降低熔点温度,CaO、MgO 与 Al_2O_3 形成 $CaO \cdot MgO \cdot Al_2O_3$ 共熔体,熔点较低,只有 1170℃,而且易形成短渣,但 CaO、MgO 的含量超过 25%～30% 时,反而提高熔点,因为其本身纯净物的熔点就较高;Na_2O、K_2O 促进低熔点的共熔体形成,起降低熔点的作用;氧化铁的影响与气氛有关。

8.3.2 气氛的影响

灰熔融性测定必须明确测定气氛,弱还原性、氧化性、强还原性气氛下同一样品的灰熔融性差距较大,原因是测定气氛影响铁元素的赋存状态,使其呈现不同铁价态:在弱还原气氛下,以 FeO 存在,FeO 熔点为 1420℃;在强还原气氛下,以 Fe 存在,Fe 的熔点为 1535℃;在氧化气氛下,以 Fe_2O_3 存在,Fe_2O_3 的熔点为 1565℃。此外,FeO 与 SiO_2 形成 $2FeO \cdot SiO_2$ 共熔体,熔点较低,只有 1056℃;而氧化气氛中可形成较高熔点的共熔体,因此,弱还原气氛的灰熔点最低,而氧化气氛的灰熔点最高。

8.3.3 升温速度的影响

当升温速度太快时,锥体的实际温度比高温计显示的温度要低,故而使得测定的熔融温度偏高;当升温速度太慢时,会使测定周期延长。

因此,国家标准 GB/T 30726—2014《固体生物质燃料灰熔融性的测定方法》中对升温速度做出了规定,必须严格遵守。

第 9 章

生物质燃料飞灰可燃物检测技术

飞灰可燃物是指生物质在燃烧过程中不完全燃烧产物中扣除不可燃部分后的那部分。它不仅包括可燃的碳、氢、氮、硫等元素，还包括有机氧元素。有机氧元素虽然不直接燃烧，但它在分子结构上与可燃的有机碳、氢、氮、硫等元素紧密结合，事实上参与了燃烧过程，所以实际中可燃物包括有机氧元素。飞灰可燃物可以反映锅炉燃烧情况，反映生物质燃尽程度和燃烧效率，碳的不完全燃烧是锅炉燃烧损失的重要因素，精确和及时检测飞灰含碳量是提高锅炉运行效率的重要手段。

飞灰可燃物的检测方法包括以下几种：

（1）直接测定法：直接测定灰渣可燃物中的碳、氢、氮、硫等可燃元素及有机氧元素，简称 DDM 法。

（2）间接差减法：先测出灰渣可燃物中灰分、水分等不可燃部分，然后减去该部分得出可燃物含量，简称 IDM 法。

碳的不完全燃烧是锅炉燃烧损失的重要因素，精确和及时检测飞灰含碳量是提高锅炉运行效率的重要手段。飞灰含碳量的检测方法众多，微波以其相关特性在飞灰含碳量检测中占重要位置。微波测碳法是目前国内外普遍认可的飞灰含碳量检测方法。在国内外，现今的飞灰含碳量测量方法主要有流化床 CO_2 测量法、光学燃烧法、重量燃烧法、红外线测量法、放射法和微波法。其中，微波法的应用在国内外受到广泛关注。

生物质在燃烧过程中要经历体积膨胀和收缩两个过程。

飞灰含碳量的微波测量方法按照其测量原理通常分为微波谐振法和微波吸收法。

9.1 微波谐振法

微波谐振法的测量原理是利用飞灰中的碳对微波谐振腔特性的影响程度来分析计算飞灰的含碳量，其原理如图 9-1 所示。

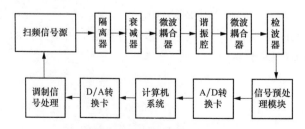

图 9-1 微波谐振法测飞灰含碳量的原理

谐振腔是能够实现电场能和磁场能相互交替变化的一种电磁振荡系统。谐振时能够实现电场能和磁场能的等幅值变化，失谐时不能够自行实现能量的相互转化，这就使得谐振腔具有选频特性。只要在谐振腔中引入小体积介质产生微扰，就会导致谐振频率等参量的变化，测量扰动后的值，结合微扰前的量值，计算谐振腔参量的改变量，从而确定介质的物理性质。用幅度和频率来描述微波的特性，微扰前谐振腔中的电场和磁场可用下式表示

$$E = E_0 e^{j\omega t} \tag{9-1}$$

$$H = H_0 e^{j\omega t} \tag{9-2}$$

式中：E_0、H_0 为谐振腔中位置的函数。

将飞灰样引入谐振腔后，谐振腔的电磁场变为

$$E_1 = (E_0 + \Delta E) e^{j(\omega + \Delta \omega)t} \tag{9-3}$$

$$H_1 = (H_0 + \Delta H) e^{j(\omega + \Delta \omega)t} \tag{9-4}$$

式中：ΔE、ΔH 为电磁场附加改变量；$\Delta \omega$ 为角频率改变量。

设 f_0 为腔体的谐振频率；Δf_0 为由微扰引起的谐振频率的变化量，则微扰引入后有

$$\Delta f_0 = f_0 k (\varepsilon_0 - 1) \frac{V'}{V} \tag{9-5}$$

式中：V' 为介质体积；V 为腔体体积；k 为与腔体形状有关常数；ε_0 为介质常数（与飞灰含碳量有关）。

由式（9-5）可知飞灰含碳量与微波谐振频率间存在确定的关系，结合图 9-1，可以建立基于微波谐振法的飞灰含碳量监测系统。

9.2 微波吸收法

微波吸收法是利用飞灰中的碳对特定波长微波的吸收和对微波相位的影响来测量飞灰含碳量，其原理如图 9-2 所示。

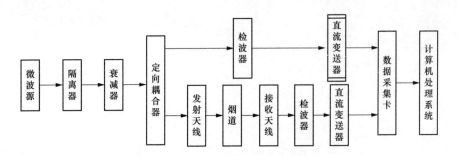

图 9-2 微波吸收法测飞灰含碳量的原理

从微波性质方面对飞灰进行分析，纯飞灰为中性电介质。由于石墨碳的电导率 $\sigma \neq 0$，当其存在于微波场中时，石墨微粒在微波的照射下会产生感应电流，主要表现为对电场功率密度的损耗，因此飞灰中的碳对微波有衰减作用，而且含碳量越多，衰减就越大。

微波经介质层（飞灰）传输后的功率可表示为

$$P = P_0 \exp(-2\gamma l) \tag{9-6}$$

式中：P_0 为微波输入功率；l 为穿过的介质层厚度；γ 为微波传播常数。

当微波系统安装位置确定后，介质层厚度 l 是个常量，由式（9-6）可知微波的衰减功率只和传播常数 γ 有关。而传播常数 γ 取决于飞灰的成分，根据微波传播性质及相关研究结论，有

$$\gamma^2 = (\alpha + i\beta)^2 = (\alpha^2 - \beta^2) + j2\alpha\beta = -\omega^2\mu\left(\varepsilon - j\frac{\alpha}{\omega}\right) \tag{9-7}$$

由此得

$$\alpha = \omega\sqrt{\frac{\mu\varepsilon}{2}\left[\sqrt{1+\left(\frac{\sigma}{\omega\varepsilon}\right)^2}-1\right]}, \quad \beta = \omega\sqrt{\frac{\mu\varepsilon}{2}\left[\sqrt{1+\left(\frac{\sigma}{\omega\varepsilon}\right)^2}+1\right]} \tag{9-8}$$

式（9-8）表明，衰减常数 α 和相位常数 β 不仅与介质的参数 ε、μ、σ 有关，还与微波的频率 μ 有关。结合上述飞灰的介绍，可以发现微波通过飞灰介质导致功率衰减是由飞灰中所含的碳引起的，微波功率衰减与飞灰含碳量之间存在确定的对应关系。从式中可以看出，微波在含碳飞灰介质中传输，当微波的频率 ω 一定时，相位常数 ρ 就与介质的 ε、σ 之间存对应关系。而不同含碳量的飞灰，其 ε、σ 不同，因此，相位的变化与飞灰含碳量的变化存在确定的关系。

还有研究表明

$$A/\mu = k \tag{9-9}$$

$$A = 10\lg(P_0/P) \tag{9-10}$$

式中：A 为微波功率衰减；μ 为飞灰浓度，kg/m^2；k 为与飞灰含碳量相对应的常数。式（9-9）表明，飞灰中的含碳量越大，其电介质损耗越强。

由于生物质燃烧过程中产生的飞灰与煤炭燃烧过程中产生的飞灰性质几乎一致，因此，鉴于微波测碳技术在煤炭燃烧过程飞灰测试中的广泛适用，利用微波测碳技术测定生物质燃烧过程中产生的飞灰是合情合理的。

第 *10* 章

固体生物质燃料灰成分检测

10.1 固体生物质燃料灰的化学组成及灰样制备

10.1.1 固体生物质燃料灰的化学组成

固体生物质燃料中除了碳、氢、氧等有机物之外，还含有一定数量的钾、钠、硫、磷等无机矿物质。在生物质热化学转化利用过程中，其中的无机矿物质及含有金属的有机物便形成了残渣，这个残渣就是灰分。灰的化学组成以氧化物的质量分数来表示，通常测定的组分主要指 SiO_2、Al_2O_3、Fe_2O_3、CaO、MgO、P_2O_5、Na_2O、K_2O、SO_3、TiO_2。形成灰分和盐的元素（如 Si、Ca、Mg、K 和 Na）对燃烧过程很重要。Ca 和 Mg 通常会提高灰分的熔解性能，K 则相反。Si 与 K 结合在一起可在飞灰颗粒中形成低熔点的硅酸盐。一方面，这些过程对于避免灰分在炉排烧结和熔融很重要；另一方面，避免了飞灰结渣及在炉墙和换热器表面上沉积。生物质灰中与燃烧相关元素含量的含量范围见表 10-1。

表 10-1 生物质灰中与燃料相关元素的含量范围（干基）

元素（干基）	木屑（云杉）（%）	树皮（云杉）（%）	秸秆（小麦）（%）	谷物（小麦）（%）
Si	4.0～11.0	7.0～17.0	16.0～30.0	16.0～26.0
Ca	26.0～38.0	24.0～36.0	4.5～8.0	3.0～7.0
Mg	2.2～3.6	2.4～5.6	1.1～2.7	1.2～2.6
K	4.9～6.3	2.4～5.6	1.1～2.7	12.0～2.6
Na	0.3～0.5	0.5～0.7	0.2～1.0	0.2～0.5
Zn	260～500	300～940	60～90	120～200
Cd	3.0～6.6	1.5～6.3	0.1～0.9	0.1～0.8

固体生物质燃料中 K、Na 等碱金属成灰元素易形成腐蚀性物质，使下游设备产生高温腐蚀。生物质中碱金属元素的含量随着生物质的生长条件及其生长环境的不同而不同。根据热化学转化工艺和采用的具体的反应器类型的不同，这些碱金属元素分布在转化产物（底灰、飞灰和气体）中的份额也不同，与碱金属有关的问题也有不同的表现形式。对于使用燃气轮机的生物质整体气化联合循环发电技术（BIGCC）系统，生物质气化产品气中的碱金属物质可能造成透平叶片表面的高温腐蚀，降低运行效率；在高温燃烧环境下，碱金属及其相关化合物可能在炉膛内形成熔渣或进入气相，以蒸气和飞灰颗粒的形式沉积于尾部受热面；在采用流化床作为燃烧或气化反应器时，生物质原料中的碱金属可能与床料反应形成低熔点共晶化合物而引起颗粒聚团，降低流化质量，甚至造成失流化。所有上述问题都会导致设备

维护费用上升，降低设备的可用率和缩短运行周期。鉴于生物质中无机组分是生物质灰分的主要物质来源及其对热化学转化设备的危害，研究不同的生物质灰中矿物分布特征及其灰特性，对于生物质热化学利用及其利用设备的受热面结渣与沾污的防治、灰资源化利用与污染控制等具有重要意义。

10.1.2　固体生物质燃料灰成分分析方法概述

对于 Fe_2O_3、CaO、MgO、K_2O、Na_2O、P_2O_5 的测定采用 HF-HCl 分解固体生物质燃料灰样，然后用原子吸收法测定 Fe_2O_3、CaO、MgO、K_2O、Na_2O，P_2O_5 的测定采用磷钼蓝分光光度法，SiO_2、Al_2O_3、TiO_2 三项指标的测定采用半微量分析法。常规分析方法根据称样量的不同又分为常量法和半微量法，常量法称样量为 0.5g，而半微量法称样量为 0.1g。即用氢氧化钠熔融固体生物质燃料的灰样，再用盐酸酸化后，定容。然后分取溶液，用硅钼蓝分光光度法测定 SiO_2，用氟盐取代 EDTA 络合滴定法测定 Al_2O_3，用二安替吡啉甲烷分光光度法测定 TiO_2。

对于固体生物质燃料灰中 SO_3 的测定，可以采用经典分析方法——硫酸钡质量法和较为快速的方法——库仑法。因为考虑到固体生物质燃料灰中氯含量相对较高，而就库仑法的方法原理来说，氯对库仑法测定 SO_3 有干扰。经过对库仑法测定固体生物质燃料灰中 SO_3 的可行性进行考察研究后发现，库仑法不适用于固体生物质燃料灰中 SO_3 的测定，固体生物质燃料灰中 SO_3 的测定采用硫酸钡质量法。

10.1.3　固体生物质燃料灰成分灰样制备

称取一定量的固体生物质燃料于灰皿中，使其每平方厘米不超过 0.15g，将灰皿送入马弗炉中，按国家标准 GB/T 28731—2012《固体生物质燃料工业分析方法》中规定的程序进行灰化。取出冷却后，用玛瑙乳钵将灰样研细到 0.1mm 以下。然后，再置于灰皿内，于 $(550\pm10)℃$ 下再灼烧不少于 30min，直至其质量变化不超过灰样质量的千分之一为止，即为质量恒定。取出，于空气中放置约 5min，转入干燥器中。如不能及时称样，则需在称样前于 $(550\pm10)℃$ 下再灼烧 30min。

10.2　固体生物质燃料中 SiO_2、Al_2O_3、TiO 的测定

10.2.1　灰样熔融与溶解（氢氧化钠碱熔法）

称取灰样 0.1g（称准至 0.0002g）于 30mm 的银坩埚中，加几滴乙醇润湿，表面加氢氧化钠 2g，盖上坩埚盖，放入高温炉中，1~1.5h 缓慢加热到 650~700℃，熔融 15~20min，取出稍冷，擦净坩埚外壁，放置于 250mm 的烧杯，加入 150mL 沸水，立即盖上表面皿，待激烈反应结束后，用极少量（1：1）盐酸和热水交替冲洗坩埚和坩埚盖，此时，溶液体积为 180mL。在不断搅拌的条件下加盐酸 20mL，在电炉上微沸 1min，迅速冷却至室温，转入 250mL 的容量瓶，稀释至刻度，摇匀，装入塑料瓶待用。此方法适用于常量分析。在不加入灰样的情况下，其他步骤同上，得到空白试液。

10.2.2 二氧化硅的测定（硅钼蓝分光光度法）

1. 测定原理

在乙醇的存在下，于 0.1mol/L 的盐酸介质中，正硅酸与钼酸生成硅钼黄，然后提高到 2.0mol/L 以上，用抗坏血酸还原硅钼黄为硅钼蓝，采用示差分光光度法测定二氧化硅的含量。反应式如下：

在弱酸介质中，正硅酸与钼酸生成黄色硅钼杂多酸

$$H_4SiO_4 + 12H_2MoO_4 \longrightarrow H_8[Si(Mo_2O_7)_6] + 10H_2O$$

在还原剂的作用下，正六价的钼还原为正五价的钼，生成蓝色的硅钼杂多酸

$$[Si(Mo_2O_7)_6]^{8-} + 2e \longrightarrow [Si(Mo_2O_5)(Mo_2O_7)_5]^{6-} + 2O^{2-}$$

蓝色的硅钼杂多酸色度与硅的含量成正比，因此，在波长 620nm 处测定其消光度就可以测定硅的含量。

2. 试剂

（1）乙醇。

（2）盐酸溶液：体积比为（1+9）、（1+11）。

（3）钼酸铵溶液：50g/L。称取钼酸铵 $[(NH_4)_6Mo_7O_{24}-4H_2O]$5g 溶于水中，用水稀释至 100mL，过滤后，储存于聚乙烯瓶中。

（4）抗坏血酸溶液：10g/L，现用现配。

（5）二氧化硅标准储备溶液：1mg/mL。配制方法有以下两种：

1）准确称取已在（1000±10）℃下灼烧 30min 的光谱纯二氧化硅 0.5000g（称准至 0.0002g）于已有优级纯无水碳酸钠 5g 的铂坩埚中，混匀，表面再覆盖优级纯无水碳酸钠 1g，盖上坩埚盖，置于高温马弗炉中，由室温缓慢升至 950～1000℃，熔融 40min。取出坩埚，用水激冷后，擦净坩埚外壁，置于 250mL 塑料杯中，加沸水约 100mL 浸取，立即盖上表面皿，待剧烈反应停止后，用热水洗净坩埚和盖，熔块完全熔解后，冷至室温，移入 500mL 容量瓶中，用水稀释至刻度，摇匀，立即转入聚乙烯瓶中保存备用。

2）准确称取光谱纯二氧化硅 0.5000g（称准至 0.0002g）于银坩埚中，加几滴乙醇润湿，加氢氧化钠 4g，盖上坩埚盖，放入马弗炉中，由室温缓慢升至 650～700℃，熔融 15～20min，取出坩埚，用水激冷后，擦净坩埚外壁，放于 250mL 塑料杯中，加沸水约 150mL 浸取，立即盖上表面皿，待剧烈反应停止后，用热水洗净坩埚和盖，熔块完全熔解后，冷至室温，移入 500mL 容量瓶中，用水稀释至刻度，摇匀，立即转入聚乙烯瓶中保存备用。

（6）二氧化硅标准工作溶液：0.05mg/mL。

准确吸取二氧化硅标准储备溶液 25mL，在不断搅拌下放入内有盐酸溶液 100mL 的 400mL 烧杯中，加水约 100mL，加热煮沸 1min，取下，立即冷至室温。移入 500mL 容量瓶中，用水稀释至刻度，摇匀。

3. 分析步骤

（1）工作曲线的绘制：

1）准确吸取二氧化硅标准工作溶液 0、5、10、15、20、25、30mL，分别注入 100mL 容量瓶中，依次加入盐酸溶液 5、4、3、2、1、0、0mL，加水至 27mL，加乙醇 8mL，加钼酸

铵溶液 5mL，摇匀，在 20~30℃下放置 20min。

2）加盐酸溶液 30mL，摇匀，放置 1~5min，加入抗坏血酸溶液 5mL，摇匀，用水稀释至刻度，摇匀。放置 1h 后，用 1cm 比色皿，于波长 620nm 处，测定吸光度。

3）以二氧化硅的质量（mg）为横坐标，吸光度为纵坐标，绘制工作曲线。

（2）样品的测定：

1）准确吸取试样溶液和空白溶液各 5mL，分别注入 100mL 容量瓶中，加乙醇 8mL，水约 20mL，钼酸铵溶液 5mL，摇匀，在 20~30℃下放置 20min。

2）按（1）中 2）进行操作。

3）将（1）中 3）测得的吸光度做空白校正后，在工作曲线上查出相应的二氧化硅的质量（mg）。

（3）结果计算：二氧化硅的质量分数 SiO_2（%）按以下公式计算

$$SiO_2(\%) = \frac{V_1 \times m_{SiO_2} \times 10^{-3}}{V \times m} \times 100\% \tag{10-1}$$

式中：m_{SiO_2} 为由工作曲线上查得的二氧化硅的质量，mg；m 为灰样的质量，g；V 为准确吸取试样溶液的体积数，mL；V_1 为制备试样溶液的体积，mL，以 250 计；10^{-3} 为 m_{SiO_2} 由单位为 mg 转换成单位为 g 的换算系数。

计算结果按国家标准 GB/T 21923—2008《固体生物质燃料检验通则》数字修约规则，修约至小数点后两位。

（4）方法精密度：二氧化硅测定结果的精密度见表 10-2。

表 10-2　　　　　　　　　　　　二氧化硅测定结果的精密度

质量分数（%）	重复性限（%）
<10.00	0.30
10.00~60.00	0.70
>60.00	1.00

（5）分析过程的干扰因素及解决措施：硅钼蓝的显色是否完全和稳定取决于硅钼黄的显色是否完全和稳定，黄色硅钼杂多酸包括 α 型和 β 型两种形态，这两种形态的杂多酸的消光度差别较大，而且，它们生成蓝色的硅钼杂多酸后的消光度差别也很大。一般情况下，在 pH 为 2~4 时，主要生成 α 型黄色硅钼杂多酸，性质较稳定，经过还原之后，生成绿蓝色的硅钼蓝，其光谱的吸收峰位在 750nm，但是在这个酸度下有很多金属离子容易水解，同时，能够适用的还原剂也不多，因此，此方法目前应用很少。在 pH 为 1.3~1.5 的溶液中，也就是溶液的酸度为 0.1mol/L 时，生成 β 型的黄色硅钼杂多酸，颜色较深，但稳定性较差，容易转化为 α 型，而且，温度越高转化越快，但是生成蓝色的硅钼杂多酸后十分稳定，并且在这个酸度下可避免某些金属离子的水解，也容易生成硅钼蓝，其生成的硅钼蓝在可见光区域内的消光度比 α 型高，因此，得到广泛应用。

除了酸度是决定生成的硅钼黄是 α 型的还是 β 型的外，温度也是一个重要的影响因素。试验证明，温度越高，显色越快；当温度超过 30℃时，显色时间越长，稳定性越差，自发转化为 α 型的可能性越大，因此，选定的温度为 20~30℃，显色时间为 15~20min。加入某些水溶性的有机溶剂（如乙醇、丙酮），有利于提高络合物的显色速度和增强稳定性，试验表明，当乙醇加入量达到 6～10mL 时，能够使溶液在较短的时间内显色。钼酸铵的加入量是保证硅钼黄能否完全显色的条件，试验表明，加入浓度 5％的钼酸铵 3～7mL 能够保证完全显色，最终确定的加入量为 5mL。

将硅钼黄还原为硅钼蓝的还原剂除了抗坏血酸之外，还有氯化亚锡、硫酸亚铁、亚硫酸钠、1-氨基-2-萘酚-4-磺酸（ANSA）、羟氨、硫脲、氢醌、米妥尔等。ANSA 是较为理想的还原剂，其灵敏度高，稳定性好；抗坏血酸也是比较理想的还原剂，其能够消除铁元素的干扰，但还原速度慢；用氯化亚锡还原，溶液的酸度需控制在 1mol/L 以上，此时，过量的钼酸铵不被还原，并有利于消除磷、砷的干扰，灵敏度也较高，但生成的硅钼蓝稳定性差；用硫酸亚铁还原，溶液的酸度需控制在 0.4mol/L 以上，还原速度快而且稳定，但灵敏度较差，加入草酸能提高灵敏度。用这些还原剂还原而生成的硅钼蓝，其光谱吸收峰略有所不同。不同的还原剂应控制不同的酸度，酸度在 0.4～10mol/L 范围内甚至更高的酸度也能形成硅钼蓝，但是，如果还原酸度过低，将使钼酸盐还原而导致大量非硅钼蓝形成。试验证明，酸度在 0.53～2.75mol/L 的范围内能够将硅钼黄还原为稳定的硅钼蓝。

灰中的磷、锗、砷在不同条件下能够与钼酸胺生成黄色的杂多酸络合物，而且均能够还原为钼蓝，造成试验结果偏高。可以通过提高还原酸度的办法来消除磷元素的影响，磷钼酸在酸度达到 1.8mol/L 以上时，即已完全被破坏，而硅钼酸有较好的稳定性，立即加入还原剂使硅钼酸还原为硅钼蓝，这样，就可以消除磷的影响，用同样的方法也可消除砷的影响。锗元素无简易的消除方法，可采用萃取或煮沸的方法使锗元素以 $GeCl_4$ 形式挥发而消除干扰。

10.2.3 二氧化钛的测定（二安替吡啉甲烷分光光度法）

1. 测定原理

灰样经过 NaOH 熔融后，制成 0.5～1.0mol/L 的盐酸溶液，并向其中加入抗坏血酸，消除铁离子的干扰，然后加入二安替吡啉甲烷（DAPM）显色剂，使其四价的钛离子与二安替吡啉甲烷形成黄色络合物，用 1cm 厚的比色皿，以空白溶液为参比，在 450nm 的波长下测定吸光度，根据消光值计算 TiO_2 含量。反应式如下

$$TiO^{2+} + 3DAPM + 2H^+ \longrightarrow [Ti(DAPM)_3]^{4+} + H_2O$$

2. 试剂

（1）盐酸溶液：体积比为（1+5）、（1+1）。

（2）二安替吡啉甲烷溶液：20g/L。将 20g 二安替吡啉甲烷溶于盐酸溶液中，并用盐酸溶液稀释至 1000mL。

（3）抗坏血酸溶液：10g/L，现用现配。

（4）硫酸溶液：体积分数为 50mL/L。量取硫酸 5mL，缓缓加入水中并用水稀释至 100mL。

（5）二氧化钛标准储备溶液：1mg/mL。准确称取已在 1000℃灼烧 30min 的优级纯二氧化钛 0.5000g（称准至 0.0002g），置于 30mL 瓷坩埚中，加入焦硫酸钾 8g，置于马弗炉中，逐渐升温至 800℃，并在此温度下保温 30min，使熔融物呈透明状。取出，冷却后，放入 250mL 烧杯中，加入硫酸溶液 150mL 浸取，待熔融物脱落后，用硫酸溶液洗净坩埚，在低

温下加热至溶液清澈透明，冷却至室温，移入 500mL 容量瓶中，并用硫酸溶液稀释至刻度，摇匀。

（6）二氧化钛标准工作溶液：0.05mg/mL。准确吸取二氧化钛标准储备溶液 5mL，注入 100mL 容量瓶中，用硫酸溶液稀释至刻度，摇匀。

3. 分析步骤

（1）工作曲线的绘制：

1）准确吸取二氧化钛标准工作溶液 0、1、2、3、4mL，分别注入 50mL 容量瓶中，加水至 10mL，加盐酸溶液 2mL，抗坏血酸溶液 1mL，摇匀。放置 2min 后，加二安替吡啉甲烷溶液 10mL，用水稀释至刻度，摇匀。放置 40min 后，用 1cm 比色皿，于波长 450nm 处，测定吸光度。

2）以二氧化钛的质量（mg）为横坐标，吸光度为纵坐标，绘制工作曲线。

（2）样品的测定：

1）准确吸取试样溶液和空白溶液各 10mL，分别注入 50mL 容量瓶中，加入抗坏血酸溶液 1mL，摇匀。其余步骤同（1）。

2）将所测得的试样溶液的吸光度扣除空白溶液的吸光度后，在工作曲线上查得相应的二氧化钛的质量（mg）。

（3）结果计算：二氧化钛的质量分数 TiO_2（%）按以下公式计算

$$TiO_2(\%) = \frac{V_1 \times m_{TiO_2} \times 10^{-3}}{V \times m} \times 100\% \tag{10-2}$$

式中：m_{TiO_2} 为从工作曲线上查得的二氧化钛的质量，mg；m 为灰样的质量，g；V 为准确吸取试样溶液的体积，mL；V_1 为制备试样溶液的体积，mL，以 250 计；10^{-3} 为 m_{TiO_2} 由单位为 mg 转换成单位为 g 的换算系数。

计算结果按国家标准 GB/T 21923—2008《固体生物质燃料检验通则》数字修约规则，修约至小数点后两位。

（4）方法精密度：二氧化钛测定结果的精密度见表 10-3。

表 10-3 二氧化钛测定结果的精密度

质量分数（%）	重复性限（%）
≤1.00	0.10

（5）分析条件的选择：二安替吡啉甲烷是安替吡啉的衍生物，其分子式如下

$$\begin{array}{c} H_3C-C=C-CH_2-C=C-CH_3 \\ | \quad\quad | \quad\quad\quad\quad | \quad\quad | \\ H_3C-N \quad C=O \quad O=N \quad C-CH_3 \\ \quad | \quad\quad | \quad\quad\quad\quad | \quad\quad | \\ \quad N \quad\quad\quad\quad\quad\quad N \\ \quad | \quad\quad\quad\quad\quad\quad | \\ \quad CH_3 \quad\quad\quad\quad\quad CH_3 \end{array}$$

二安替吡啉甲烷与钛形成黄色的络合物 $[Ti(DAPM)]^{4+}$，最大吸收峰的波长为 390nm，其摩尔吸光系比 $[TiO(H_2O_2)]^{2+}$ 的黄色络合物的摩尔吸光系数高 25 倍，因此，灵敏度很高。

试液酸度是影响测定结果的重要因素，如果酸度太低，一方面容易引起 Ti^{4+} 的水解；另一方面，Fe^{3+} 能够与 DAPM 形成红色的络合物，从而使结果显著偏高。另外，采用抗坏血酸还原 Fe^{3+} 时，Ti^{4+} 与抗坏血酸形成黄色的络合物，在酸度低时不易破坏，造成结果偏低。试验证明，当溶液酸度为 $0.5\sim1mol/L$ 时较为合适。

试验证明，$200\mu g$ 的 TiO_2 需要 2% 的 DAPM 溶液 8mL 以上才能完全显色，而 $300\mu g$ 的 TiO_2 需要 2% 的 DAPM 溶液 10mL 以上才能完全显色，DAPM 溶液用量增加，可加速显色，但不影响消光值。

采用标准二氧化钛溶液绘制工作曲线时，采用的波长为 450nm，这是因为在使用 72 型分光光度计时，虽然在波长为 420nm 时的灵敏度较高，但是当二氧化钛含量超过 $150\mu g$ 时，曲线斜率改变，且不呈线性关系，而采用波长 450nm 时，虽然灵敏度降低，但曲线线性关系好，图 10-1 为不同波长下的标准曲线。

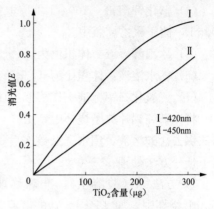

图 10-1 二安替吡啉甲烷分光光度法在不同波长下的标准曲线

10.2.4 三氧化二铝的测定（氟盐取代 EDTA 络合滴定法）

1. 测定原理

于弱酸性溶液中，加入过量 EDTA 溶液，使之与铁、铝、钛等离子络合，在 pH 为 5.9 的条件下，以二甲酚橙为指示剂，用锌盐回滴剩余的 EDTA 溶液，然后加入氟盐置换出与铝、钛络合的 EDTA，用乙酸锌标准溶液滴定，扣除钛的量，得到铝的量。此方法适用于 TiO_2 已知的情况。反应式如下：

（1）加入过量的 EDTA（不用计量）
$$Al^{3+} + H_2Y^{2-} \longrightarrow AlY^- + 2H^+$$
$$Ti^{4+} + H_2Y^{2-} \longrightarrow TiY + 2H^+$$

（2）加锌盐回滴过量的 EDTA
$$Zn^{2+} + H_2Y^{2-} \longrightarrow ZnY^{2-} + 2H^+$$

（3）加过量的氟化钠
$$2H^+ + AlY^- + 6F^- \longrightarrow AlF_6^{3-} + H_2Y^{2-}$$
$$2H^+ + TiY + 6F^- \longrightarrow TiF_6^{2-} + H_2Y^{2-}$$

（4）加锌盐滴定铝钛释放的 EDTA
$$Zn^{2+} + H_2Y^{2-} \longrightarrow ZnY^{2-} + 2H^+$$

（5）到终点时锌与指示剂反应显示橙红色
$$Zn^{2+} + H_2In \longrightarrow ZnIn^+ + H^+$$

2. 试剂

（1）EDTA 溶液：11g/L。称取 EDTA（$C_{10}H_{14}N_2O_8Na_2 \cdot 2H_2O$）1.1g，溶于水中，用水稀释至 100mL。

（2）缓冲溶液：pH 为 5.9。称取三水乙酸钠 200g 或无水乙酸钠 120.6g，溶于水中，加冰醋酸 6.0mL，用水稀释至 1000mL。

（3）乙酸锌溶液：20g/L。称取乙酸锌 $[Zn(CH_3COO)_2 \cdot 2H_2O]$ 2g，溶于水中，用水稀释至 100mL。

（4）氟化钾溶液：100g/L。称取氟化钾（$KF \cdot 2H_2O$）10g，溶于水中，用水稀释至 100mL，储于聚乙烯瓶中。

（5）冰乙酸溶液：体积比为（1+3）。

（6）氨水溶液：体积比为（1+1）。

（7）三氧化二铝标准工作溶液：1mg/mL。

将光谱纯铝片放于烧杯中，用（1+9）盐酸溶液浸溶几分钟，使表面氧化层溶解，用倾斜法倒去盐酸溶液，用水洗涤数次后，用无水乙醇洗涤数次，放入干燥器中干燥 4h。选用以下任一方法处理：

1）方法一（酸溶法）：准确称取处理后的铝片 0.5293g（称准至 0.0002g），置于 150mL 烧杯中，加（1+1）盐酸溶液 50mL，在电炉上低温加热溶解，将溶液移入 1000mL 容量瓶中，用水稀释至刻度，摇匀。

2）方法二（碱溶法）：准确称取处理后的铝片 0.5293g（称准至 0.0002g），置于 150mL 烧杯中，加氢氧化钾 2g，水 10mL，待溶解后，用（1+1）盐酸酸化，使氢氧化铝沉淀又溶解，再过量 10mL，冷至室温，移入 1000mL 容量瓶中，用水稀释至刻度，摇匀。

（8）二甲酚橙溶液：1g/L。

（9）乙酸锌标准溶液：0.01mol/L。

3. 分析步骤

（1）标准溶液的配制和标定：

1）配制：称取乙酸锌 $[Zn(CH_3COO)_2 \cdot 2H_2O]$ 2.3g 或无水乙酸锌 $[Zn(CH_3COO)_2]$ 1.9g 于 250mL 烧杯中，加冰醋酸 1mL，用水溶解，移入 1000mL 容量瓶中，用水稀释至刻度，摇匀。

2）标定：准确吸取三氧化二铝标准工作溶液 10mL 于 250mL 烧杯中，加水稀释至约 100mL，加 EDTA 溶液 10mL，加二甲酚橙指示剂 1 滴，用氨水溶液中和至刚出现浅藕荷色，再加冰醋酸溶液至浅藕荷色消失，然后，加缓冲溶液 10mL，于电炉上微沸 3~5min，取下，冷至室温。

加入二甲酚橙指示剂 4~5 滴，立即用乙酸锌溶液滴定至近终点，再用乙酸锌标准溶液滴定至橙红（或紫红）色。

加入氟化钾溶液 10mL，煮沸 2~3min，冷至室温，加二甲酚橙指示剂 2 滴，用乙酸锌标准溶液滴定至橙红（或紫红）色，即为终点。

3）乙酸锌标准溶液对三氧化二铝的滴定度 $T_{Al_2O_3}$（mg/mL）按以下公式计算

$$T_{Al_2O_3} = \frac{V \times c}{V_1} \qquad (10\text{-}3)$$

式中：c 为三氧化二铝标准工作溶液的浓度，mg/mL；V 为氟化钾溶液的体积，mL，以 10 计；V_1 为标定时所耗乙酸锌标准溶液的体积，mL。

（2）分析步骤：吸取试样溶液 50mL，加水稀释至约 100mL，其余步骤按乙酸锌标准溶液的标定方法进行操作。

（3）结果计算：三氧化二铝的质量分数 Al_2O_3（％）按以下公式计算

$$Al_2O_3(\%) = \frac{V_1 \times T_{Al_2O_3} \times V_2 \times 10^{-3}}{V \times m} \times 100\% - k[TiO_2(\%)] \qquad (10\text{-}4)$$

式中：$T_{Al_2O_3}$ 为乙酸锌标准溶液对三氧化二铝的滴定度，mg/mL；V_2 为试液所耗乙酸锌标准溶液的体积，mL；m 为灰样的质量，g；V 为准确吸取试样溶液的体积，mL；V_1 为制备试样溶液的体积，mL，以 250 计；10^{-3} 为 $T_{Al_2O_3}$ 由单位为 mg/mL 转换成单位为 g/mL 的换算系数；k 为由二氧化钛换算为三氧化二铝的因数，以 0.638 计。

计算结果按 GB/T 21923—2008《固体生物质燃料检验通则》数字修约规则，修约至小数点后两位。

（4）方法精密度：三氧化二铝测定结果的精密度见表 10-4。

表 10-4 三氧化二铝测定结果的精密度

质量分数（％）	重复性限（％）
≤20.00	0.60

（5）置换滴定法说明及分析条件控制：由于铝盐在微酸性的环境中容易水解，同时，没有一个直接与 Al^{3+} 络生成颜色变化敏锐的指示剂，因此，一般不采用直接滴定法，而是采用回滴法和氟化物置换滴定法。回滴法是在微酸性的环境中，加入过量的 EDTA 标准溶液，加热使铝离子与 EDTA 络合，加入缓冲溶液调节 pH，使铝离子与 EDTA 定量络合，然后，选用某一种金属离子的标准溶液及其合适的指示剂进行回滴来确定灰中三氧化二铝的含量。例如，以二甲酚橙为指示剂，以锌盐回滴。氟化物置换滴定法是先使铝离子与 EDTA 络合，但加入氟化物后，Al^{3+} 与 F^- 生成更加稳定的 AlF_6^{3-} 络离子，原来与铝离子络合的 EDTA 被置换出来，再用锌盐回滴置换出来的 EDTA，以测定灰中三氧化二铝的含量。由于灰样分解后形成的试液含有铜、锌等元素的离子，如果采用回滴法将使测定结果偏高，因此灰中三氧化二铝含量测定方法宜采用氟化物置换滴定法，但是，F^- 也与钛、锆、锡、钍等元素形成稳定的氟化物络合物，对结果造成影响，锆、锡、钍等元素在灰中含量极低，可忽略不计，只有钛需校正。

酸度对铝离子与 EDTA 络合反应影响较大，当溶液的酸度下降时，Y^{4-} 浓度增大，络合反应增强，反之，当溶液的酸度上升时，Y^{4-} 浓度减小，络合反应减弱。但是，当溶液的酸度太低时，铝容易水解生成 $Al(OH)^{2+}$、$Al(OH)_2^+$、$Al(OH)_3$ 等，使铝离子的浓度降低，络合反应减弱。此外，Al^{3+} 在酸性环境中生成 AlHY 酸式络合物，而在碱性环境中生成 $Al(OH)Y^{2-}$ 碱式络合物，均对络合反应起增强作用。酸性反应和水解反应，影响铝离子与 EDTA 完全络合，因此，必须控制溶液的酸度，根据计算，当溶液的 pH 在 3~4 时，络合反应最强，在实际操作中，加入过量的 EDTA，因此，应将 pH 控制在 5.9，并加入缓冲溶液严格控制酸度。

EDTA 的用量和反应时间的控制也很重要，根据有关文献，为了使 EDTA 与铝离子完全络合，EDTA 的物质的量应该是铝离子物质的量的 1.4 倍。铝离子与 EDTA 形成无色络合物，在室温下进行得很慢，只有在过量的 EDTA 和沸腾的情况下才能完全络合。试验证明，加入过量的 EDTA 后煮沸不得少于 3min，否则络合不完全而易使测定结果偏低；Al^{3+} 与 F^- 的络合反应也需在煮沸的条件下进行，但煮沸时间长短对结果影响不大。

用乙酸锌回滴过剩的 EDTA 时，必须将溶液降到室温，由于乙酸锌与指示剂二甲酚橙也能发生络合反应，而且其稳定程度比 EDTA-铝络合物的稳定程度高，但是，乙酸锌与指示剂二甲酚橙的络合反应在室温下反应缓慢，因此，在加入指示剂之前，须将溶液降到室温，以免在较高的温度下，二甲酚橙从 EDTA-铝络合物中夺取 Al^{3+} 生成红色的二甲酚橙-铝络合物，而不易判断滴定终点。

加入氟化钾后，铝与钛均与 F^- 络合，从而置换出 EDTA，因此，必须加足够的氟化钾将 EDTA-铝络合物中的 EDTA 全部置换出来。试验证明，浓度为 100g/L 的氟化钾加入为 5～20mL 均可，最终选择 10mL。

10.3 固体生物质燃料中钾、钠、铁、钙、镁的测定（原子吸收法）

10.3.1 测定原理

灰样经氢氟酸、高氯酸分解，在盐酸介质中，加入释放剂镧或锶消除铝、钛等对钙、镁的干扰，用空气-乙炔火焰进行原子吸收测定，所用仪器为具备火焰原子化器装置的原子吸收分光光度计。原子吸收分光光度计方法是在待测元素的特定和独有的波长下，通过测量试样所产生的原子蒸气对辐射的吸收，来测定试样中该元素浓度的一种方法，它是基于在原子化器中，试样中的待测元素在高温或化学反应的作用下变成原子蒸气，从光源辐射光强度减弱的程度，可以求出样品中待测元素的含量。各种元素在热解石墨炉中被加热原子化，成为基态原子蒸气，当由特制光源发射（由空心阴极灯发射的特征波长的光，每种元素均需要相应的空心阴极灯）的某特征波长的光通过原子蒸气时，原子中的外层电子将选择性地吸收其同种元素所发射的特征谱线，使入射光减弱，原子蒸气对入射光吸收的程度符合比耳定律，也就是在一定浓度范围内，其吸收强度与试液中被测元素的含量成正比

$$A = -\lg I/I_0 = -\lg T = KCL \tag{10-5}$$

式中：I 为透射光强度；I_0 为发射光强度；T 为透射比；L 为光通过原子化器的光程（长度），每台仪器的 L 值是固定的；C 为被测样品浓度；K 为常数。

原子吸收分光光度计方法常用分析方法如下：

（1）标准曲线法：用已知浓度的标准溶液进行直接比较，建立吸光度与样品浓度的线性关系，然后通过测出样品的吸光度，从曲线上查出待测的浓度，这种分析方法在光谱分析中比较常用。

应用这种方法的前提是在误差允许的范围内试样溶液与标准溶液在火焰中的状况应基本一致，不存在能测出的干扰，或已完全消除了干扰。

（2）标准加入法：在试样中定量加入待测元素的标准溶液，此时，待测元素的浓度增加，同时其吸光度也增大，以浓度的增量除以吸光度增量即为待测元素的浓度。

$$W_i = \frac{\Delta W_i}{\frac{A_i'}{A_i} - 1}$$ (10-6)

式中：ΔW 为加入的待测元素的标准溶液中待测元素的量；A_i' 为加入待测元素标准溶液后的吸光度；A_i 为加入待测元素标准溶液前的吸光度；W_i 为待测组合的含量。

应用标准加入法的前提是试样基体成分复杂，无法制备与之相同或相似的标准溶液。缺点是不适合批量分析。

（3）内标法：在没有标准参照物的情况下采用内标法，内标法是在试样溶液中定量加入一种已知浓度的参比元素，根据参比元素与被测样品的吸光度峰面积之比及相对校正因子计算待测元素的含量

$$W_i = \frac{A_i f_i W_s}{A_s f_s}$$ (10-7)

式中：W_i 为待测组分的含量，%；W_s 为内标物的含量，%；f_i 为待测组分的相对校正因子；f_s 为内标物的相对校正因子；A_i 为待测组分的吸光度；A_s 为内标物的吸光度。

应用条件：①参比元素为可在试样溶液中溶解的纯物质；②试样中不含参比元素；③参比元素和待测元素在火焰里有相同的特性。

10.3.2　原子吸收分光光度计仪器系统

光源系统：阴极灯，它由特制的纯元素或合金为阴极、钨棒阳极组成，灯腔内充以惰性气体，当阴、阳极之间加上一个合适的电压，灯被点燃，此时电子由阴极高速射向阳极。在此过程中，电子与惰性气体碰撞使其电离成正离子，在电场作用下惰性气体的正离子强烈地轰击阴极表面，使阴极表面的金属原子发生溅射。所溅射出来的金属元素在阴极区受到高速电子及离子流的撞击而激发，发出元素的特征谱线。主要供电方式有直流电源、交流电源、方波电源。

原子化系统：利用热能将试样中的被测元素离解为原子，常用石墨炉。将一个可溶性的试样喷入火焰，开始是溶液小液滴被干燥，有机物被烧掉，无机组分则彼此之间或与火焰气体发生反应，形成气体分子，分子热离解为原子。

光学系统：利用光学性质将杂散光分离，使被测元素光利于检测的一系列光学元件。主要包括透镜、光栅、光栏、准直镜。

检测系统：通过电子系统将光信号转变为电信号。

10.3.3　试剂

（1）氢氟酸。

（2）高氯酸。

（3）盐酸溶液：体积比为（1+1）、（1+3）。

（4）镧溶液：50mg/mL。称取高纯（99.99%）三氧化二镧 29.4g 于 400mL 烧杯中，加水 50mL，缓缓加入盐酸溶液 100mL，加热溶解，冷却后移入 500mL 容量瓶，加水稀释至刻度，摇匀。转入塑料瓶中。

（5）锶溶液：50mg/mL。称取经重结晶提纯的氯化锶（$SrCl_2 \cdot 6H_2O$）152g 于 400mL

烧杯中，加水溶解，移入 1000mL 容量瓶中，用水稀释至刻度，摇匀。转入塑料瓶中。

注：氯化锶的提纯方法为 1000g 氯化锶（SrCl₂·6H₂O）加水 400mL，加热至 70℃ 左右溶解，趁热加入 400mL 乙醇，低温重结晶后抽滤，在 40~50℃ 下烘干。

（6）铝溶液：含 Al_2O_3 1mg/mL。称取氯化铝（AlCl₃·6H₂O）4.736g 于 400mL 烧杯中，加水溶解，移入 1000mL 容量瓶中，加水稀释至刻度，摇匀。转入塑料瓶中。

（7）氧化钾标准储备溶液：1mg/mL。称取已在 500℃ 灼烧 30min 的高纯氯化钾（99.99％）1.5829g 于 400mL 烧杯中，加水溶解，移入 1000mL 容量瓶中，加水稀释至刻度，摇匀。转入塑料瓶中。

（8）氧化钠标准储备溶液：1mg/mL。称取已在 500℃ 灼烧 30min 的高纯氯化钠（99.99％）1.8859g 于 400mL 烧杯中，加水溶解，移入 1000mL 容量瓶中，加水稀释至刻度，摇匀。转入塑料瓶中。

（9）氧化钙标准储备溶液：1mg/mL。称取已在 110℃ 烘过 1h 的高纯碳酸钙（99.99％）1.7840g 于 400mL 烧杯中，加水 50mL，盖上表面皿，沿杯壁缓缓加入盐酸溶液 20mL，溶解完全后，加热煮沸驱尽二氧化碳，用水冲洗表面皿及杯壁，冷至室温，转入 1000mL 容量瓶中，用水稀释至刻度，摇匀。转入塑料瓶中。

（10）氧化镁标准储备溶液：1mg/mL。称取高纯金属镁（99.99％）0.6030g 于 400mL 烧杯中，加入盐酸溶液 40mL，加热溶解完全，冷至室温，移入 1000mL 容量瓶中，用水稀释至刻度，摇匀。转入塑料瓶中。

（11）三氧化二铁标准储备溶液：1mg/mL。称取已在 110℃ 烘过 1h 的高纯三氧化二铁（99.99％）1.0000g 于 400mL 烧杯中，加入盐酸溶液 40mL，盖上表面皿缓缓加热溶解，冷至室温，移入 1000mL 容量瓶中，用水稀释至刻度，摇匀。转入塑料瓶中。

注：钾、钠、铁、钙、镁标准储备溶液也可使用市售的有证标准物质。

（12）铁、钙、镁混合标准工作溶液：含 Fe_2O_3 200μg/mL、CaO 200μg/mL、MgO 50μg/mL。准确吸取三氧化二铁标准储备溶液 100mL、氧化钙标准储备溶液 100mL 及氧化镁标准储备溶液 25mL 于 500mL 容量瓶中，加水稀释至刻度，摇匀。转入塑料瓶中。

（13）钾、钠混合标准工作溶液：含 K_2O 50μg/mL、Na_2O 50μg/mL。准确吸取氧化钾标准储备溶液和氧化钠标准储备溶液各 25mL 于 500mL 容量瓶中，加水稀释至刻度，摇匀。转入塑料瓶中。

10.3.4 分析步骤

1. 样品溶液的制备

称取灰样（0.05±0.005）g（称准至 0.0002g）于聚四氟乙烯坩埚中，用水润湿，加高氯酸 2mL、氢氟酸 10mL，置于电热板上低温缓缓加热（温度不高于 250℃），蒸至近干，再升高温度继续加热至白烟基本冒尽，溶液蒸至干涸但不焦黑为止。取下坩埚稍冷，加入盐酸溶液 10mL、水 10mL，再放在电热板上加热至近沸，并保温 2min 取下坩埚，用热水将坩埚中的试样溶液移入 100mL 容量瓶中，冷至室温，用水稀释至刻度，摇匀。

2. 样品空白溶液的制备

分解一批样品应同时制备两个样品空白溶液，样品空白溶液的制备除不加样品外，其余操作同样品溶液的制备。

3. 待测样品溶液的制备

（1）铁、钙、镁待测样品溶液：准确吸取 2mL（一般用于测钙、镁）和 10mL（一般用于测铁）样品溶液及 2mL 和 10mL 样品空白溶液于 100mL 容量瓶中，加镧溶液 4mL（用锶作释放剂时，改加锶溶液 4mL）、盐酸溶液 2mL，加水稀释至刻度，摇匀。

（2）钾、钠待测样品溶液：准确吸取 1mL（一般用于测钾）和 10mL（一般用于测钠）样品溶液及 1mL 和 10mL 样品空白溶液于 100mL 容量瓶中，加水稀释至刻度，摇匀。

4. 混合标准系列溶液的制备

（1）铁、钙、镁混合标准系列溶液：分别吸取铁、钙、镁混合标准工作溶液 0、1、2、3、4、5、6、7、8、9、10mL 于 100mL 容量瓶中，加镧溶液 4mL（用锶作释放剂时，改加锶溶液 4mL 和铝溶液 3mL）、盐酸溶液 2mL，用水稀释至刻度，摇匀。

（2）钾、钠混合标准系列溶液：分别吸取钾、钠混合标准工作溶液 0、1、2、3、4、5、6、7、8、9、10mL 于 100mL 容量瓶中，用水稀释至刻度，摇匀。

5. 铁、钙、镁、钾、钠的测定

（1）仪器工作条件的确定：开启仪器，按表 10-5 规定的各元素的分析线和所使用的火焰气体将仪器的其他参数，如灯电流、通带宽度、燃烧器高度及转角、燃气和助燃气的流量、压力等调至最佳值。

表 10-5　　　　　　　　　　　推荐的仪器工作条件

元素	分析线（nm）	火焰气体
K	766.5	乙炔-空气
Na	589.0	乙炔-空气
Fe	248.3	乙炔-空气
Ca	422.7	乙炔-空气
Mg	285.2	乙炔-空气

（2）测定：按规定的仪器工作条件，分别测定标准系列溶液及待测样品溶液中相应元素的吸光度。

（3）工作曲线的绘制：以标准系列溶液中测定的成分浓度（$\mu g/mL$）为横坐标，相应的吸光度为纵坐标，绘制各成分的工作曲线。

10.3.5　结果计算

各成分的质量分数 $R_mO_n(\%)$ 按以下公式计算

$$R_mO_n(\%) = \frac{c \times V_1 \times V_2 \times 10^{-6}}{V \times m} \times 100\% \tag{10-8}$$

式中：c 为由工作曲线上查得的测定成分的浓度，$\mu g/mL$；m 为灰样的质量，g；V 为吸取相应成分的样品溶液体积，mL；V_1 为制备的样品溶液体积，mL，以 100 计；V_2 为制备的样品溶液吸取相应体积后稀释到的体积，mL，以 100 计；10^{-6} 为 c 由单位为 $\mu g/mL$ 转换成单位为 g/mL 的转换系数。

计算结果按 GB/T 21923—2008《固体生物质燃料检验通则》数字修约规则，修约至小数点后两位。

10.3.6 方法精密度

各成分测定结果的精密度见表 10-6。

表 10-6 各成分测定结果的精密度

成分	质量分数（%）	重复性限（%）
Fe$_2$O$_3$	≤5.00	0.20
	5.00＜Fe$_2$O$_3$≤10.00	0.40
CaO	≤5.00	0.20
	5.00＜CaO≤10.00	0.40
	＞10.00	1.00
MgO	≤2.00	0.10
	＞2.00	0.20
K$_2$O	≤1.00	0.10
	1.00＜K$_2$O≤10.00	0.25
	＞10.00	0.80
Na$_2$O	≤1.00	0.10
	＞1.00	0.20

10.3.7 干扰因素的消除

化学干扰：待测元素与某些共存元素在火焰中进行化学结合而生成热稳定的难熔、难蒸发、难离解的化合物，致使火焰中的基态原子减少，使测定结果偏低，造成负干扰，因此任何一种化合物的生成都会阻碍元素的定量原子化，因为原子会自发地与别的原子或基团反应使试样不能定量的转变为原子。例如，测定钙和镁时，若存在磷酸根，形成磷酸盐和焦磷酸盐，它具有熔点高、难离解的特点，即使能离解，也会形成氧化钙、氧化镁，氧化物比氯化物离解为基态原子困难得多。此外，如果有铝、钛阳离子的存在，还可以形成耐热的氧化物晶体 MgO·Al$_2$O$_3$、3CaO·5Al$_2$O$_3$ 等，这些高晶格、高熔点的类晶石化合物，也抑制了基态原子的形成。试验证明，共存元素硅对铁、钙、镁有不同程度的负干扰，铝、钛对钙、镁有负干扰，硅、铝、钛对钾、钠不干扰，其他元素对铁、钙、镁、钾、钠不干扰。为了抑制和消除以上干扰，一般采用加入释放剂的办法，即加入一种能够与干扰元素生成更加稳定、更难离解的化合物试剂，从而将待测元素从与干扰元素的结合中释放出来，常用的释放剂为镧或锶。只要加入 1000ppm（ppm 量级为 10^{-6}）镧就可以消除全部干扰，同时镧与钙有增感作用；加入 2000ppm 锶可消除硅、钛、钒对铁、钙、镁的干扰及铝对镁的干扰，但不能完全消除铝对钙的干扰，这是由标准溶液与样品溶液基体浓度不一致造成的，当在标准溶液中加入一定的铝，使标准溶液中铝与样品溶液中铝近似时干扰可抵消。总体来说，以镧为释放剂优于锶，一方面，镧不必提纯；另一方面，不用在标准液中加三氧化铝。

物理干扰：由于试样溶液与标准溶液的物理性质不同而引起的干扰。主要有黏度、密度、表面张力等，采用标准溶液加入法消除。

电离干扰：由于元素在高温火焰中强烈的电离而引起的干扰。消除方法为在较低的火焰温度下将有关的元素（碱金属）原子化，另一种方法是加入大量易电离元素（K、Cs）。

光谱干扰：由于元素空心阴极灯选择材料（纯度、元素组合）和制造上的缺陷（玻璃光学性能、制造工艺）及仪器条件（光谱通带、波长）选择的不适当而引起的干扰。仪器工作条件，如各元素的分析线、燃气、助燃气体、灯电流、狭缝宽度、燃气和助燃气体比例、光源光束通过燃烧器的高度等均为对结果有所干扰。仪器的最佳参数应综合考虑三个方面：灵敏度、稳定性和干扰情况。例如，测钙时灵敏度随燃烧器高度的降低而提高，降到 6mm 以下，虽然灵敏度还能提高，但稳定性变差、干扰增大，因此，燃烧器的高度选择为 6～12mm。灯电流也如此，灯电流低则温度低，谱线变宽，灵敏度高，但稳定性差；而灯电流高则强度大，稳定性好，但灵敏度大大降低，因此，一般选择最大工作电流的 60%～80%。狭缝宽度的选择以将分析线与邻近线分开为原则，即在选择的光谱通带下只有分析线通过单色器出射狭缝，达到检测器，多数元素在 0.7～1.0nm 通带下测定，而谱线复杂的铁、钴、镍需要选择小于 0.2nm 的通带，否则邻近线也进入检测器使标准曲线弯曲，灵敏度降低，但狭缝宽度小使光强减弱，降低了信噪比，稳定性变差，所以，在能够分离邻近线的情况下，应适当放宽狭缝，使信噪比、稳定性提高。燃助比是指燃气与助燃气的比例，根据燃助比不同分为化学计量火焰、富燃火焰、贫燃火焰。化学计量火焰是按照它们的化学反应来提供的，这种火焰有温度高、干扰少、稳定性高、背景小特点，但不利于在火焰中生成单氧化物的元素，除了易电离的碱金属外，多数采用化学计量火焰；富燃火焰是燃气多于助燃气，这种火焰还原性强，温度略低于化学计量火焰，有利于易生成单氧化物的元素；贫燃火焰是助燃气多于燃气，这种火焰氧化性强，温度低，不利于易生成单氧化物的元素和难离解的元素，但有利于易离解的元素，因此，碱金属宜采用贫燃火焰。

试验介质（酸的种类和浓度）对测定结果也产生一定的影响。试验证明，盐酸对铁、镁无影响，对钙、钾、钠有影响，随着盐酸酸度增大，钙、钾、钠吸光度下降，浓度在 1%～3% 时，吸光度下降 1%～3%；硝酸在对铁、钙、镁、钾、钠无影响，但在硝酸介质中，共存干扰元素对钙干扰严重；硫酸对铁、钙、镁、钠有影响，并且在有锶存在的情况下，产生大量沉淀，影响测定结果；高氯酸的影响与盐酸相似。

此外，还必须注意防止外来污染对结果的影响。例如，试验用水一般要采用重蒸馏水或去离子水，这是由于普通的蒸馏水中含有钠、钙、镁等元素影响测定结果；灰样采用酸熔法而不用碱熔法，这是因为一方面，碱熔法给待测溶液带来大量钠离子，另一方面，基体浓度增大会给原子吸收带来影响，使准确度受影响，分解样品采用高氯酸和氢氟酸，通过氟离子对硅的络合而除去样品中固有的大量硅离子，降低基体浓度。此外，将混合标准分为两组：铁、钙、镁混合标准溶液（加释放剂）和钾、钠、锰混合标准溶液（不加释放剂），是为了防止释放剂中含有钠对待测钠元素的影响；再有，试液一般要求装在塑料瓶中而不装在玻璃瓶中，是由于玻璃瓶容易溶出钠离子。

10.4 固体生物质燃料中五氧化二磷的测定（磷钼蓝分光光度法）

10.4.1 测定原理

灰样用氢氟酸-高氯酸分解以脱除二氧化硅，调节溶液到微酸性，加入酸性钼酸铵显示剂使其生成磷钼黄，用抗坏血酸将磷钼黄还原为磷钼蓝，用 1cm 的比色皿，以标准空白试液为参比，在波长 650nm 下进行比色，根据预先绘制的标准曲线获得灰中 P_2O_5 的含量，反应式如下

$$PO_4^{3-} + 12MoO_4^{2-} + 27H^+ \longrightarrow H_3[P(Mo_3O_{10})_4] + 12H_2O$$

$$H_3[P(Mo_3O_{10})_4] + 4C_6H_8O_6 \longrightarrow (2MoO_2 \cdot 4MoO_3)_2 \cdot H_3PO_4 + 4C_6H_6O_6 + 4H_2O$$

（磷钼黄）　（抗坏血酸）　　　　　　　（磷钼蓝络合物）

10.4.2 试剂

（1）氢氟酸。

（2）高氯酸。

（3）盐酸溶液：体积比为（1+1）。

（4）抗坏血酸溶液：50g/L。称取抗坏血酸 5g 溶于水中，并用水稀释至 100mL。现用现配。

（5）硫酸溶液：7.2mol/L。钼酸铵-硫酸溶液：称取钼酸铵 17.2g 溶于硫酸溶液中，并用该酸稀释至 1L。

（6）酒石酸锑钾溶液：称取酒石酸锑钾 0.34g 溶于 250mL 水中。

试剂溶液：往 35mL 钼酸铵-硫酸溶液中加入 10mL 抗坏血酸溶液和 5mL 酒石酸锑钾溶液，混匀。现用现配。

（7）五氧化二磷标准储备溶液：0.2292g/L。准确称取已在 110℃ 干燥 1h 的优级纯磷酸二氢钾 0.4392g（称准至 0.0002g），溶于水中，移入 1L 的容量瓶中，用水稀释至刻度，摇匀。

（8）五氧化二磷标准工作溶液：0.02292g/L。准确吸取五氧化二磷标准储备溶液 10mL，注入 100mL 容量瓶中，用水稀释至刻度，摇匀。现用现配。

10.4.3 分析步骤

1. 样品溶液的制备

称取灰样 (0.05 ± 0.005)g（称准至 0.0002g）于聚四氟乙烯坩埚中，用水润湿，加高氯酸 2mL、氢氟酸 10mL，置于电热板上低温缓缓加热（温度不高于 250℃），蒸至近干，再升高温度继续加热至白烟基本冒尽，溶液蒸至干涸但不焦黑为止。取下坩埚稍冷，加入盐酸溶液 10mL、水 10mL，再放在电热板上加热至近沸，并保温 2min 取下坩埚，用热水将坩埚中的试样溶液移入 100mL 容量瓶中，冷至室温，用水稀释至刻度，摇匀。

2. 样品空白溶液的制备

分解一批样品应同时制备两个样品空白溶液，样品空白溶液的制备除不加样品外，其余

操作同样品溶液的制备。

3. 工作曲线的绘制

准确吸取五氧化二磷标准工作溶液 0、1、2、3mL，分别注入 50mL 容量瓶中，加入试剂溶液 5mL，放置 1～2min 后，用水稀释至刻度，摇匀。于 20～30℃下放置 1h 后，在分光光度计上，用 1cm 比色皿，在波长 650nm 处，测定吸光度。

以五氧化二磷的质量（mg）为横坐标，吸光度为纵坐标，绘制工作曲线。

4. 样品测定

准确吸取 1mL 待测样品溶液，注入 50mL 容量瓶中，用空白溶液稀释至 10mL，按工作曲线的绘制进行操作，同时做空白试验。从工作曲线上查得相应的五氧化二磷的质量（mg）。

10.4.4　结果计算

五氧化二磷的质量分数 P_2O_5（%）按以下公式计算：

$$P_2O_5(\%) = \frac{100 \times m_{P_2O_5} \times 10^{-3}}{mV} \times 100\% \tag{10-9}$$

式中：$m_{P_2O_5}$ 为由工作曲线上查得的五氧化二磷的量，mg；V 为从灰样溶液总体积（100mL）中分取的溶液的体积，mL；m 为灰样的质量，g；100 为制备的样品溶液体积，mL；10^{-3} 为 $m_{P_2O_5}$ 由单位为 mg 转换成单位为 g 的转换系数。

计算结果按 GB/T 21923—2008《固体生物质燃料检验通则》数字修约规则，修约至小数点后两位。

10.4.5　方法精密度

五氧化二磷测定结果的精密度见表 10-7。

表 10-7　　　　　　　　　　　五氧化二磷测定结果的精密度

质量分数（%）	重复性限（%）
≤1.00	0.05
1.00＜P_2O_5≤5.00	0.15
＞5.00	0.40

10.4.6　测定注意事项

一般来说灰中五氧化二磷含量较低，常采用比色法测定。在脱除二氧化硅之后，并且在酸性环境下，磷酸与钼酸生成磷钼杂多酸，还原后形成可溶的蓝色络合物磷钼蓝，才能进行比色。常用的还原剂有抗坏血酸、硫酸肼、二氯化锡、硫酸亚铁等，在本方法中采用的还原剂为抗坏血酸。

显色的酸度需要严格控制，酸度过低，钼酸本身被还原；酸度过高，磷钼蓝会被分解破坏。酸度控制在 0.3～0.7 范围内，当酸度大于 0.8mol/L 时磷钼蓝大部分分解，当酸度大于 1.2mol/L 时，磷钼蓝不能生成。

钼酸铵的加入量力求准确，太少时发色慢，过多可能有部分游离的钼酸被还原，造成结果偏高。硅酸、砷酸与钼酸也能形成蓝色的杂多酸，干扰测定，因此，在测定五氧化二磷前，必须先脱除二氧化硅。由于灰中的砷酸含量很低，因此不予以考虑。

10.5　固体生物质燃料中三氧化硫的测定（硫酸钡质量法）

10.5.1　测定原理

灰中的硫元素以硫酸盐的形式存在，用盐酸浸取灰样中的硫，将溶液过滤，滤液用氢氧化铵中和并沉淀铁。过滤后的溶液加氯化钡，生成硫酸钡沉淀后用质量法测定灰中三氧化硫含量。

10.5.2　试剂

（1）盐酸溶液：体积比为（1+3）。

（2）氨水溶液：体积比为（1+1）。

（3）盐酸溶液：体积比为（1+1）。

（4）氯化钡溶液：100g/L。称取氯化钡 10g 溶于水中，并用水稀释至 100mL。

（5）硝酸银溶液：10g/L。称取硝酸银 1g 溶于水中，并用水稀释至 100mL。加几滴硝酸，储于棕色瓶中。

（6）甲基橙指示剂：2g/L。称取甲基橙 0.2g 溶于水中，并用水稀释至 100mL。

10.5.3　分析步骤

（1）称取灰样 0.3g（称准至 0.0002g），置于 250mL 烧杯中，加入盐酸溶液 50mL，盖上表面皿，加热微沸 20min，取下，趁热加入甲基橙指示剂 2 滴，滴加氨水中和至溶液刚变色，再过量 3~6 滴，待氢氧化铁沉淀下降后，用中速定性滤纸过滤于 300mL 烧杯中，用近沸的热水洗涤沉淀 10~12 次，向滤液中滴加盐酸溶液至溶液刚变色，再过量 2mL，往溶液中加水稀释至约 250mL。

（2）将溶液加热至沸，在不断搅拌下滴加氯化钡溶液 10mL，在电热板或沙浴上微沸 5min，保温 2h，溶液最后体积保持在 150mL 左右。

（3）用慢速定量滤纸过滤，用热水洗至无氯离子为止（用硝酸银溶液检验）。

（4）将沉淀连同滤纸移入已恒重的瓷坩埚中，先在低温下灰化滤纸，然后在 800~850℃ 的马弗炉中灼烧 40min，取出坩埚，稍冷，放入干燥器中，冷至室温后，称重。

（5）每配制一批试剂或改换其他任一试剂时，应进行空白试验［除不加灰样外，其余全部同（1）~（4）］。

10.5.4　结果计算

三氧化硫的质量分数 SO_3（%）按以下公式计算

$$SO_3(\%) = \frac{k(m_1 - m_2)}{m} \times 100\%$$ （10-10）

式中：m_1 为硫酸钡的质量，g；m_2 为空白测定时硫酸钡的质量，g；m 为灰样的质量，g；k 为由硫酸钡质量换算为三氧化硫质量的换算系数，以 0.3430 计。

计算结果按 GB/T 21923 数字修约规则，修约至小数点后二位。

10.5.5 方法精密度

三氧化硫测定结果的精密度见表 10-8。

表 10-8 三氧化硫测定结果的精密度

质量分数（%）	重复性限（%）
≤5.00	0.20
>5.00	0.30

10.5.6 分析过程注意事项

该方法是采用沉淀法测定灰中三氧化硫的含量，溶液酸度控制对测定结果的影响较大，一般要将酸度控制在 0.05～0.1mol/L，因为酸度增大时，能促使生成酸式盐，而使沉淀的溶解度增大，使测定结果偏低。反应式如下

$$BaSO_4 + H^+ \longrightarrow Ba^{2+} + HSO_4^-$$

进行沉淀时，应在不断搅拌中慢慢加入氯化钡溶液，否则，发生局部饱和，生成大量的晶核，结果生成大量颗粒小、纯度低的沉淀。氯化钡的加入量不能太多，只能过量 20%～30%，否则会产生盐效应，使沉淀的溶解度增大

沉淀一般在热的溶液中进行。沉淀的溶解度随着温度的升高而增大，降低溶液的相对饱和度，以便形成大颗粒的沉淀。同时，减少杂质的吸附量，以获得纯净的沉淀。此外，温度提高也能增加构晶离子的扩散速度，加快晶体的成长，以获得大颗粒的沉淀。

沉淀析出后，需要一个陈化放置过程，这是因为小颗粒的沉淀相对于大颗粒的沉淀来说溶解度大，因此，当溶液中大小颗粒的沉淀同时存在时，溶液的浓度相对于大颗粒来说已经饱和，而小颗粒尚未饱和，结果小颗粒的沉淀逐渐溶解，使溶液相对于大颗粒过饱和，溶液中的离子形成大晶体析出，此时，溶液对于小颗粒的沉淀又变为不饱和，小晶体就要继续溶解，如此下去，就可以使小颗粒全部转化为大颗粒沉淀。此外，由于大颗粒的沉淀相对表面积小一点，因此，吸收的杂质相对少一点。

如果溶液中 Fe^{3+}、Al^{3+} 存在较多时，容易生成 $Fe_2(SO_4)_3$ 和 $Al_2(SO_4)_3$，高温灼烧时，生 Fe_2O_3、Al_2O_3，造成结果偏低。此时，沉淀的颜色也不是纯白色而是黄棕色。

滤纸需要在低温下炭化，使滤纸中碳完全烧尽，否则，碳容易将硫酸钡还原为硫化钡使结果偏低。反应式如下

$$BaSO_4 + 2C \longrightarrow BaS + 2CO_2$$

灼烧沉淀的温度应控制在 800～850℃，超过 1000℃，容易引起硫酸钡分解。反应式如下

$$BaSO_4 \longrightarrow BaO + SO_3 \uparrow$$

10.6　能量色散 X 射线荧光法

10.6.1　测定原理

能量色散 X 射线荧光法是通过照射原子核的 X 射线能量与原子核内层电子的能量在同一数量级时，核的内层电子共振吸收射线的辐射能量后发生跃迁，而在内层电子轨道上留下一个空穴，处于高能态的外层电子跳回低能态的空穴，将过剩的能量以 X 射线的形式放出，所产生的 X 射线即为代表各元素特征的 X 射线荧光谱线。其能量等于原子内壳层电子的能级差，即原子特定的电子层间跃迁能量。

当能量高于原子内层电子结合能的高能 X 射线与原子发生碰撞时，驱逐一个内层电子而出现一个空穴，使整个原子体系处于不稳定的激发态，激发态原子寿命约为 14s，然后自发地由能量高的状态跃迁到能量低的状态，这个过程称为弛豫过程。弛豫过程既可以是非辐射跃迁，也可以是辐射跃迁。当较外层的电子跃迁到空穴时，所释放的能量随即在原子内部被吸收而逐出较外层的另一个次级光电子，此称为俄歇效应，亦称次级光电效应或无辐射效应，所逐出的次级光电子称为俄歇电子。它的能量是特征的，与入射辐射的能量无关。当较外层的电子跃入内层空穴所释放的能量不在原子内被吸收，而是以辐射形式放出时，便产生 X 射线荧光，其能量等于两能级之间的能量差。因此，X 射线荧光的能量或波长是特征性的，与元素有一一对应的关系。K 层电子被逐出后，其空穴可以被外层中任一电子所填充，从而可产生一系列的谱线，称为 K 系谱线：由 L 层跃迁到 K 层辐射的 X 射线称为 Kα 射线，由 M 层跃迁到 K 层辐射的 X 射线称为 Kβ 射线……同样，L 层电子被逐出可以产生 L 系辐射。如果入射的 X 射线使某元素的 K 层电子激发成光电子后 L 层电子跃迁到 K 层，此时就有能量 ΔE 释放出来，且 $\Delta E = E_K - E_L$，这个能量以 X 射线形式释放，产生的就是 Kα 射线，同样还可以产生 Kβ 射线、L 系射线等。莫斯莱（H. G. Moseley）发现，荧光 X 射线的波长 λ 与元素的原子序数 Z 有关，其数学关系为

$$\lambda = K(Z - S)^{-2} \tag{10-11}$$

式中：K 和 S 为常数，这就是莫斯莱定律，因此，只要测出荧光 X 射线的波长，就可以知道元素的种类，这就是荧光 X 射线定性分析的基础。此外，荧光 X 射线的强度与相应元素的含量成正比，即 $I = aC$，a 为常数，据此，可以进行元素定量分析。以标准灰样作为参照物，建立待测元素与其特征 X 射线的强度的数理统计关系，建立工作曲线后再测定待测样品中各种元素的含量。

10.6.2　分析仪器

X 射线荧光光谱分析法是利用原级 X 射线光子或其他微观粒子激发待测物质中的原子，使之产生荧光（次级 X 射线）而进行物质成分分析和化学态研究的方法。按激发、色散和探测方法的不同，分为 X 射线光谱法（波长色散）和 X 射线能谱法（能量色散）两大分支，这里介绍的是能量色散 X 射线荧光光谱分析，仪器只须采用小型激发源（如放射性同位素和小型 X 射线管等）、半导体探测器［如硅（锂）探测器］、放大器和多道脉冲幅度分析器，

就可以对能量范围很宽的 X 射线谱同时进行能量分辨（定性分析）和定量测定。而且，由于无需分光系统，样品可以紧靠着探测器，光程大大缩短，X 射线探测的几何效率可提高 2~3 个数量级，因而灵敏度大大提高，对激发源的强度要求则相应降低。所以，整个谱仪的结构要比波长色散谱仪简单得多。

作为激发源的 X 射线管，其发射的 X 射线既可以在通过滤光片后直接激发样品，也可以由激发次级靶，利用便于随意选择的靶材发射出来的标识线经过滤光片后激发待测的样品，这可以大大提高分析线与本底的对比度，对少量或痕量元素的测定特别有利。

10.6.3　能量色散 X 射线荧光法与其他分析方法的对比

与其他方法相比，能量色散 X 射线荧光法有很多优点：首先，实现了"多元素"一次测定，除了氢、碳等少量元素不能测定之外，元素周期表中的大部分元素（Na~U）都能测定，因此，生物质燃料灰成分分析要求测定的元素均能一次测定，而原子吸收光谱法只能测定灰中的金属元素，硅、硫、磷等元素仍需常规化学分析方法；其次，测定速度快，测定一个灰样中的所有元素只需几分钟，与化学常规化学分析方法和原子吸收分光光度法相比速度大大提高（用常规化学分析方法测定一个灰样的所有元素含量需几天时间），同时与常规分析方法相比操作简单得多，只需将灰样用专用的样品盒装好放入样品室，盖上仪器盖子即可测定；再者，实现"无损检测"，对样品的理化性质不产生影响，它既可免去操作烦琐的熔样过程，又可免去强酸强碱对实验人员的危害；此外，检测精确度高，试验过程对检测精确度造成影响的因素少，而常规化学分析方法只要试验人员操作不当就会引起较大的实验误差。

10.6.4　分析步骤

使用 Win Trace 分析软件，选用煤炭科学技术研究院有限公司的标准灰样 CASD-8、CASD-9、CASD-10、CASD-11、CASD-12、CASD-13 等标准灰样中任一个标样或两个以上的标样校正各个元素的工作曲线，校正时一定要采用重复性较好的数据，标准灰样的标准值见表 10-9。能量色散 X 射线荧光法的基本操作步骤如下：

表 10-9　　　　　　　　　　　　　　标准灰样的标准值

样号	成分含量（%）									
	SiO_2	Al_2O_3	Fe_2O_3	CaO	MgO	SO_3	TiO_2	K_2O	Na_2O	P_2O_5
CASD-8	46.77 ±0.38	14.96 ±0.28	5.51 ±0.25	21.37 ±0.53	1.73 ±0.20	3.94 ±0.14	0.63 ±0.07	1.41 ±0.15	1.36 ±0.17	0.50 ±0.05
CASD-9	52.35 ±0.33	19.84 ±0.30	17.51 ±0.40	4.05 ±0.13	1.07 ±0.19	1.83 ±0.17	0.86 ±0.09	0.92 ±0.06	0.49 ±0.07	0.28 ±0.04
CASD-10	53.98 ±0.31	31.70 ±0.39	7.80 ±0.31	1.44 ±0.27	1.08 ±0.14	0.28 ±0.19	1.17 ±0.12	1.36 ±0.16	0.22 ±0.06	0.28 ±0.04
CASD-11	62.93± 0.52	17.88 ±0.25	6.04± 0.26	6.11 ±0.27	0.90 ±0.15	1.20 ±0.19	0.79 ±0.07	0.87 ±0.08	1.18 ±0.15	0.85 ±0.09

样号	成分含量（%）									
	SiO$_2$	Al$_2$O$_3$	Fe$_2$O$_3$	CaO	MgO	SO$_3$	TiO$_2$	K$_2$O	Na$_2$O	P$_2$O$_5$
CASD-12	50.08 ±0.37	33.78 ±0.34	4.36 ±0.21	5.50 ±0.24	0.76 ±0.19	1.25 ±0.12	1.77 ±0.13	0.87 ±0.06	0.41 ±0.07	0.18 ±0.03
CASD-13	31.24 ±0.53	10.00 ±0.27	8.16 ±0.26	42.40 ±0.67	1.17 ±0.21	2.76 ±0.16	0.56 ±0.07	1.28 ±0.13	0.46 ±0.07	0.04 ±0.01

（1）每次试验前，采用高纯铜进行能量校正。

（2）采用标准灰样校正各个元素的工作曲线。将标准灰样磨至粒度小于 0.09mm，用压片机在 20Pa 的压力下压 30s，制成圆片供测定用。输入待测元素的标准值，选取待测元素的参考谱图和采谱条件，用专用样品盒将标准灰样圆片装好放入仪器中检测，检测完毕，对各元素进行校正（可采用两点法校正，也就是选择标准曲线中高、低端标准样品进行校正），建立各个元素的工作曲线。

（3）选取待测元素的参考谱图和采谱条件，放入待测样品压片进行检测。Win Trace 分析软件自动进行能量强度校正和基体校正，显示测定结果。

10.6.5 干扰因素及消除方法

如果不考虑任何吸收增强效应，那么各元素或氧化物的相对荧光强度（即荧光强度与含量为 100% 时的荧光强度比值）就应该等于该元素或氧化物的含量，这是容易理解的，显而易见的一个推论是该元素的荧光强度与该元素或氧化物的浓度（含量）成正比。但事实上，这种正比关系并不总是成立，原因在于在荧光分析中必然存在的基体效应和吸收增强效应。可以简单地这样理解，原级射线进入样品要被衰减，衰减的幅度与基体成分有关，假定两个二元样品含有同样浓度的 Fe，一个样品第二成分为 Pb，另一个样品第二成分为 C，因为 Pb 的质量系数比 C 大得多，进入样品中能激发 Fe 的射线的量当然有很大不同，另外 Fe 被激发后产生的荧光 X 射线在传出样品的过程中也要受到衰减，同样与基体成分有关。这就使得同样含量的 Fe 的相对荧光强度产生很大的不同，这就是荧光分析中的基体效应。一方面的效应是二（三）次荧光效应，假设有一个二元样品，含有 Fe 和 Si。其中 Fe 元素受原级 X 射线激发产生荧光特征荧光 X 射线，Ka 线能量为 6.4keV，Kb 线能量为 7.06keV，高于 Si 元素的 K 线的激发限 1.84keV，因此 Fe 的荧光射线将有一部分被 Si 吸收并激发 Si 的荧光射线，称为二次荧光。这样 Si 的荧光强度就会由于二次荧光而增加，也称为基体增强效应。当然二次荧光还可激发其他更低原子序数的元素，形成三次荧光，不过一般比例很小。

对光谱的干扰可以通过 GROSS、NET、XMT、DERIVA-TIVE 等计算方式消除。例如，钙与硅的谱线与其他元素产生重叠，可以通过 XMT 法处理，进行有效剥离；还可以通过 NET 法扣除金属元素的背景干扰。元素之间的影响和基体效应可以通过数学校正法消除，常用的有经验系数法和基本参数法，基本参数法采用标准样品参比，建立工作曲线；经验系数法的公式如下

$$C_i = B_i + K_i R_i + \sum A_{ij} R_i R_j \tag{10-12}$$

式中：C_i 为待测元素的质量分数；B_i 为待测元素的曲线截距；K_i 为待测元素的曲线斜率；A 为各元素之间的影响因子；R 为元素的荧光强度。

根据谱线情况，对各元素之间的影响进行尝试设置，Win Trace 通过对元素质量分数和荧光强度进行回归计算，分析元素之间是否存在影响及影响因子的大小。Win Trace 分析软件采用这种 Lucas-Tooth 和 Price 强度修正模式，能有效消除可能的元素干扰。

样品通过压片后放入仪器中测定，样品粒度对测定结果的准确度有较大影响，当粒度小于 0.09mm 时，影响趋向恒定，因此，灰样粒度应小于 0.09mm。此外，荧光强度随压片压力的增加而增大，其中，钙与硅影响最大，但压片压力大于 15Pa 时，各元素的荧光强度不再变化，因此，压片压力取 20Pa。

第 *11* 章

生物质基础理化性质差异性研究

生物质被认为是最有潜力代替石油的资源，据统计我国生物质资源现存量为 6.74×10^8 t 标准煤以上。因此，对生物质基础理化性质开展深入研究具有重要意义。同煤炭一样，生物质的发热量、工业分析、元素分析和结构分析是生物质理化分析的基本内容，是了解和判断生物质的组成、性质、种类以及工业用途的重要参考依据。然而，生物质作为新型可再生能源，与作为传统能源的煤炭相比，存在着一定的差异性，如生物质与煤炭相比，含氧量和挥发分含量较高，碳、硫、氮含量和固定碳含量较低。生物质基础理化性质差异性以木类生物质为研究对象，主要开展以下研究内容。

（1）进行充分调研及资料收集，得到美国材料与试验协会（ASTM）标准下的木质生物质检测结果数据（包括工业分析、元素分析及发热量等指标）。

（2）利用相关分析、多元线性回归、误差分析等统计分析法，分析木质生物质与其他种类生物质基础性质的差异性，并得到元素分析指标、发热量与工业分析指标间的关系。

（3）利用广东省粤电湛江生物质发电有限公司的实测数据对（2）中提出的方法进行验证。

11.1 木质生物质与其他类别生物质工业分析指标差异性分析

11.1.1 生物质工业分析概述

生物质工业分析的成分并非生物质燃料中的固有形态，而是在特定条件下的转化产物，它是在一定条件下，用加热或燃烧的方法将生物质燃料中原有的极为复杂的组成加以分解和转化而得到的可用普通的化学分析方法去研究的组成。工业分析组成是用工业分析法得出燃料的规范性组成，该组成可给出固体燃料中可燃成分和不可燃成分的含量。可燃成分的工业分析组成为挥发分和固定碳，不可燃成分为水分和灰分。可燃成分和不可燃成分都是以质量分数来表示的，其总和应为 100%。

1. 生物质中的水分

由于水是维持生物质生存不可缺少的物质之一，因此生物质中都含有一定的水分，并且随着生物质种类、产地的不同而有很大的变化。生物质中的水分以不同的形态分为游离水分、化合结晶水。前者附着于生物质颗粒表面及吸附于毛细孔内，后者和生物质中矿物质成分化合。游离水又分为外在水分和内在水分。通常，生物质作为固体燃料，其水分用干燥法确定。即将生物质在一定温度下缓慢干燥 1h 后，再计算生物质失去的质量，从而得到生物质的水分。

根据生物质样品的不同，又分为原生物质样品的全水分（即收到基水分 M_{ar}），和分析生物质样品水分 M_{ad}。生物质工业分析测定的是生物质的样品水分 M_{ad}。

一般来讲，水分的存在使生物质中可燃物质的含量相对减少，热值降低。水分含量多使生物质颗粒燃料着火困难，影响燃烧速度。虽然水分不是一种可燃成分，但它的析出具有造孔效应，使其和可燃成分具有同样重要的作用。

2. 生物质中的灰分

生物质中的灰分是指将生物质中所有可燃物在一定温度 [（550±10）℃] 下完全燃烧以及其中矿物质在空气中经过一系列分解、化合等复杂反应后所剩余的残渣。生物质中的灰分来自矿物质，但它的组成或质量与生物质中矿物质不完全相同，它是矿物质在一定条件下的产物，所以称为在一定温度下的灰分产率较为确切，一般简称为灰分。由于矿物质的真实含量很难测出，因此常用灰分率作为矿物质含量的近似值。

灰分是生物质中不可燃的杂质，生物质与常规的化石燃料一样，或多或少地含有不能燃烧的矿物杂质，它可以分为外部杂质和内部杂质。外部杂质是在采获、运输和储存过程中混入的矿石、沙和泥土等。生物质作为固体燃料，其矿物质主要是瓷土（$Al_2O_3 \cdot 2SiO_2 \cdot 2H_2O$）和氧化硅（$SiO_2$）以及其他金属矿物等。灰分亦是生物质颗粒燃料的不可燃成分，相对而言，随着灰分含量的升高，可燃成分减少，热值降低，燃烧温度也降低。

3. 生物质中的挥发分

把生物质样品与空气隔绝在一定的温度条件下加热一定的时间后，由生物质中有机物分解出来的液体（此时称为蒸气状态）和气体产物的总和称为挥发分，但挥发分在数量上并不包括燃料中游离水分蒸发的水蒸气。剩下的不挥发物称为焦渣。

挥发分本身的化学成分是一种饱和的以及未饱和的芳香族碳氢化合物的混合物，是氧、硫、氮以及其他元素的有机化合物的混合物，以及燃料中结晶水分解后蒸发的水蒸气。挥发分并不是生物质固有的有机物质的形态，而是特定条件下的产物，是当燃料受热时才形成的，所以挥发分含量的多少是指燃料所析出的挥发分的量，而不是指挥发分在燃料中的含量。挥发分也称挥发分产率。

生物质颗粒燃料中的挥发分及其热值对着火和燃烧情况都有较大影响。对于热值高的挥发分，逸出的初始温度也高，当燃料受热时，挥发分首先析出，并着火燃烧。

4. 固定碳

挥发分逸出后的残留物称为焦渣，生物质试样燃烧后，其中的灰分转入焦渣中，焦渣质量减去灰分质量，就是固定碳质量。固定碳是相对于挥发分中的碳而言的，是燃烧中以单质形式存在的碳，固定碳的燃点很高，需要在较高温度下才能着火燃烧，所以燃料中固定碳的含量越高，则燃料越难燃烧，着火燃烧的温度也就越高。固定碳是根据水分、灰分和挥发分的含量计算出来的，其计算公式为 $FC_{ad} = 100 - (M_{ad} + A_{ad} + V_{ad})$。

11.1.2 工业分析相关指标差异性分析

对木质、草本以及果壳等几类生物质的工业分析测试数据进行收集整理，通过统计分析的方法，对这几类生物质工业分析指标进行差异性分析。各类别生物质工业分析数据见

表 11-1～表 11-4。

表 11-1	果壳类生物质工业分析相关指标			%
果壳类生物质名称	水分	灰分	挥发分	固定碳
Almond shell	8.68	2.20	72.00	15.80
Olive stone	11.00	1.40	78.30	10.35
Pine kernel shell	8.33	2.70	77.60	9.70
Bean husk	9.99	8.00	74.00	8.22
Cherry stone	7.57	0.87	77.20	14.13
Cocoa beans husk	8.80	7.96	69.00	15.04
Coconut shell	8.60	1.40	79.20	19.40
Coffee husk	9.60	5.80	66.20	18.00
Date stone	9.40	1.40	72.00	18.60
Green bean husk	8.70	5.90	71.00	15.10
Hazelnut shell	8.74	2.20	77.00	10.80
Lemon rind	10.40	3.70	73.20	17.10
Nectarine stone	8.20	1.10	76.00	12.90
Pea husk	11.80	4.50	73.00	12.50
Peach stone	8.55	0.50	75.60	17.90
Peanut shell	5.10	2.50	71.00	16.50
Pineapple rind	8.00	15.00	76.50	—
Pistachio shell	8.75	1.30	72.50	16.20
Plum stone	9.13	1.80	77.00	11.20
Rice husk	7.27	3.70	73.00	15.30
Seed husk	8.20	1.90	80.00	18.10
Soft almond shell	8.30	3.10	75.80	11.10
Walnut shell	8.70	2.30	69.00	18.70
sunflower shell	8.10	3.30	76.40	12.20
Pinecone	9.40	0.70	69.00	20.90
Olive refuse	8.50	9.20	72.80	9.50
均值	8.76	3.63	74.01	14.61
最大	11.80	15.00	80.00	20.90
最小	5.10	0.50	66.20	8.22

由表 11-1 可知，果壳类生物质工业分析中水分含量为 5.10%～11.80%，均值为 8.76%；灰分含量为 0.50%～15.00%，均值为 3.63%；挥发分含量为 66.20%～80.00%，均值为 74.01%；固定碳含量为 8.22%～20.90%，均值为 14.61%。

表 11-2	草本类生物质工业分析相关指标			%
草本类生物质名称	水分	灰分	挥发分	固定碳
Beet root pellets	12.50	9.00	74.00	8.00
Straw pellets	7.30	9.80	72.00	11.20
Vine shoot chips	13.20	9.70	70.20	6.30
Gorse	14.30	5.00	65.20	10.17

续表

草本类生物质名称	水分	灰分	挥发分	固定碳
Miscanthus	7.53	9.60	73.20	11.40
Oats and vetch	7.80	7.33	72.00	12.87
Pine cone leaf	9.30	1.90	75.90	12.90
Sainfoin	9.60	9.20	73.00	7.80
Sorghum	6.10	17.00	62.00	11.00
Straw	6.80	6.10	82.00	11.90
Thistle	11.60	10.00	70.67	11.65
Triticale	9.80	6.20	75.00	8.80
Corn cob	7.00	2.40	83.00	14.60
Pea plant waste	8.70	5.80	77.30	8.89
Pepper plant waste	7.94	14.90	73.10	4.00
Potato plant waste	9.90	15.80	69.00	8.73
Rye straw	8.70	3.20	79.90	6.90
Tomato plant waste	10.20	16.20	68.00	5.98
Vine orujillo	9.50	12.70	79.00	8.30
Vine shoot waste	13.40	4.10	74.00	8.90
Watermelon stone	5.15	14.10	74.00	6.20
Wheat straw	7.70	5.30	76.00	8.19
Barley straw	9.80	6.10	75.90	7.40
Grass	16.70	3.80	72.00	7.50
Barley	9.90	3.00	76.90	10.10
Maize	11.10	2.10	78.90	9.05
Oats bran	9.90	4.15	77.00	8.85
Rye	10.76	1.80	78.90	9.30
Soya	10.90	4.80	77.00	8.20
Wheat	10.30	2.80	80.00	7.20
Wheat bran	9.00	3.50	78.00	8.50
Corn stalk	7.40	6.06	79.86	6.68
Rice straw	7.05	9.56	76.81	6.58
Cherry tomato plant waste	9.10	12.60	75.12	2.28
均值	9.60	7.36	74.84	8.91
最大	16.70	17.00	83.00	14.60
最小	5.15	1.80	62.00	4.00

由表 11-2 可知，草本类生物质工业分析中水分含量为 5.15%～16.70%，均值为 9.60%；灰分含量为 1.80%～17.00%，均值为 7.36%；挥发分含量为 62.00%～83.00%，均值为 74.84%；固定碳含量为 4.00%～14.60%，均值为 8.91%。

表 11-3 　　　　　　　　木质类生物质（树干树枝）工业分析相关指标 　　　　　　　%

木质类（树干树枝）生物质名称	水分	灰分	挥发分	固定碳
Holm oak branch chips	9. 10	3. 40	74. 90	11. 70
Pine chips	6. 25	0. 60	81. 60	13. 80
Pine pellets	6. 75	1. 30	83. 50	10. 20
Sawdust	8. 30	1. 60	81. 00	10. 40
Wood chips	5. 60	1. 50	78. 60	14. 90
Wood pellets	7. 70	1. 30	82. 00	12. 08
Chestnut tree shaving	8. 35	0. 40	79. 00	13. 60
Eucalyptus sawdust	7. 70	0. 90	80. 70	10. 38
Grapevine waste	8. 16	3. 30	73. 00	13. 70
Pine shaving	9. 20	0. 80	85. 00	9. 20
Wood sawdust	9. 20	0. 60	83. 00	10. 40
American oak acorn	8. 92	3. 20	77. 20	9. 80
Black poplar wood	7. 18	1. 50	80. 20	12. 28
Chestnut tree chips	7. 83	1. 30	78. 20	10. 50
Eucalyptus chips	6. 10	1. 90	79. 00	19. 10
Fern	8. 30	4. 10	83. 10	7. 05
Grapevine pruning	7. 30	5. 30	77. 50	12. 70
Hazelnut and alder chips	9. 50	5. 20	77. 30	9. 80
Oak acorn	11. 90	2. 60	75. 10	12. 30
Oak tree pruning	9. 80	4. 30	77. 00	8. 70
Olive tree pruning	8. 70	1. 30	78. 00	9. 00
Pine and eucalyptus chips	13. 40	3. 60	71. 60	14. 80
Wood waste	10. 10	1. 60	79. 00	9. 59
Alder	7. 40	4. 50	74. 00	11. 45
Almond tree	7. 10	5. 40	75. 60	12. 00
Apple tree	7. 70	5. 00	74. 00	14. 00
Ash tree	7. 30	2. 60	—	—
Avocado	—	—	—	—
Bamboo	7. 93	1. 20	81. 47	10. 33
Black poplar	8. 40	4. 00	79. 00	12. 80
Boj	—	—	—	—
Camellia	9. 00	4. 20	78. 00	10. 82
Cherry tree	7. 70	4. 40	74. 00	11. 50
Cherry-laurel	—	—	—	—
Chestnut tree	9. 10	3. 50	74. 00	12. 52
Cypress	8. 70	3. 40	—	—
Elder	7. 80	4. 60	—	—
Fig. tree	11. 10	7. 40	73. 10	9. 53
Grapevine	10. 40	4. 60	77. 50	8. 90
Hazelnut tree	6. 54	4. 00	80. 60	12. 42
Horse chestnut tree	6. 80	6. 90	73. 50	11. 60

续表

木质类（树干树枝）生物质名称	水分	灰分	挥发分	固定碳
Kiwi	7.20	4.50	74.00	16.48
Lemon tree	8.40	4.70	78.70	8.61
Magnolia	8.00	1.90	—	—
Medlar tree	6.90	3.40	74.00	13.60
Mimosa	8.28	4.00	75.00	11.00
Oak tree	8.20	4.20	78.40	10.40
Orange tree	8.00	4.50	79.00	10.89
Peach tree	8.10	3.80	74.00	17.20
Pear tree	8.30	6.40	74.60	8.98
Plum tree	6.42	6.60	72.00	14.40
Walnut tree	8.10	6.34	—	—
Weeping willow	7.10	5.50	—	—
Sawdust	6.70	8.25	74.90	10.15
Hybrid Poplar	7.30	3.44	79.69	12.87
Ash Tree	8.75	3.75	80.13	10.12
均值	8.19	3.56	77.55	11.67
最大	13.40	8.25	85.00	19.10
最小	5.60	0.40	71.60	7.05

由表 11-3 可知，木质类生物质（树干树枝）工业分析中水分含量为 5.60%～13.40%，均值为 8.19%；灰分含量为 0.40%～8.25%，均值为 3.56%；挥发分含量为 71.60%～85.00%，均值为 77.55%；固定碳含量为 7.05%～19.10%，均值为 11.67%。

表 11-4　　　　　　　　木质类生物质（树叶）工业分析相关指标　　　　　　　　%

木质类生物质（树叶）名称	水分	灰分	挥发分	固定碳
Pine and pine apple leaf pellets	8.70	2.70	71.00	16.80
Pine cone leaf	9.64	0.80	76.00	13.70
Alder	6.77	6.70	75.40	13.40
Almond tree	8.00	8.80	73.19	13.51
Apple tree	9.80	11.50	67.90	11.10
Ash tree	8.95	11.60	73.70	5.16
Avocado	9.20	6.40	66.00	17.67
Bamboo	8.60	6.50	72.00	11.90
Black poplar	9.90	7.30	67.20	16.04
Boj	8.56	6.00	75.90	13.60
Camellia	9.40	8.60	81.00	0.90
Carampano	11.00	7.10	—	—
Cherry tree	10.90	6.90	67.00	15.90
Cherry-laurel	6.70	5.30	—	—
Chestnut tree	8.70	4.40	68.41	17.69
Cypress	9.70	8.10	70.10	12.27

木质类生物质（树叶）名称	水分	灰分	挥发分	固定碳
Elder	11.40	15.50	66.00	8.99
Eucalyptus	9.70	7.10	71.30	12.11
Feijoa	9.40	6.20	67.20	17.10
Fig. tree	13.50	16.90	63.10	10.51
Grapevine	9.40	9.70	68.40	12.40
Hawthorn	9.68	9.12	—	—
Hazelnut tree	9.60	7.50	75.00	8.43
Horse chestnut tree	12.20	10.20	63.00	17.30
Kiwi	9.90	14.00	—	—
Laurel	11.00	5.20	—	—
Leilandi	8.90	7.20	72.00	11.09
Lemon tree	8.59	10.40	70.70	9.42
Magnolia	8.29	7.70	—	—
Mandarin tree	13.00	14.50	65.50	10.53
Maple tree	9.00	9.20	—	—
Medlar tree	8.79	7.50	69.20	13.77
Mimosa	8.59	7.40	69.10	14.04
Oak tree	9.60	3.30	68.00	19.19
Orange tree	9.70	4.90	69.20	6.45
Palm tree	8.70	2.55	71.70	16.22
Peach tree	9.94	9.70	71.00	9.67
Pear tree	9.40	5.90	73.90	10.73
Persimmon tree	9.90	13.70	80.00	1.80
Plagano maple tree	9.50	10.00	82.00	3.02
Plum tree	8.60	9.70	67.00	13.80
Raspberry	11.30	9.70	64.60	16.24
Walnut tree	10.70	9.40	62.80	18.29
Weeping willow	9.30	9.80	—	—
White magnolia	9.20	10.50	71.00	8.55
Willow	8.20	6.00	70.00	14.10
均值	9.55	8.24	70.43	12.19
最大	13.50	16.90	82.00	19.19
最小	6.70	0.80	62.80	0.90

由表 11-4 可知，木质类生物质（树叶）工业分析中，水分含量为 6.70%～13.50%，均值为 9.55%；灰分含量为 0.80%～16.90%，均值为 8.24%；挥发分含量为 62.80%～82.00%，均值为 70.43%；固定碳含量为 0.90%～19.19%，均值为 12.19%。

通过对以上各类生物质工业分析各指标的统计可以发现，水分含量各类生物质由少到多排序（按均值计算）为木质类生物质（树干树枝）＜果壳类生物质＜木质类生物质（树叶）＜草本类生物质，其中木质类生物质（树干树枝）和果壳类生物质水分含量相差不大，木质类生物质（树叶）和草本类生物质水分含量较为接近；灰分含量由少到多排序（按均值计算）为木质类生物质（树干树枝）＜果壳类生物质＜草本类生物质＜木质类生物质（树叶），其中木质类生物质（树干树枝）和果壳类生物质灰分含量相差不大；挥发分含量由少到多排序（按均值计算）为木质类生物质（树叶）＜果壳类生物质＜草本类生物质＜木质类生物质（树干树枝），其中果壳类生物质和草本类生物质挥发分含量相差不大，且与其他两类生物质含量相差较大；固定碳含量按由少到多排序（按均值计算）为草本类生物质＜木质类生物质（树干树枝）＜木质类生物质（树叶）＜果壳类生物质，其中草本类生物质与其他三种生物质固定碳含量相差较大。由此可见，不同类别生物质工业分析各指标含量具有一定差异性。同时木质类生物质中树干树枝和树叶其各指标间差异也较为明显，由此可分析出同类生物质中的不同植物部分，其各指标间也存在一定差异。此外，各类生物质工业分析各指标值范围都较大，可推断出，同类生物质中，种类和生长环境等因素也会对工业分析各指标造成一定影响。较为明显的是，木质类生物质（树干树枝）的灰分含量无论最大值还是最小值，均远小于其他三类生物质，且均值也为最小，可见较之于其他三类生物质，该类生物质灰分含量较少；同时，挥发分含量无论最大值和最小值，均大于其他三类生物质，且均值含量也为最高，由此可推断出木质类生物质（树干树枝）较之于其他三类生物质，挥发分含量较多。由于生物质燃料中挥发分是由大部分碳和氢结合成低分子碳氢化合物组成的，且生物质燃料挥发分的含量越多，开始析出的温度越低，因此，木质类生物质（树干树枝）燃料就越易着火和燃烧。

11.2 木质生物质与其他类别生物质发热量差异性分析

11.2.1 木质生物质发热量相关概念

生物质的热值是生物质能源的一个重要特性指标。生物质的发热量即生物质的热值，是指单位质量的生物质完全燃烧释放出来的热量（kJ/g 或 kJ/kg）。从燃烧状态来看，生物质的发热量可以分为弹筒发热量、高位发热量和低位发热量。弹筒发热量是指在氧弹中，在有过剩氧气的情况下，燃烧单位质量的生物质样品所产生的热量。弹筒内的燃烧产物为二氧化碳、硫酸、硝酸、呈液态的水和固态的灰渣。生物质在空气中燃烧与在氧弹中燃烧是不同的，生物质在空气中燃烧时，其中的硫只生成二氧化硫，氮则成为游离氮逸出，而在氧弹中有过剩的氧气时，可燃状态的硫生成稀硫酸，氮则生成稀硝酸。稀硫酸和稀硝酸在形成过程中要生成热，从弹筒发热量中减去上述两种稀酸的生成热后的热量就是生物质的高位发热量（higher heating value，HHV）。生物质在空气中燃烧与在氧弹中燃烧的另一个不同点是，生物质在空气中燃烧时，生物质中的全部水分（包括生物质中原有的和燃烧后生成的水）都呈水蒸气状态而排出，而在氧弹中燃烧时，水蒸气则凝集成液态水，保留在弹筒内。生物质的高位发热量减去水的蒸发热就是生物质的低位发热量（lower heating value，LHV）。

11.2.2 高位发热量差异性分析

收集整理木质、草本以及果壳等几类生物质元素分析各指标测试数据，通过统计分析的方法，对这几类生物质工业分析指标进行差异性分析。各类别生物质工业分析数据见表 11-5～表 11-8。

表 11-5　　　　　　　　　　　果壳类生物质高位发热量

果壳类生物质名称	高位发热量 HHV(J/g)	果壳类生物质名称	高位发热量 HHV(J/g)
Almond shell	18275	Peanut shell	20088
Olive stone	17884	Pineapple rind	16403
Pine kernel shell	18893	Pistachio shell	17348
Bean husk	15114	Plum stone	19136
Cherry stone	19069	Rice husk	17899
Cocoa beans husk	17313	Seed husk	17998
Coconut shell	18875	Soft almond shell	18011
Coffee husk	18326	Walnut shell	18378
Date stone	18150	sunflower shell	16100
Green bean husk	15634	Pinecone	18600
Hazelnut shell	18872	Olive refuse	15900
Lemon rind	17184	均值	17810.15
Nectarine stone	19560	最大	20088
Pea husk	15464	最小	15114
Peach stone	18590		

表 11-6　　　　　　　　　　　草本类生物质高位发热量

草本类生物质名称	HHV(J/g)	草本类生物质名称	HHV(J/g)
Beet root pellets	15095	Vine orujillo	17742
Straw pellets	16584	Vine shoot waste	13292
Vine shoot chips	14631	Watermelon stone	18886
Gorse	18599	Wheat straw	17344
Miscanthus	18072	Barley straw	17369
Oats and vetch	16661	Grass	14653
Pine cone leaf	18449	Barley	16519
Sainfoin	16412	Maize	16429
Sorghum	11872	Oats bran	18058
Straw	16923	Rye	16141
Thistle	17747	Soya	16711
Triticale	16645	Wheat	16325
Corn cob	17692	Wheat bran	17370
Pea plant waste	17351	Cherry tomato plant waste	14005
Pepper plant waste	13656	均值	16437.58
Potato plant waste	15070	最大	18886
Rye straw	17113	最小	11872
Tomato plant waste	14154		

表 11-7　　　　　　　**木质类生物质（树干树枝）高位发热量**

木质类生物质（树干树枝）名称	HHV(J/g)	木质类生物质（树干树枝）名称	HHV(J/g)
Holm oak branch chips	17181	Boj	18794
Pine chips	19427	Camellia	17832
Pine pellets	18840	Cherry tree	19361
Sawdust	18016	Cherry-laurel	17659
Wood chips	15162	Chestnut tree	16799
Wood pellets	18218	Cypress	18694
Chestnut tree shaving	17616	Elder	18412
Eucalyptus sawdust	18049	Fig. tree	17515
Grapevine waste	16467	Grapevine	16818
Pine shaving	19793	Hazelnut tree	18186
Wood sawdust	18207	Horse chestnut tree	17469
American oak acorn	17372	Kiwi	17812
Black poplar wood	18392	Lemon tree	17564
Chestnut tree chips	17485	Magnolia	18419
Eucalyptus chips	16838	Medlar tree	17645
Fern	18045	Mimosa	17752
Grapevine pruning	17777	Oak tree	17717
Hazelnut and alder chips	17555	Orange tree	16305
Oak acorn	16165	Peach tree	18673
Oak tree pruning	17592	Pear tree	17463
Olive tree pruning	17342	Plum tree	17559
Pine and eucalyptus chips	16987	Walnut tree	17645
Wood waste	17837	Weeping willow	19464
Alder	20083	Sawdust	18321
Almond tree	18351	Hybrid Poplar	17140
Apple tree	17821	Ash Tree	18060
Ash tree	17847	均值	17832.2
Avocado	16380	最大	20083
Bamboo	18269	最小	15162
Black poplar	18411		

表 11-8　　　　　　　**木质类生物质（树叶）高位发热量**

木质类生物质（树叶）名称	HHV(J/g)	木质类生物质（树叶）名称	HHV(J/g)
Pine and pine apple leaf pellets	17547	Black poplar	17565
Pine cone leaf	18033	Boj	17124
Alder	18829	Camellia	16738
Almond tree	16960	Carampano	18372
Apple tree	16910	Cherry tree	17134
Ash tree	16571	Cherry-laurel	19189
Avocado	17391	Chestnut tree	18157
Bamboo	17512	Cypress	18944

木质类生物质（树叶）名称	HHV(J/g)	木质类生物质（树叶）名称	HHV(J/g)
Elder	15900	Oak tree	16916
Eucalyptus	18444	Orange tree	15570
Feijoa	17205	Palm tree	18933
Fig. tree	13781	Peach tree	17736
Grapevine	16488	Pear tree	18329
Hawthorn	18099	Persimmon tree	15425
Hazelnut tree	17270	Plagano maple tree	17574
Horse chestnut tree	16190	Plum tree	17328
Kiwi	17212	Raspberry	16803
Laurel	19316	Walnut tree	16931
Leilandi	19131	Weeping willow	17085
Lemon tree	15752	White magnolia	16911
Magnolia	16977	Willow	17341
Mandarin tree	14933	均值	17328.48
Maple tree	18017	最大	19316
Medlar tree	17698	最小	13781
Mimosa	18839		

由表 11-5～表 11-8 可知，各类生物质高位发热量均值和范围如下：果壳类生物质均值为 17.810kJ/g，范围 15.114～20.088kJ/g；草本类生物质均值为 16.437kJ/g，范围 11.872～18.886kJ/g；木质类生物质（树干树枝）均值为 17.832kJ/g，范围 15.162～20.083kJ/g；木质类生物质（树叶）均值为 17.328kJ/g，范围 13.781～19.316kJ/g。按均值从小到大的排列顺序为草本类生物质＜木质类生物质（树叶）＜果壳类生物质＜木质类生物质（树干树枝）。由此可推断出不同类生物质，其高位发热量指标存在着一定差异。此外，由于发热量是指生物质中的可燃物质在燃烧过程中释放的热量，因而生物质的挥发分和固定碳含量高低决定着高位发热量的大小。通过对比发现，高位发热量均值最高的是果壳类生物质和木质类生物质（树干树枝），这主要与其挥发分和固定碳含量较高有着重要关系。同时，不同类生物质高位发热量指标值范围都较大，可推断出，同类生物质中，种类和生长环境等因素也会对高位发热量指标造成一定影响。

11.3 木质生物质与其他类别生物质元素分析指标差异性分析

11.3.1 生物质元素分析概述

生物质的元素分析是指生物质中主要元素含量的测定，它将影响生物质的燃烧状态。从化学角度来看，生物质是由多种可燃质、不可燃的无机矿物质及水分混合而成的。其中，可燃质是多种复杂的高分子有机化合物的混合物，主要由碳（C）、氢（H）、氧（O）、氮（N）和硫（S）等元素所组成，而 C、H 和 O 是生物质的主要成分。生物质中主要可燃元素为 C，其基本上决定了生物质的热值，在完全燃烧的情况下，1kg 的 C 可以释放 34045kJ 的热量。H 是生物质中仅次于 C 的可燃元素，1kg 的 H 完全燃烧时，可以释放 142256kJ 的热量。生物质中所含的 H 包括自由氢和化合氢。自由氢受热时可热解析出，且易点火燃烧，化合氢不参与氧化反应。在一般情况下，N 并不参与氧化反应，而是以自由状态排入大气，但在高温的情况下，部分 N 可与 O 反应生成 NO_x，从而对大气环境造成污染。S 在燃烧过程中可生成 SO_2 和 SO_3 气体，既对环境造成污染，又增加了燃烧设备腐蚀的可能性。由于当前化石燃料造成的环境污染问题较为严重，而生物质中 S 含量极低，因此常选用生物质来替代煤等化石能源。用燃料中各元素的质量分数来表示燃料的组成成分即燃料的元素分析。此外，各元素分析又与生物质工业分析指标、高位发热量和构成等有着显著的相关关系。通过各类元素分析指标的差异性分析，可定性对生物质基本性质进行简易的判断。

11.3.2 元素分析相关指标差异性分析

对木质、草本以及果壳等几类生物质元素分析测试数据进行统计分析，研究这几类生物质元素分析指标差异性。各类别生物质元素分析数据见表 11-9～表 11-12。

表 11-9 　　　　　　　　　果壳类生物质元素分析相关指标 　　　　　　　　　%

果壳类生物质名称	N	C	S	H	O
Almond shell	0.30	46.35	0.22	5.67	47.20
Olive stone	1.81	46.55	0.11	6.33	45.20
Pine kernel shell	0.31	47.91	0.60	4.90	46.28
Asturian beans husk	0.66	39.66	0.31	5.38	53.98
Cherry stone	0.43	48.57	0.19	6.21	44.60
Chestnut shell	0.42	42.31	0.33	5.17	51.77
Cocoa beans husk	2.64	43.25	0.29	5.89	47.93
Coconut shell	0.15	47.93	0.24	6.05	45.63
Coffee husk	2.53	45.06	0.48	6.42	45.51
Date stone	1.03	43.37	0.32	6.23	49.05
Hazelnut shell	0.27	47.80	0.16	6.14	45.64
Lemon rind	1.08	42.95	0.42	6.56	48.98
Nectarine stone	0.50	48.57	0.23	6.22	44.48
Pea husk	0.42	24.51	1.00	0.27	73.80
Peach stone	3.94	40.72	0.30	6.96	48.07
Peanut shell	1.05	49.35	0.24	6.40	42.96
Pistachio shell	0.11	44.69	0.18	5.16	49.87
Plum stone	0.87	48.22	0.17	6.60	44.14
Pomegranate peel	0.69	42.19	0.33	5.11	51.68
Rice husk	0.21	26.69	0.17	2.88	70.05
Seed husk	0.38	45.33	0.24	5.91	48.14
Walnut shell	0.22	46.97	0.10	6.27	46.44
均值	0.91	43.59	0.30	5.58	49.61
最大	3.94	49.35	1.00	6.96	73.80
最小	0.11	24.51	0.10	0.27	42.96

通过表 11-9 可知，果壳类生物质氮元素均值含量为 0.91％，范围为 0.11％～3.94％，碳元素均值含量为 43.59％，范围为 24.51％～49.35％，硫元素均值含量为 0.30％，范围为 0.1％～1.00％，氢元素均值含量为 5.58％，范围为 0.27％～6.96％，氧元素均值含量为 49.61％，范围为 42.96％～73.80％。

表 11-10 草本类生物质元素分析相关指标 ％

草本类生物质名称	N	C	S	H	O
Beet root pellets	1.19	39.94	0.51	6.23	52.13
Straw pellets	0.56	48.89	0.17	6.51	43.87
Vine shoot chips	0.61	41.15	0.31	6.02	51.91
Grass	1.71	40.62	0.31	6.61	50.75
Barley	1.79	42.59	0.35	7.08	48.18
Maize	1.17	41.96	0.23	7.92	48.71
Oats bran	2.17	45.01	0.29	8.17	44.36
Rye	1.20	42.11	0.21	7.76	48.72
Soya	1.16	45.42	0.24	7.33	45.86
Wheat	0.24	50.22	0.26	7.52	41.76
Wheat bran	2.34	43.74	0.31	7.62	45.98
Barley straw	1.64	41.69	0.23	7.95	48.50
Corncob	0.22	45.78	0.21	7.02	46.77
Grapevine waste	1.35	36.74	0.30	6.95	54.67
Pea plant waste	0.90	45.06	0.39	5.73	47.91
Pepper plant waste	3.66	37.56	0.83	6.27	51.67
Potato plant waste	1.13	39.33	0.44	6.07	53.03
Rye straw	1.16	41.18	0.32	7.85	49.48
Tomato plant waste	1.19	37.63	1.48	7.80	48.01
Vine orujillo	1.91	45.15	0.58	6.31	46.04
Vine shoot waste	0.63	35.60	0.24	6.61	56.91
Wheat straw	1.18	46.58	0.59	7.04	44.60
Rapeseed	5.10	42.10	0.63	7.00	45.80
Cotton refuse	3.10	43.10	0.51	7.00	46.80
Corn stalk	0.77	38.95	0.59	7.47	38.76
Rice straw	0.78	37.55	0.56	6.49	38.01
均值	1.49	42.14	0.43	7.01	47.66
最大	5.10	50.22	1.48	8.17	56.91
最小	0.22	35.60	0.17	5.73	38.01

通过表 11-10 可知，草本类生物质氮元素均值含量为 1.49％，范围为 0.22％～5.10％，碳元素均值含量为 42.14％，范围为 35.60％～50.22％，硫元素均值含量为 0.43％，范围为 0.17％～1.48％，氢元素均值含量为 7.01％，范围为 5.73％～8.17％，氧元素均值含量为 47.66％，范围为 38.01％～56.91％。与果壳类生物质相比较，草本类生物质元素指标范围除硫元素外，其余的范围都比较狭窄。

表 11-11　　　　　　　　**木质类生物质（树干树枝）元素分析相关指标**　　　　　　%

树干树枝生物质名称	N	C	S	H	O
Pine chips	0.09	47.65	0.18	5.59	46.90
Pine pellets	0.28	46.33	0.21	5.30	48.28
Sawdust	0.53	44.84	0.97	6.02	48.05
Hazelnut and alder chips	0.40	44.97	0.10	5.94	48.41
Oak tree pruning	0.73	37.39	0.11	5.94	56.23
Olive tree pruning	1.47	44.86	0.18	5.47	48.42
Pine and eucalyptus chips	1.59	45.40	0.09	6.30	47.03
Scrubland pruning	1.19	32.61	0.15	3.90	62.56
Almond tree	0.65	46.85	0.06	6.36	46.47
Apple tree	0.81	45.74	0.29	11.55	42.01
Black poplar	0.33	45.12	0.49	0.03	54.43
Cherry tree	0.52	45.92	0.07	6.21	47.68
Grapevine	0.76	44.50	0.36	6.95	47.83
Horse chestnut tree	1.05	43.21	0.33	6.27	49.54
Lemon tree	0.54	54.24	0.23	5.72	45.68
Medlar tree	0.52	43.86	0.08	6.17	49.77
Mimosa	0.75	45.31	0.07	6.19	48.08
Oak tree	2.87	47.76	0.23	6.28	43.26
Orange tree	0.56	45.26	0.11	6.12	48.34
Chestnut tree shaving	0.12	45.38	0.17	5.00	49.73
Pine shaving	0.07	48.17	0.16	5.08	46.92
Wood sawdust	0.12	45.47	0.14	5.13	49.53
Sawdust	0.60	45.05	0.07	5.42	52.31
均值	0.72	45.04	0.21	5.78	49.02
最大	2.87	54.24	0.97	11.55	62.56
最小	0.07	32.61	0.06	0.03	42.01

通过表 11-11 可知，木质类生物质（树干树枝）氮元素均值含量为 0.72%，范围为 0.07%～2.87%，碳元素均值含量为 45.04%，范围为 32.61%～54.24%，硫元素均值含量 为 0.21%，范围为 0.06%～0.97%，氢元素均值含量为 5.78%，范围为 0.03%～11.55%，氧元素均值含量为 49.02%，范围为 42.01%～62.56%。

表 11-12　　　　　　　　**木质类生物质（树叶）元素分析相关指标**　　　　　　%

树叶生物质名称	N	C	S	H	O
Pine and pine apple leaf pellets	0.4	42.26	0.27	5.81	52.27
Pine cone leaf	0.27	47.65	0.44	6.43	46.21
Almond tree	2.85	43.25	0.34	6.5	48.06
Apple tree	1.61	44.45	0.23	7.15	47.56
Black poplar	1.03	48.3	0.35	9.41	41.92
Cherry tree	1.49	45.52	0.19	7.25	47.55
Chestnut tree	2.21	47.82	0.27	7.24	43.46

续表

树叶生物质名称	N	C	S	H	O
Feijoa	1.23	45.28	0.2	7.03	47.25
Hazelnut tree	2.05	45.14	0.31	7.79	45.71
Oak tree	3.04	46.9	0.38	6.47	44.2
Orange tree	2.59	41.11	0.4	6.28	50.62
Peach tree	2.03	49.59	0.77	10.76	37.86
均值	1.73	45.61	0.35	7.34	46.06
最大	3.04	49.59	0.77	10.76	52.27
最小	0.27	41.11	0.19	5.81	37.86

通过表 11-12 可知，木质类生物质（树叶）氮元素均值含量为 1.73%，范围为 0.27%～3.04%，碳元素均值含量为 45.61%，范围为 41.11%～49.59%，硫元素均值含量为 0.35%，范围为 0.19%～0.77%，氢元素均值含量为 7.34%，范围为 5.81%～10.76%，氧元素均值含量为 46.06%，范围为 37.86%～52.27%。

通过对以上各类生物质元素分析各指标的统计，各类生物质氮元素含量由少到多排序（按均值计算）为木质类生物质（树干树枝）＜果壳类生物质＜草本类生物质＜木质类生物质（树叶），其中木质类生物质（树干树枝）和果壳类生物质氮元素含量相差不大，木质类生物质（树叶）和草本类生物质氮元素含量与另外两种生物质氮元素含量相比高出很多，由于生物质在燃烧过程中氮元素会生成氮氧化物等有毒有害气体，因此可知以氮元素含量方面来看，生物质燃料选取木质类生物质（树干树枝）对环境影响效果最小；碳元素含量由少到多排序（按均值计算）为草本类生物质＜果壳类生物质＜木质类生物质（树干树枝）＜木质类生物质（树叶），其中所有类别生物质碳元素含量均在 40% 以上，验证了碳元素是生物质重要组成元素之一；硫元素含量由少到多排序（按均值计算）为木质类生物质（树干树枝）＜果壳类生物质＜木质类生物质（树叶）＜草本类生物质，同氮元素一样，由于在燃烧过程中，硫元素的存在会在氧化作用下形成 SO_2 等对大气环境有害的气体，因此可知从硫元素含量方面来看，生物质燃料选取木质类生物质（树干树枝），其值较之于最高的草本类生物质，其硫含量仅为草本类的二分之一，对环境影响效果最小；氢元素含量由少到多排序（按均值计算）为果壳类生物质＜木质类生物质（树干树枝）＜草本类生物质＜木质类生物质（树叶），其中，各类生物质氢含量均占到了 5% 以上，氢也为生物质重要组成元素之一；氧元素含量由少到多排序（按均值计算）为木质类生物质（树叶）＜草本类生物质＜木质类生物质（树干树枝）＜果壳类生物质，其中所有类别生物质氧含量均在 45% 以上，表明氧元素是生物质重要组成元素之一。通过排序分析可知，从环境影响角度，由于木质类生物质（树干树枝）具有较低的氮含量和硫含量，因此其作为生物质燃料是较为环境友好的。此外，由于不同类别生物质各元素分析指标间存在差异性，因此不同类别生物质在燃烧和热解等方面具有一定差异性。同时，木质类生物质中树干树枝和树叶其各指标间差异也较为明显，由此可分析出木质类生物质中的不同植物部分，其基础性质也存在一定差异。最后，从各元素的分析指标来看，与工业分析各指标相比，其范围均较小，可见元素分析指标可以更好地定性反映出不同类别生物质的特性，同时也可以通过对生物质类别定性判断各元素分析指标范围。

11.4 木质生物质与其他类别生物质结构分析相关指标差异性分析

11.4.1 生物质结构分析概述

生物质是多种复杂的高分子有机化合物组成的复合体,其化学组成主要有纤维素（cellulose）、半纤维素（semi-cellulose）、木质素（lignin）和提取物等。对这些组成进行定量测定,则称为结构分析。这些高分子物质在不同的生物质、同一生物质的不同部位分布不同,甚至有很大差异。纤维素是自然界中资源最为丰富的碳水化合物,是植物质细胞壁的主要成分,是由数千个葡萄糖分子聚合而成的多糖,其分子式为 $(C_6H_7O_5)_n$。半纤维素是植物细胞质中的一个重要组成部分,是木糖、甘露糖、葡萄糖等构成的一类多糖类化合物,它在细胞壁中穿插于纤维素和木质素之间。半纤维素与纤维素的区别在于半纤维素由不同的糖单元聚合而成,分子链短小并且带有支链。木质素是一类复杂的有机聚合物,存在于植物细胞壁中,其在植物中的含量仅次于纤维素。木质素在纤维之间相当于黏结剂,与纤维素、半纤维素等成分一起构成植物的主要结构。对于生物质燃料燃烧热解来说,各结构分析指标对燃烧热解特性有着重要影响。纤维素含量较高,生物质热解反应速率相对较快,而对于木质素含量的生物质,热解反应速率则相对较慢。

11.4.2 结构分析相关指标差异性分析

收集整理木质、草本以及果壳等几类生物质结构分析各指标测试数据,通过统计分析的方法,对这几类生物质工业分析指标进行差异性分析。各类别生物质结构分析数据见表 11-13。

表 11-13　　　　　　　　　各类别生物质结构分析各指标含量　　　　　　　　　%

生物质名称	半纤维素	纤维素	木质素
木质类生物质			
Hardwood stems	24	22	23.9
Softwood stems	32	45	21.5
Beech Wood	30	40	30
Spruce Wood	31.2	45.3	21.9
Ailanthus wood	34.6	48.4	17
Soft Wood	15.7	29.6	53
Hardwood	24.4	45.8	28
Wood Bark	31.3	45.3	21.7
Spruce Wood	34.4	36.3	12.1
Beech Wood	21.2	50.8	27.5
Ailanthus wood	31.8	45.8	21.9
Birch wood	30	40	25
Leaves	24	32.1	18
Tobacco Leaf	28.2	42.4	27
均值	28.06	40.63	24.89
最大	34.6	50.8	53
最小	15.7	22	12.1

生物质名称	半纤维素	纤维素	木质素
草本类生物质			
Rice Straw	35	45	15
Barley straw	82.5	17.5	0
Oat straw	26.5	32.5	14.5
Rye straw	34.5	34	17.5
Rye grass（early leaf）	20.5	34.5	26
Rye grass（seed setting）	15.8	21.3	2.7
Orchard grass（medium maturity）	25.7	26.7	7.3
Esparto grass	40	32	4.7
Elephant grass	29.5	35.5	18
Corn straw	15.7	29.6	53
Coastal Bermuda grass	30.88	51.53	17.59
Wheat Straw	29.8	24.8	43.8
Corn Stover	39.1	28.8	18.6
Tobacco stalk	30.7	51.2	14.4
Biomass	26.6	46.7	26.2
Switch grass	25.7	40	15.7
均值	31.78	34.48	18.44
最大	82.5	51.53	53
最小	15.7	17.5	0
果壳类生物质			
Nut shells	27.5	27.5	35
Walnut Shell	20.7	49.8	27
Almond Shell	22.7	25.6	52.3
Sunflower shell	28.9	50.7	20.4
Hazelnut kernel husk	26.6	46.7	26.2
Hazelnut shell	35.7	25	6.4
Hazelnut seed coat	29.9	25.9	42.5
均值	27.43	35.89	29.97
最大	35.7	50.7	52.3
最小	20.7	25	6.4

通过表 11-13 可以发现，木质类生物质半纤维素均值含量为 28.06%，含量范围为 15.7%～34.6%，纤维素均值含量为 40.63%，含量范围为 22%～50.8%，木质素均值含量为 24.89%，含量范围为 12.1%～53%；草本类生物质半纤维素均值含量为 31.78%，含量范围为 15.7%～82.5%，纤维素均值含量为 34.48%，含量范围为 17.5%～51.53%，木质素均值含量为 18.44%，含量范围为 0%～53%；果壳类生物质半纤维素均值含量为 27.43%，含量范围为 20.7%～35.7%，纤维素均值含量为 35.89%，含量范围为 25%～50.7%，木质素均值含量为 29.97%，含量范围为 6.4%～52.3%。

通过对以上各类生物质结构分析各指标的统计，各类生物质半纤维素含量由少到多按均值排序为果壳类生物质＜木质类生物质＜草本类生物质，其中草本类的半纤维素较其他两种生物质，含量较高，且相差较大，表明草本类生物质与其他两类生物质在构成上有着显著的区别；纤维素含量由少到多按均值排序为草本类生物质＜果壳类生物质＜木质类生物质，可见木质类生物质由于纤维素含量较高，其热解反应速率可能相对较快；木质素含量由少到多按均值排序为草本类生物质＜木质类生物质＜果壳类生物质，其中，果壳类生物质含量较高，表明其热解反应速率可能相对较慢。此外，由于各结构分析指标含量范围较大，可以推测，即使同属同一类别生物质，不同种类的生物质在结构分析上仍呈现出显著的不同，其燃烧和热解特性也随之而变化。

11.5 木质生物质与其他类别生物质灰熔融性差异性分析

11.5.1 生物质灰熔融性概述

生物质燃料中的挥发分、固定碳燃烧以后，残留下来的灰烬就是生物质燃料的灰分。生物质灰主要是以硅酸盐、硫酸盐、氯化物等非金属氧化物以及各种金属氧化物的混合物形式存在，不仅成分复杂，且各种成分含量的变化也很大，这些成分共同决定了灰的熔融特性。当生物质灰加热到一定温度时，这些混合物就开始部分熔化，随着温度的升高，熔化的成分就逐渐增多，由于各种成分的熔点并不相同，因此，生物质灰熔化时只能有一个熔化的温度范围，而不是在某一固定温度时能够使固态全部转变为液态。生物质灰熔点对锅炉的工作影响比较大，型号不同的锅炉对灰熔点的要求有所不同。通常固态排渣锅炉一般都要求高灰熔点生物质燃料，以防止生成熔渣以及受热面结渣；液态排渣的锅炉均要求低灰熔点生物质燃料，以防止排渣困难。

不同国家在具体判别方法上标准略有区别，但基本上都是以变形温度 DT、软化温度 ST、半球温度 HT 和流动温度 FT 来预测结渣状况，具体方法如下：将生物质灰制成一定尺寸的三角锥，在一定的气体介质中，以一定的升温速率加热，观察灰锥在受热过程中的形态变化，观测并记录它的四个特征熔融温度：变形温度、软化温度、半球温度和流动温度。工业上通常以生物质灰的软化温度作为衡量其熔融性的主要指标。在燃烧研究中，常用软化温度（ST）来判别灰的结渣倾向，ST 在 1260℃ 以下为易熔灰、在 1260～1350℃ 为中等熔融灰、在 1350～1500℃ 为难熔灰、在 1500℃ 以上为不熔灰。

11.5.2 生物质灰成分分析

将稻草（草本类生物质）、松木屑［木质类生物质（树干树枝）］和梧桐树叶［木质类生物质（树叶）］三种生物质分别在 500℃、600℃ 和 815℃ 下制灰，测定灰分量和灰成分，考察灰成分中氧化物的含量变化。不同温度下生物质灰含量的分析结果见表 11-14。

表 11-14　　　　　　　　　　　　不同温度下生物质的灰分含量　　　　　　　　　　　　　　％

T（℃）	稻草	松木屑	梧桐树叶
500	11.89	4.91	10.15
600	9.72	3.25	7.95
815	9.37	3.01	7.52

由表 11-14 可以看出，温度升高时，生物质的灰分含量减小，这是因为温度越高，生物质燃烧越充分，并且生物质内许多以有机物形式存在的无机元素在高温下更容易挥发，使灰的质量减少。从表中可以看出，500℃的灰含量明显比 815℃和 600℃高，因为 500℃的灰化温度太低导致生物质燃烧不充分，灰中还含有一定量的可燃物成分，所以灰分量较高。可见 500℃的制灰温度对于生物质显然太低，后续分析以 815℃和 600℃下制得的灰样为主。

表 11-15 是不同温度下三种生物质灰的氧化物成分分析，可以看出，不同的生物质灰中无机物质的含量不同。各种生物质灰主要由 Si、Al、Mg、Fe、Ca、K、Na 等元素形成的无机物质组成。通过比较可以发现，在各个灰化温度下，偏酸性的 SiO_2 含量最多的为稻草，即草本类生物质，木质类生物质则含量与其差距较大，Al_2O_3 含量最多的为木屑，其次为树叶，SO_3 含量最多的也为木屑，其次为树叶；从碱性氧化物来看，木质类生物质的 CaO、Fe_2O_3 和 TiO_2 含量均比草本类生物质高；而在 MgO、P_2O_5、Na_2O 和 Cl 含量上，木质类生物质（树叶）与草本类生物质较为接近。通过对比可以发现，木质类生物质与草本类生物质在生物质灰成分组成上具有一定的差距，尤其是树干树枝所形成的松木屑，各成分含量均与稻草具有较大差距，而梧桐树叶则在某些灰成分上与稻草相近，这也验证了这两类生物质在元素分析和工业分析上某些指标具有近似性的特点。

表 11-15				不同灰化温度下生物质灰的成分分析						%
灰样	SiO_2	K_2O	CaO	MgO	SO_3	P_2O_5	Na_2O	Fe_2O_3	Al_2O_3	TiO_2	Cl
600℃稻草灰	64.68	15.25	6.74	2.61	2.59	2.19	1.09	0.46	0.28	0.03	3.72
815℃稻草灰	79.57	7.42	4.68	1.26	2.97	1.37	1.02	0.53	0.21	0.02	0.48
600℃木屑灰	11.84	1.32	35.88	1.6	39.43	0.7	0.44	2.94	1.96	0.16	0.16
815℃木屑灰	13.04	0.72	37.52	1.83	39.76	0.65	0.28	3.7	1.7	0.2	0.07
600℃树叶灰	24.95	11.58	28.37	5.93	16.83	3.65	1.12	1.79	1.88	0.14	3.97
815℃树叶灰	28.53	8.09	29.53	6.75	17.34	3.85	1.06	1.8	1.67	0.13	0.86

从表 11-15 可以进一步看出，不同生物质中，无机物质的含量不同，稻草和树叶灰中 K_2O 含量较高，因而容易出现烧结现象。稻草中 SiO_2 含量较高，与普通玻璃的组分很相似，木屑和树叶（木质类生物质）中 CaO 和 SO_3 含量较高。灰化温度升高时，碱金属和氯元素含量降低，对比两种温度下的灰成分可以看出，K 的挥发量比 Na 的大，因为 Na 可以与 SiO_2 反应生成硅酸钠，避免了 Na 从生物质焦炭中的蒸发。灰化温度升高时，木屑和树叶中 CaO 和 MgO 含量升高，与低价煤中 Ca、Mg 的存在形式类似，生物质中 Ca、Mg 的存在形式也极有可能以与含氧官能团相连接交换金属阳离子的形式存在，这就增加了碱土金属与 SiO_2 反应的可能。

以上分析表明不同温度下灰的组成有明显差别，815℃下制灰时人为造成灰中的一些碱金属蒸发损失，因此，在确定灰组成时，为了较准确地反映生物质灰的特点，应该采用 600℃的灰化温度。在进行生物质气流床气化设计时，应根据不同的气化原料选择不同的运行和净化方式，以最大可能降低碱金属挥发引起的设备腐蚀问题。

11.5.3 生物质灰熔融性分析

生物质的灰熔点是限制热化学过程工艺（如锅炉燃烧，生物质气化、制油）的主要因素。表 11-16 列出了不同灰化温度下三种生物质的灰熔点。因为不同种类生物质的灰成分差别较大，所以灰熔点变化范围也较大。从表 11-15 可以看出，除 600℃松木屑灰外，其他三种生物质灰中 SiO_2 和 CaO 的含量均超过总灰分的 50％以上，生物质灰中的碱金属氧化物（K_2O+Na_2O）含量高于我国煤灰渣中的平均值，由于钾元素在生物质燃烧过程中气化分解，形成氧化物、氯化物和硫酸盐，这些化合物都表现为低熔点，因此生物质灰熔点较低且易结渣。从表 11-16 可以看出，各特征温度上来说，松木屑灰的各特征温度都显著地高于其他两种生物质。从表中数据可见，在同样灰化温度下，松木屑的软化温度最高，无论在600℃还是 815℃下，均高于 1260℃，但仍低于一般煤灰的软化温度（一般煤的灰熔点一般为 1300～1500℃），由此看来，除去松木屑具有中等结渣特点外，其他两种生物质均属严重结渣。而在实际的流化床燃烧过程中，生物质的结渣温度都远低于实际软化温度。

表 11-16 不同温度下生物质的灰熔点及部分特性

成灰温度（℃）	灰样	DT（℃）	ST（℃）	HT（℃）	FT（℃）	碱金属含量（％）	碱酸比
600℃	稻草灰	1047	1203	1234	1306	16.34	0.4
815℃	稻草灰	1075	1211	1280	1339	8.43	0.19
600℃	松木屑灰	1232	1288	1296	1313	1.76	3.02
815℃	松木屑灰	1279	1302	1304	1316	0.99	2.95
600℃	梧桐树叶灰	1112	1228	1234	1244	12.7	1.81
815℃	梧桐树叶灰	1126	1292	1294	1295	9.15	1.56

结合三种生物质灰成分中的 CaO 含量分析生物质软化温度。一般来说当 CaO 含量小于15％时，随着 CaO 质量分数的增加，生物质灰熔融温度缓慢下降，至 CaO 含量达 15％左右时，温度趋于平稳；当 CaO 含量超过 25％后，灰熔融温度又会逐步升高。由于 CaO 在松木屑和梧桐树叶灰中含量最高，并超过了 15％，因此松木屑和梧桐树叶中较高的 CaO 含量提高了软化温度。而对于稻草灰来说，由于其 CaO 含量低于 15％，因此稻草灰中的 CaO 降低了其软化温度。

结合三种生物质灰成分中 SiO_2 的含量分析生物质软化温度。SiO_2 俗称石英，属于酸性氧化物，单体熔点为 1730℃，在灰中含量较高，几乎存在于灰中所有矿物晶相中。SiO_2 在生物质灰中主要以非晶体的状态存在，它对生物质灰熔融性的影响具有双重性，含量较低时一般起助熔作用，含量较高时主要起阻熔作用。当 SiO_2 含量在 45％～60％时，生物质灰熔融特征温度会随着 SiO_2 含量的增加而不断下降，这主要是因为，SiO_2 在高温下很容易与其他一些金属和非金属氧化物形成低熔点的化合物和共晶体（如氧化物的复合物中的多铝红柱石 $3Al_2O_3 \cdot 2SiO_2$、硅酸钙 $CaO \cdot SiO_2$、钙铁橄榄石 $CaO \cdot FeO \cdot SiO_2$、铁橄榄石 $FeO \cdot SiO_2$、低熔点共熔 $Al_2O_3 \cdot 2SiO_2 + 2FeO \cdot SiO_2 - SiO_2$）；当灰中 SiO_2 含量大于 60％后，生物质灰熔融特征温度随 SiO_2 含量的增加变化并不规律；当灰中 SiO_2 含量大于 70％后，其在灰中主要以游离态存在，从而提高了灰熔点。由此可知，在稻草灰中 SiO_2 的含量可以提高其软化温度，而松木屑和梧桐树叶 SiO_2 含量相对较低，小于 45%，因此在一定程度上降低了其软化温度。

结合三种生物质灰成分中 K_2O 和 Na_2O（碱金属）的含量分析生物质软化温度。作为生物质中含量最高的碱金属元素，Na 和 K 的化合物熔点低，易于与生物质灰样中的其他氧化物生成低熔点共熔体。其中，钾以有机物的形式存在于生物质中，其在燃烧过程中，由于燃料组分和燃烧产物在炉内驻留时间不同形成氧化物、硫酸盐或者氯化物等熔点较低的化合物。富含钾元素的灰颗粒表面具有很强的黏性，能捕获细微颗粒和在惯性作用下输送的灰颗粒使灰粒增大。因此，钾在灰颗粒上的凝结速度和钾的扩散速率对灰粒的低熔点和黏性起着决定作用。但 K_2O 和 Na_2O 二者对软化温度的影响却是不同的，主要表现为较高的 Na_2O 含量，始终起着降低生物质软化温度的作用，而 K_2O 在其含量超过一定值后（一般为 37%），对灰熔点的降低作用已相当不明显，对灰熔点的影响很小。由于三种生物质的 Na_2O 含量都相对较低，因此 Na_2O 对三种生物质的影响较小；对于 K_2O 来说，由于三种生物质都没有超过 37%，且稻草灰和梧桐树叶 K_2O 的含量远高于松木屑，因此导致了稻草灰和梧桐树叶中 K_2O 的存在降低了二者的软化温度。

结合三种生物质灰成分中 MgO 的含量分析生物质软化温度。MgO 在煤灰中含量一般低于 3%，很少超过 13%，同样，在生物质灰含量范围内，MgO 通常起降低生物质灰熔融性温度的作用，每增加 1% 的 MgO，灰熔融性温度降低 22～31℃。MgO 对灰熔融温度的影响与 CaO 类似，随着生物质灰中 MgO 含量的增加，生物质灰熔融性温度呈先降低后升高的趋势。这主要是因为，一方面，MgO 首先作为一种碱性氧化物，其离子势较低，对多聚物的形成起阻止和破坏作用，对生物质灰起助熔剂的作用。另一方面，MgO 本身的熔点高达 2799℃，当其在灰中含量较大时，本身高熔点的物性可以取代其破坏多聚物的作用，并成为影响灰熔点的主要因素，因此反而会引起灰熔融特征温度的提高。对于生物质灰来说，由于 MgO 含量一般都处于降低灰熔点的范围，因此通常认为 MgO 在生物质灰中只起助熔作用，并且效果显著。在三种生物质中，梧桐树叶的 MgO 含量较高，因此 MgO 对梧桐树叶软化温度的影响要比其他两种生物质大得多。

结合三种生物质灰成分中 Al_2O_3 的含量分析生物质软化温度。Al_2O_3 在生物质灰熔融过程中通常起到"骨架"的作用，其熔点较高，达到 2050℃，并且晶体结构相当牢靠，因此随着 Al_2O_3 质量分数的增加，灰中"骨架"成分增多，煤灰熔融温度逐渐增加。但由于三种生物质中 Al_2O_3 的含量均较低，因此 Al_2O_3 对三种生物质软化温度的影响均较小。

综合以上分析可知，各金属氧化物在松木屑中的含量更多起到阻熔的作用，因此其软化温度最高。进一步分析，当灰化温度为 600℃ 和 815℃ 时，木屑和树叶各自的软化温度、半球温度和流动温度相差约 10℃。815℃ 时，稻草的流动温度比木屑和树叶高，这主要是因为稻草灰中含有较多的 SiO_2（表 11-15）。灰化温度不同，同一种生物质的灰熔点也不同，灰化温度升高时，灰熔点升高，从表 11-16 中可以看出，三种生物质灰中，815℃ 时的碱金属含量低于 600℃ 的时碱金属含量，而且灰化温度越高，碱酸比越小，即酸性氧化物越多，碱性氧化物越少。由于碱金属含量越低的燃料，其灰熔点越高，因此灰化温度升高时，灰熔点升高。由以上分析得出，研究生物质的灰熔点时采用 600℃ 制得的灰进行分析比较准确合理。

11.6　木质生物质工业分析、元素分析及热值等指标间相关性分析

11.6.1　木质生物质灰分与元素分析指标间相关性分析

木质生物质的基础性质，如发热量、工业分析和元素分析等对生物质燃料收集、加工、给料中的应用以及对燃烧锅炉的选型都有着至关重要的影响。因此，研究生物质基础性质之间的关系，显得尤为重要。比较而言，作为传统能源的煤炭，国内外诸多学者已对其基础性质之间的关系展开了广泛而深入的研究。而对于作为可再生能源的生物质来说，近些年国外学者对其基础性质之间的关系主要是围绕热值与工业成分分析之间的关系展开，缺少与元素分析的响应关系研究。已有的相关研究表明，工业分析/元素分析和热值，可通过不同数学方法分析二者之间的对应关系，并以此对生物质热值进行预测。同时，在工业分析指标中，由于木质生物质含有较多的钾、钠、钙、磷等无机元素，在生物质热化学转换利用后会残留并形成生物质灰，灰中的碱金属成灰元素会对锅炉造成高温腐蚀，还会在锅炉内形成熔渣或以飞灰形式沉积在尾部受热面，对锅炉燃烧效率产生严重影响。因此，综上所述，研究灰分含量和元素成分分析之间的关系，可为灰分指标确定提供一种简易快速的方法，为木质生物质基本物化性质间关系研究和其他类别生物质基础性质间定量关系研究提供理论依据和参考，而国内外在此领域的研究还尚显欠缺。本节研究将利用在欧盟 CEN/TS 14588—2004《固体生物燃料——术语、定义和描述》下测试的木质生物质灰分及元素分析数据，对灰分与元素分析各指标进行偏相关分析，并以偏相关分析结果为依据，建立木质生物质灰分与 C、H 和 O 元素之间的多元线性回归方程，最后，利用回归模型进行预测，并对预测结果进行误差分析，验证模型建立的可行性及其实用性。

1. 数据来源与方法

为了使木质生物质测试条件具有一致性，本节选取 C. Telmo 等人依照欧洲标准化委员会（CEN）标准测试的 17 组木质生物质热值、工业分析和元素分析数据进行偏相关性分析和多元线性回归分析，并利用在同样标准下测试的其他木质生物质试验数据进行验证。回归模型所用数据和验证所用数据见表 11-17 和表 11-18。

表 11-17　　　　　　　　　回归模型建立使用的木质生物质实测数据　　　　　　　　%

测试样品	灰分$_d$	挥发分$_d$	固定碳$_d$	C_d	H_d	O_d
Pinus pinaster	0.2	85.8	14.1	48.4	6	45.3
Pseudotsuga menziesii	0.4	83.9	15.7	47.6	5.9	45.8
Cedrus atlantica	0.4	82.9	16.7	50.3	5.6	43.6
Castanea sativa	0.1	79.6	20.3	47.1	4.9	47.7
Eucalyptus globulus	0.5	86.3	13.3	46.2	5.8	47.2
Fagus sylvatica	0.5	85.7	13.9	46.7	5.9	46.8
Quercus robur	0.3	81.7	18	47.2	5.5	46.8
Fraxinus angustifolia	0.4	84.9	14.7	47.7	6.1	45.6
Prunus avium	0.1	84.9	15	48.6	5.8	45.3
Salix babilonica	2.4	80.8	16.8	47.2	5.6	44.4

续表

测试样品	灰分$_d$	挥发分$_d$	固定碳$_d$	C_d	H_d	O_d
Populus euro americana	0.5	87.1	12.4	47.8	6	45.4
Acer pseudoplatanus	1	85.1	13.9	46.8	5.8	46.1
Chlorophora excelsa	2.8	74.7	22.5	50.7	6	40.4
Entandrophragma cylindricum	1	81.7	17.3	47.8	5.8	45.1
Gossweilerodendron balsamiferum	0.4	83.8	15.8	50.4	6.2	42.5
Bowdichia nitida	0.1	81.8	18.2	52.3	6.1	41.3
Hymenaea courbaril	0.7	81.7	17.6	48.3	5.7	45.1

表 11-18　　　　　　回归方程验证使用的木质生物质实测数据　　　　　　%

测试样品	C_{db}	H_{db}	O_{db}	灰分$_{db}$
Birch wood	49.05	6.28	44.17	0.3
Hybrid poplar wood	49.4	6	43.1	1.2
Wood	45.68	6.3	47.42	0.3
Pine wood	45.92	5.27	48.24	0.35
Forestry residue	51.4	6	40	2.1
Spurge	43.52	5.45	43.33	6
Hazelnut shell	50.34	5.84	42.33	1.1
Beech wood	49.47	5.57	44.39	0.47
Birch wood	48.45	5.58	45.46	0.3
Beech wood	47.91	5.9	44.71	1.46
Pine wood	47.79	5.85	45.31	0.86

　　尽管已有学者对生物质各指标间进行了相关分析研究，但所采取方法的均为简单相关分析法，此种方法没有考虑到两个分析变量会受到其他一个或多个变量的共同影响。灰分是指固体生物质燃料在规定条件下燃烧后所得的残留物，其产生过程伴随着 C 和 H 的氧化，此外 C、H 和 O 三种元素成分含量还存在着总量约束关系即含量总和接近于 1，因此本节首先利用偏相关分析法对灰分含量及元素分析指标进行相关分析，从而分析同时影响两个分析变量的其他因素被剔除后的相关程度。偏相关分析也称净相关分析，它在控制其他变量线性影响的条件下分析两变量间的线性关系，所采用的分析系数为偏相关系数。当控制变量时，偏相关系数称为一阶偏相关；当控制两个变量时，偏相关系数称为二阶偏相关；当控制变量的个数为 0 时，偏相关系数称为零阶偏相关，也就是简单相关系数。利用偏相关系数进行分析的步骤如下。

　　首先，计算样本的偏相关系数。假设有三个变量 y、x_1 和 x_2，在分析 x_1 和 y 之间的净相关时，当控制了 x_2 的线性作用后，x_1 和 y 之间的一阶偏相关定义为

$$r_{y1,2} = \frac{r_{y1} - r_{y2}r_{12}}{\sqrt{(1-r_{y2}^2)(1-r_{12}^2)}} \tag{11-1}$$

式中：r_{y1}、r_{y2} 和 r_{12} 分别代表 y 和 x_1 的相关系数、y 和 x_2 的相关系数以及 x_1 和 x_2 的相关系数。

　　其次，对样本来自的两总体是否存在显著的净相关进行推断。检验统计量为

$$t = r\sqrt{\frac{n-q-2}{1-r^2}} \tag{11-2}$$

式中：r 为偏相关系数；n 为样本数；q 为阶数。T 统计量服从 $n-q-2$ 个自由度的 t 分布。

再次，建立多元线性回归方程。将灰分含量作为因变量，元素分析指标中的 C、H 和 O 含量作为自变量，建立多元线性回归方程并进行显著性检验，最后利用木质生物质元素分析和灰分实际测定数据进行预测效果分析。在此过程中，利用平均绝对偏差（AAE）和平均相对偏差（ABE）［式（11-3）］对回归模型的预测效果进行误差分析。

$$AAE = \frac{1}{n} \sum_{i=1}^{n} \left| \frac{Value_p - Value_M}{Value_M} \right| \times 100\% \qquad (11-3)$$

$$ABE = \frac{1}{n} \sum_{i=1}^{n} \left\{ \frac{Value_p - Value_M}{Value_M} \right\} \times 100\% \qquad (11-4)$$

式中：下角标 p 和 M 分别对应着验证数据利用回归模型的输出预测值和验证数据的实际检测值；n 为验证数据的样本数；AAE 为模型的平均绝对偏差，其值越小，则模型的预测效果也越好；ABE 为模型的平均相对偏差，其值越高，代表模型预测值较之于实测值越高。

2. 灰分、元素分析指标间的偏相关分析和多元回归模型的建立与应用

木质生物质灰分含量与 C、H 和 O 含量的偏相关分析结果见表 11-19。灰分含量与三种主要元素均呈负相关关系且相关系数绝对值都大于 0.9，说明这几种元素与灰分有着显著相关关系；相关系数为负表明随着这几种元素含量的增加，木质生物质的灰分含量显著降低，这与其他文献利用简单相关分析的结果基本一致。其主要原因为灰分是生物质燃尽后的物质，而干燥基下测定的 C 和 H 在生物质中一般以具有可燃性的有机质形态出现，其含量越多，生物质可燃烧的比重就越大，所产生的灰分就越少。对于 O 来说，与灰分含量呈显著负相关是因为灰分的主要成分含有碱金属元素、碱土金属元素和硅氧化物。通过有机质的燃烧化学式方程可以发现，这些金属氧化物中的氧气，主要来源于燃烧过程中所通的氧气，原生物质中的氧元素则形成水和二氧化碳随着燃烧过程排走，同时灰成分中的碱金属和碱土金属等元素主要来自于生物质本身，因此 C、H 和 O 元素含量在生物质中越多，其他元素（如碱金属和碱土金属等元素）的相对含量则越少，造成燃尽后的灰分产量也相应减少。综上所述，灰分含量与 C、H 和 O 含量呈显著的负相关关系。

表 11-19 　　　　　　　　灰分含量与 C、H 和 O 含量的偏相关性分析结果

控制变量	二阶偏相关变量		灰分	C	H	O
H 含量和 O 含量	灰分	相关性	1.000	−0.988	—	—
		显著性（双侧）	0.000	0.000	—	—
		df	0	13	—	—
	C	相关性	−0.988	1.000	—	—
		显著性（双侧）	0.000	0.000	—	—
		df	13	0	—	—
C 含量和 H 含量	灰分	相关性	1.000	—	—	−0.991
		显著性（双侧）	0.000	—	—	0.000
		df	0	—	—	13
	O	相关性	−0.991	—	—	1.000
		显著性（双侧）	0.000	—	—	0.000
		df	13	—	—	0

续表

控制变量	二阶偏相关变量		灰分	C	H	O
O 含量和 C 含量	灰分	相关性	1.000	—	−0.931	—
		显著性（双侧）	0.000	—	0.000	—
		df	0	—	13	—
	H	相关性	−0.931	—	1.000	—
		显著性（双侧）	0.000	—	0.000	—
		df	13	—	0	—

表 11-20～表 11-22 为以灰分含量为因变量，C、H 和 O 含量为自变量的多元线性回归方程的判定系数表、方差分析及显著性检验表、回归系数表的检验结果。通过相关分析结果可知，木质类生物质的灰分含量与元素分析指标中的 C、H 和 O 含量均具有显著的相关关系，因此，以三种元素分析指标为自变量，灰分含量为因变量，利用 SPSS 软件建立回归方程。通过检验可知，该回归方程的回归系数 R^2 为 0.981，表明所有的因变量，即 C、H 和 O 含量可以共同解释因变量，即灰分含量 98.1% 的变异性。由结果可知，f 检验的显著性检验结果为 0.000，结果表明最终的回归方程应包括元素分析的碳、氢和氧三个分析指标，且方程拟合效果很好。表 11-20 中各系数的 t 检验显著性统计结果表明所得出的回归方程中的各系数对因变量的线性影响显著，因此检验效果良好。最后，可得到最终的回归方程为

$$Y_{ASH} = 96.29 - 0.952X_C - 1.048X_H - 0.968X_O \tag{11-5}$$

式中：Y_{ASH} 为木质生物质中的灰分含量；X_C 为 C 含量；X_H 为 H 含量；X_O 为 O 含量。各元素含量适用范围为 $46.2\% < X_C < 52.3\%$，$4.9\% < X_H < 6.2\%$，$40.4\% < X_O < 47.7\%$。

表 11-20 判定系数表（一）

R	R^2	调整 R^2	标准估计的误差
0.991	0.981	0.977	0.11624

表 11-21 方差分析及显著性检验表（一）

模型	平方和	df	F	Sig.
回归	9.274	3	228.779	0
残差	0.176	13	—	—
总计	9.449	16	—	—

表 11-22 回归系数表（一）

模型	非标准化系数		t	Sig.
	B	标准误差		
（常量）	96.29	3.814	25.244	0
C	−0.952	0.042	−22.869	0
H	−1.048	0.114	−9.208	0
O	−0.968	0.037	−26.137	0

基于验证所用的木质生物质灰分含量和元素分析数据（验证数据均在元素含量适用范围内），利用回归方程［式（11-4）］进行木质生物质灰分含量预测，所得到的最终实际测定结果和多元线性回归方程预测结果对比如图 11-1 所示。由图可知，该模型具有较好的预测特性，除样品 5、样品 6 和样品 7（Forestry residue、Spurge 和 Hazelnut shell）的实测值与预测值结果相差较大外，其余预测值与实测值均较为接近，主要原因可能为样品 5、样品 6 和样品 7 为非木材类木质生物质，而建立多元线性回归模型所用数据均为木材类木质生物质。

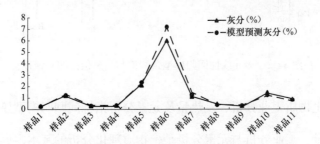

图 11-1　灰分实测值与模型预测值对比图

为进一步分析模型预测能力，图 11-2 所示为多元线性回归模型预测值和实测值的相对误差。由相对误差分析可知，在所利用进行计算的 11 种木质生物质中，不考虑木质生物质应用范围时（由于建立回归模型所用样品均为木材类木质生物质，而验证样品包含其他类木质生物质），最大相对误差为 20.07%，最小相对误差为 -17.52%，ABE 为 0.14%，AAE 为 9.56%，总体具有偏高趋势；当剔除非木材类木质生物质时（样品 5、样品 6 和样品 7），其最大相对误差为 4.37%，最小相对误差为 -17.52%，ABE 为 -5.13%，AAE 为 4.29%，总体具有偏低趋势。由此可见，所建立的多元线性回归模型在适用范围内具有较好的预测特性。在误差分析的过程中，对于某些样品产生的较大相对误差，分析认为主要原因有以下几点：①木质生物质元素成分含量受其周围生长环境影响，如湿润与干旱气候、海拔纬度高低，以及喜阴与喜阳特性等方面的差异；②同地区同种木质生物质，不同部位的元素成分含量也存在差异；③同样试验条件下，在不同实验室进行灰分和元素分析指标测定时，存在不确定性误差。而本节所利用的数据均为葡萄牙本地植物，且木质生物质原料均为木材，即树干部位，并在同一试验条件下进行测定。相比较而言，所用的验证数据对应的木质生物质原料生长于不同地区（如验证样品 1 和样品 9、样品 4 和样品 11 以及样品 8 和样品 10），原料取自于木质生物质的不同部位（如验证样品 7 和样品 8）。此外，尽管都利用欧洲标准化委员会标准进行测定，但验证所用的木质生物质原料特性测定来自于不同实验室，测定过程存在着不确定性误差。尽管如此，如若只考虑对验证数据中的木材类木质生物质进行验证，可以发现，尽管最大相对误差和最小相对误差分别为 4.37% 和 17.51%，但 AAE 减少到 4.29%，可知该模型在进行木材类木质生物质预测时仍具有良好的效果。因此可以推测，在对木质生物质基本性质进行多元线性回归分析时，木质生物质不同部位元素含量与灰分含量应具有不同的回归关系。综上所述，本节所建立的木质生物质灰分含量多元线性回归模型就实际应用来看，预测准确度较高，可作为对木材类木质生物质灰分预测的参考，具有一定的应用价值。

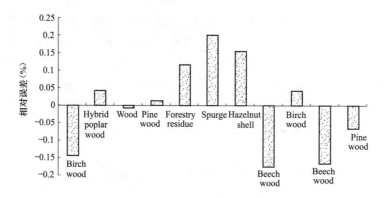

图 11-2　多元线性回归模型预测值与实测值的相对误差

11.6.2　木质生物质工业分析、发热量及元素分析指标间回归模型建立

生物质的发热量、工业分析与元素分析是生物质理化分析的基本内容，是了解和判断生物质的组成、性质、种类以及工业用途的重要参考依据。与工业分析相比较，元素分析项目多、时间长、操作复杂，对从业人员水平要求甚高。同时，这些生物质指标与煤炭一样，对燃料收集、加工以及燃烧锅炉的选型都有着至关重要的影响。已有的相关研究表明，作为传统能源，煤炭的发热量和元素分析指标，可通过工业分析指标和不同数学方法，如线性或非线性方法，进行预测。然而，在生物质燃料研究领域，尤其是木质生物质，国内还缺少相关研究，国外学者则主要对生物质的热值和工业分析指标之间关系进行了初步研究。由于工业分析指标检测较为方便，利用其指标预测发热量和元素分析指标可为检测能力有限的部门节省人力、物力，并为锅炉选型提供重要依据和参考。因此，同时考虑到不同类别生物质（如草本生物质、木质生物质和果实类生物质）性质上的差异性，本文首次基于木质生物质测试数据（热值、工业分析及元素分析），通过相关分析遴选可作为自变量的工业分析指标，其后分别建立以发热量和元素分析等指标为因变量的多元线性回归方程，最后通过误差统计对回归模型预测效果进行分析，从而为检测能力有限的单位和部门预测高位发热量和元素分析等指标提供一种简易快速的确定方法，也为木质生物质基本物化性质间关系研究和其他类别生物质基础性质间定量关系研究提供理论依据和参考。

1. 数据来源与方法

本节所用数据为美国材料与试验协会（ASTM）标准下测试的 43 组实测木质生物质数据（测试项目包括空气干燥基水分、灰分、挥发分和固定碳，高位发热量以及元素分析中的碳、氢和氧元素含量等指标），其中随机抽取 35 组为多元线性回归方程建立所用，剩下 8 组为模型验证所用，见表 11-23 和表 11-24。

表 11-23				回归模型建立使用的木质生物质实测数据			
木质生物质	水分（%）	灰分（%）	挥发分（%）	固定碳（%）	高位发热量（kJ/g）	C（%）	H（%）	O（%）
Almond shell	8.68	2.20	82.00	15.80	18.28	46.35	5.67	47.20
Briquette	5.84	0.80	85.00	14.20	18.50	46.74	6.39	45.52

续表

木质生物质	水分 (%)	灰分 (%)	挥发分 (%)	固定碳 (%)	高位发热量 (kJ/g)	C (%)	H (%)	O (%)
Olive stone	11.00	1.40	78.30	20.35	17.88	46.55	6.33	45.20
Pine and pine apple	8.20	3.20	75.00	21.80	18.15	42.26	4.81	52.27
Pine chips	10.25	0.60	81.60	17.80	19.43	48.15	5.59	45.90
Pine cone heart	23.10	3.50	66.00	23.10	16.44	42.22	5.06	51.59
Pine cone leaf	9.14	1.30	80.00	18.70	18.63	47.65	5.43	46.21
Pine kernel shell	8.33	2.70	77.60	19.70	18.89	47.91	4.90	46.28
Pine pellets	6.75	1.30	83.50	15.20	18.84	46.83	5.30	47.28
Sawdust	11.30	1.60	81.00	17.40	18.02	45.34	6.02	47.05
Cherry tree	10.40	7.40	71.00	21.60	17.73	45.52	6.25	46.55
Chestnut tree	8.20	4.90	72.41	22.69	18.76	47.82	6.24	43.46
Feijoa	6.90	6.70	71.20	22.10	17.81	45.28	6.03	47.25
Hazelnut tree	9.10	8.00	79.00	13.43	17.87	45.14	6.79	45.71
Oak tree	9.10	3.80	72.00	24.19	17.52	46.90	5.47	44.20
Chestnut shell	24.40	3.90	67.00	29.10	14.31	42.31	5.17	51.77
Chestnut tree shavin	8.35	0.40	79.00	20.60	17.62	45.88	5.00	48.73
Coconut shell	8.60	1.40	79.20	19.40	18.88	47.93	6.05	45.63
Pine shaving	9.20	0.80	85.00	14.20	19.79	48.67	5.08	45.92
Pistachio shell	8.75	1.30	82.50	16.20	17.35	44.69	5.16	49.87
Plum stone	9.13	1.80	77.00	21.20	19.14	48.22	6.60	44.14
Pomegranate peel	14.00	6.80	68.00	25.20	15.17	42.19	5.11	51.68
Walnut shell	8.70	2.30	79.00	18.70	18.38	46.97	6.27	46.44
American oak acorn	8.92	3.20	74.00	22.80	17.37	44.68	5.98	48.55
Black poplar bark	9.80	8.00	71.00	20.76	17.41	43.25	6.33	49.66
Black poplar wood	7.18	1.50	86.00	12.28	18.39	46.19	5.70	47.36
Chestnut tree chips	9.83	1.30	78.20	20.50	17.49	45.30	6.10	48.80
Eucalyptus bark	8.60	6.20	77.00	16.80	16.24	46.53	5.87	45.61
Eucalyptus chips	11.00	1.90	79.00	19.10	16.84	44.77	6.33	48.51
Almond tree	7.10	5.40	75.60	19.00	18.35	47.35	6.36	45.47
Grapevine	10.40	7.60	71.50	20.90	16.82	45.00	6.95	46.83
Horse chestnut tree	8.80	6.90	73.50	19.60	17.47	43.71	6.27	48.54
Medlar tree	9.90	8.40	74.00	17.60	17.65	44.36	6.17	48.77
Mimosa	8.28	4.00	75.00	21.00	17.75	45.81	6.19	47.08
Orange tree	8.00	4.50	79.00	16.89	16.31	45.76	6.12	47.34

表 11-24			回归方程验证使用的木质生物质实测数据					
木质生物质	水分 (%)	灰分 (%)	挥发分 (%)	固定碳 (%)	HHV (kJ/g)	C (%)	H (%)	O (%)
Hazelnut shell	8.74	2.20	77.00	20.80	18.87	47.80	6.14	45.64
Nectarine stone	8.20	1.10	76.00	22.90	19.56	48.57	6.22	44.48
Peach stone	8.55	0.50	75.60	23.90	19.59	40.72	6.96	48.07

续表

木质生物质	水分（%）	灰分（%）	挥发分（%）	固定碳（%）	HHV（kJ/g）	C（%）	H（%）	O（%）
Wood sawdust	9.20	0.60	83.00	16.40	18.21	45.97	5.13	48.53
Hazelnut and alder chips	9.50	5.00	77.00	18.00	17.56	45.47	5.94	47.41
Oak tree pruning	9.80	4.30	77.00	18.70	17.59	37.89	5.94	55.23
Olive tree pruning	8.70	1.30	78.00	9.00	17.34	45.36	5.47	47.42
Pine and eucalyptus chips	13.40	3.60	71.60	24.80	1.70	45.90	6.30	46.03

本节利用皮尔逊相关系数来确定变量之间的相关度。皮尔逊相关系数是用来分析判断直线相关方向和程度的一种统计分析指标，其计算方法是用两个变量的协方差与两变量的标准差的乘积之比进行计算，计算公式如下

$$R_{xy} = \frac{\sum_{i=1}^{n}(x_i - \bar{x})(y_i - \bar{y})}{\sqrt{\sum_{i=1}^{n}(x_i - \bar{x})^2 \sum_{i=1}^{n}(y_i - \bar{y})^2}} \tag{11-6}$$

皮尔逊相关系数的检验统计量为

$$t = \frac{r\sqrt{n-2}}{\sqrt{1-r^2}} \sim t(n-2) \tag{11-7}$$

在检验高位发热量、元素分析指标与工业分析指标之间的相关度后，选取与高位发热量/元素分析各指标相关度较高的工业分析指标，作为回归方程的自变量。其后，以高位发热量和各元素分析指标为因变量，建立多元线性回归方程。本节所用的多元线性回归方法可表示如下。

设 y 是一个可观测的随机变量，在本节中，则为高位发热量或者某一元素分析指标，它受到 p 个非随机因素 x_1，x_2，$\cdots$，x_p（工业分析指标）和随机因素 ε 的影响，若 y 与 x_1，x_2，$\cdots$，x_p 有如下线性关系

$$y = \beta_0 + \beta_1 x_1 + \cdots + \beta_p x_p + \varepsilon \tag{11-8}$$

式中：β_0，β_1，$\cdots$，β_p 为 $p+1$ 个未知参数，ε 为不可测的随机误差，且通常假定 $\varepsilon \sim N(0, \sigma^2)$。式（11-7）称为多元线性回归模型；$y$ 称为被解释变量（因变量）；$x_i (i=1, 2, \cdots, p)$ 称为解释变量（自变量）；β_0，β_1，$\cdots$，β_p 称为偏回归系数，表示在其他解释变量保持不变的情况下，x_i 每变化一个单位时，因变量 y 的均值如何变化。

对于一个实际问题，要建立多元回归方程，首先要估计出未知参数 β_0，β_1，$\cdots$，β_p，为此我们要进行 n 次独立观测，得到 n 组样本数据 $(x_{i1}, x_{i2}, \cdots, x_{ip}; y_i)$，$i=1, 2, \cdots, n$，在本节中通过多组实测数据得到，它们满足 $y = \beta_0 + \beta_1 x_1 + \cdots + \beta_p x_p + \varepsilon$，即有

$$\begin{cases} y_1 = \beta_0 + \beta_1 x_{11} + \beta_2 x_{12} + \cdots + \beta_p x_{1p} + \varepsilon_1 \\ y_2 = \beta_0 + \beta_1 x_{21} + \beta_2 x_{22} + \cdots + \beta_p x_{2p} + \varepsilon_2 \\ \qquad\qquad\qquad\qquad \vdots \\ y_n = \beta_0 + \beta_1 x_{n1} + \beta_2 x_{n2} + \cdots + \beta_p x_{np} + \varepsilon_n \end{cases} \tag{11-9}$$

式中：ε_1，ε_2，$\cdots$，ε_n 相互独立且都服从 $N(0, \sigma^2)$。

通过对 β_0，β_1，$\cdots$，β_p 等 $p+1$ 个未知参数进行参数估计，最终形成多元回归方程：

$$y = \beta_0 + \beta_1 x_1 + \cdots + \beta_p x_p \qquad (11\text{-}10)$$

在本节中，多元线性回归方程的建立将借助 SPSS 软件完成。最后，通过已建立的回归方程，对数据库中抽取的另一组木材类木质生物质的高位发热量和元素分析等指标进行预测，并引入 AAE 和 ABE 的误差统计方法（与 11.6.1 节一致），对回归模型的预测结果进行误差分析。其中平均绝对偏差和平均相对偏差的公式表达式如下。

$$\mathrm{AAE} = \frac{1}{n}\sum_{i=1}^{n}\left|\frac{\mathrm{Value_p} - \mathrm{Value_M}}{\mathrm{Value_M}}\right| \times 100\% \qquad (11\text{-}11)$$

$$\mathrm{ABE} = \frac{1}{n}\sum_{i=1}^{n}\left\{\frac{\mathrm{Value_p} - \mathrm{Value_M}}{\mathrm{Value_M}}\right\} \times 100\% \qquad (11\text{-}12)$$

式中：下角标 p 和 M 分别对应着验证数据利用回归模型的输出预测值和验证数据的实际检测值；n 为验证数据的样本数；AAE 为模型的平均绝对偏差，其值越小，则模型的预测效果也越好；ABE 为模型的平均相对偏差，其值越高，代表模型预测总体趋势较之于实测值越高。

2. 各指标间的相关分析和多元回归模型的建立与应用

通过皮尔逊相关分析（表 11-25）可知，工业分析的四项指标，即空气干燥基水分、灰分、挥发分和固定碳，与高位发热量均在 0.01 水平上显著相关，其中水分和挥发分与高位发热量具有更好的响应关系，这主要是由于木质生物质高位发热量包括了生物质燃烧时水由液态变为水蒸气时所需要吸收的热量，因此，与低位发热量不同，水分含量对高位发热量有着更大的影响。同时，生物质较之于煤来说，挥发分含量较高且挥发分在生物质燃烧过程中单独处于一个阶段。因此，挥发分也是影响高位发热量的重要影响因素之一。对于各元素分析指标来说，碳和氧元素与工业分析指标关系较为紧密，这与之前的一些研究结论较为一致，而氢元素含量仅与工业分析中的灰分指标在 0.05 水平呈显著相关关系，由此可知氢元素含量与工业分析各指标相关程度有限。因此，依据相关分析结果，本节将以高位发热量、碳和氧含量为因变量，以相关性显著水平较高的工业分析指标为自变量建立多元线性回归方程，并进行预测效果分析。

表 11-25　　　　　　　　　　　相 关 分 析 结 果

检验变量	项目	水分	灰分	挥发分	固定碳	HHV	C	H	O
水分	皮尔逊相关性	1	0.0839	−0.585**	0.576**	−0.632**	−0.560**	−0.290	0.544**
	显著性（双侧）	—	0.629	0.000	0.000	0.000	0.000	0.095	0.001
	N	35	35	35	35	35	35	35	35
灰分	皮尔逊相关性	0.0853	1	−0.658**	0.246	−0.425*	−0.446**	0.393*	0.129
	显著性（双侧）	0.629	—	0.00	0.154	0.011	0.007	0.019	0.459
	N	35	35	35	35	35	35	35	35
挥发分	皮尔逊相关性	−0.585**	−0.658**	1	−0.854**	0.619**	0.603**	−0.02	−0.388*
	显著性（双侧）	0.00	0.00	—	0.00	0.00	0.00	0.906	0.021
	N	35	35	35	35	35	35	35	35

检验变量	项目	水分	灰分	挥发分	固定碳	HHV	C	H	O
固定碳	皮尔逊相关性	0.576**	0.25	−0.854**	1	−0.530**	−0.439**	−0.161	0.351*
	显著性（双侧）	0.00	0.154	0.00	—	0.001	0.01	0.355	0.039
	N	35	35	35	35	35	35	35	35
HHV	皮尔逊相关性	−0.632**	−0.425*	0.619**	−0.530**	1	0.756**	0.073	−0.612**
	显著性（双侧）	0.00	0.011	0.000	0.001	—	0.000	0.673	0.000
	N	35	35	35	35	35	35	35	35
C	皮尔逊相关性	−0.560**	−0.446**	0.603**	−0.439**	0.756**	1	0.16	−0.884**
	显著性（双侧）	0.00	0.007	0.000	0.008	0.000	—	0.366	0.000
	N	35	35	35	35	35	35	35	35
H	皮尔逊相关性	−0.286	0.393*	−0.0207	−0.161	0.0739	0.158	1	−0.475**
	显著性（双侧）	0.10	0.019	0.906	0.355	0.673	0.366	—	0.004
	N	35	35	35	35	35	35	35	35
O	皮尔逊相关性	0.544**	0.13	−0.388*	0.351*	−0.612**	−0.884**	−0.475**	1
	显著性（双侧）	0.00	0.459	0.021	0.039	0.000	0.000	0.004	—
	N	35	35	35	35	35	35	35	35

* 在 0.05 水平（双侧）上显著相关。

** 在 0.01 水平（双侧）上显著相关。

依据相关分析结果，多元线性回归方程拟建为如下形式：当高位发热量和碳元素含量为因变量时，自变量为四种工业分析指标；当氧元素含量为因变量时，自变量为水分、挥发分和固定碳含量。通过 SPSS 统计分析软件，得到多元线性回归方程的判定系数表、方差分析及显著性检验表、回归系数表，见表 11-26～表 11-28。由判定系数可知，三种因变量与自变量所形成的方程均具有较好的拟合效果；由方差分析及其检验结果可知，回归方程中的自变量的变化可以解释因变量的变化效果，即具有显著的检验效果。最终，得到以高位发热量、碳元素含量和氧元素含量为自变量的多元线性回归方程为

$$Y_{HHV} = 43.20 - 0.21X_M - 0.37X_{ASH} - 0.22X_{VM} - 0.25X_{FC} \tag{11-13}$$

$$Y_C = 41.64 - 0.22X_M - 0.20X_{ASH} - 0.080X_{VM} - 0.044X_{FC} \tag{11-14}$$

$$Y_O = 50.64 - 0.29X_M - 0.068X_{VM} - 0.043X_{FC} \tag{11-15}$$

式中：Y_{HHV} 为木质生物质中的高位发热量；Y_C 为木质生物质中碳元素含量；Y_O 为木质生物质中氧元素含量；X_M 为空气干燥基水分含量；X_{ASH} 为灰分含量；X_{VM} 为挥发分含量；X_{FC} 为固定碳含量。各多元线性回归方程中各变量的适用范围为 $5.84\% < X_M < 24.43\%$，$0.4\% < X_{ASH} < 8.4\%$，$66\% < X_{VM} < 86\%$，$12.28\% < X_{FC} < 29.1\%$；$14310J/g < Y_{HHV} < 19793J/g$，$42.19\% < Y_C < 48.67\%$，$43.46\% < Y_O < 52.27\%$。

表 11-26　　　　　　　　　　判定系数表（二）

模型中的因变量	R	R^2	调整 R^2	标准估计的误差
HHV	0.767	0.588	0.534	0.774
C	0.691	0.478	0.408	1.404
O	0.552	0.305	0.237	1.932

表 11-27 方差分析及显著性检验表（二）

项目		平方和	df	均方	F	Sig
模型 HHV	回归	25.688	4	6.422	10.725	0.000
	残差	17.963	30	0.599	—	—
	总计	43.651	34	—	—	—
模型 C	回归	54.154	4	13.538	6.866	0.000
	残差	59.156	30	1.972	—	—
	总计	113.31	34	—	—	—
模型 O	回归	50.704	3	16.901	4.528	0.010
	残差	115.712	31	3.733	—	—
	总计	166.416	34	—	—	—

表 11-28 回 归 系 数 表（二）

项目		非标准化系数		标准系数	t	Sig.
		B	标准误差	试用版		
模型 HHV	常量	43.198	13.795	—	3.131	0.004
	水分	−0.21	0.055	−0.702	−3.851	0.001
	灰分	−0.373	0.145	−0.839	−2.569	0.015
	挥发分	−0.223	0.137	−1.014	−1.629	0.114
	固定碳	−0.252	0.135	−0.785	−1.872	0.071
模型 C	常量	41.640	25.034	—	1.663	0.107
	水分	−0.219	0.099	−0.454	−2.209	0.035
	灰分	−0.201	0.264	−0.280	−0.762	0.452
	挥发分	0.080	0.248	0.225	0.321	0.750
	固定碳	0.044	0.244	0.084	0.179	0.859
模型 O	常量	50.638	12.890	—	3.929	0.000
	水分	0.287	0.110	0.490	2.610	0.014
	挥发分	−0.068	0.127	−0.159	−0.540	0.593
	固定碳	−0.043	0.184	−0.068	−0.232	0.818

利用所建立的多元线性回归方程，对另一组木质生物质数据进行模型预测效果验证。三种预测指标值和实际指标测试值以及相对误差结果，如图 11-3～图 11-8 所示。由图 11-3 和图 11-4 中高位发热量预测与实测对比结果可知，7 号样品相差较大，相对误差达到了 22.34%，其余验证效果较好，其中样品 4、样品 5、样品 6 及 8 相对误差甚至达到了 1% 以下。整体的绝对误差范围为 0.30%～22.35%，ABE 为 0.80%，AAE 为 5.22%，此时模型总体预测效果具有偏高趋势。若将奇异值剔除后，其 ABE 为 −2.28%，AAE 为 2.77%，可见该高位发热量多元线性回归模型预测值总体具有偏低趋势，预测效果较好。由图 11-5 和图 11-6 可知，样品 3 和样品 6 实测和预测值相差较大，但由于该模型的碳含量适用范围

为 42.19%＜Y_C＜48.67%，而样品 6 碳含量为 37.89%，超出了模型适用范围，因此造成误差较大，其余预测结果均接近实测值。剔除样品 6 前的 ABE 为 3.65%，模型总体预测结果具有偏高趋势，AAE 为 6.00%；剔除样品 6 后的 ABE 为 1.27%，AAE 为 3.96%，其绝对误差范围在 0.029%～14.78%，由此可见，在模型使用范围内，对碳元素的预测结果较为理想。氧元素的分析结果同碳元素相似（见图 11-7 和图 11-8），由于该模型氧元素的适用范围为 43.46%＜Y_O＜52.27%，而样品 6 氧元素含量达到了 55.23%，因此在最终计算 ABE 和 AAE 时，将样品 6 剔除，得到其最终绝对误差范围为 0.025%～5.40%，ABE 为 1.08%，AAE 为 2.80%。模型总体预测效果较实际值偏高，预测效果较为理想。

3. 木质生物质高位发热量、元素分析指标与工业分析指标间相关性分析小结

本节通过相关分析、多元回归分析及误差分析等方法对美国材料与试验协会（ASTM）生物质测试标准下的木质生物质高位发热量、工业分析和元素分析等指标的测试数据进行了统计分析。分析结果表明，木质生物质中的高位发热量、碳元素含量和氧元素含量与工业分析指标具有显著的相关关系，所建立的多元回归预测模型，具有良好的拟合度和显著的检验

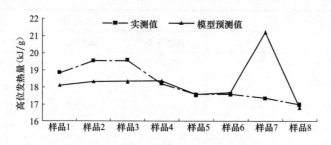

图 11-3　高位发热量实测值与预测值对比

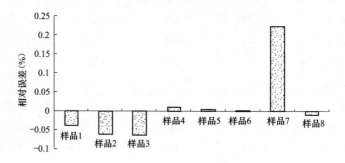

图 11-4　高位发热量的实测值与预测值相对误差

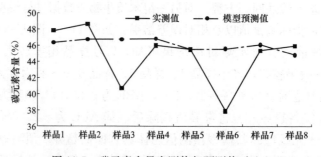

图 11-5　碳元素含量实测值与预测值对比

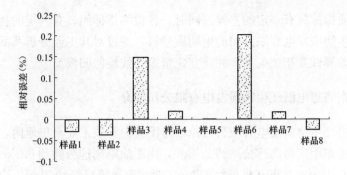

图 11-6　碳元素含量的实测值与预测值相对误差

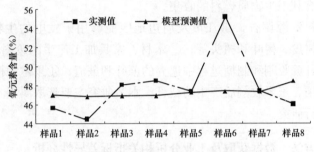

图 11-7　氧元素含量实测值与预测值对比

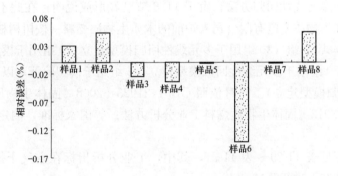

图 11-8　氧元素含量的实测值与预测值相对误差

效果，证明了多元线性回归方法应用于高位发热量、元素分析指标预测的可行性和实用性。同时，本节是首次基于工业分析指标对木质生物质的高位发热量、碳元素含量和氧元素含量进行预测，由结果可知，在适用分析条件下可取得较为良好的预测效果。在下一步的研究中，由于不同地区，木质生物质原料不同部位的高位发热量、工业分析和元素分析等各性质指标具有一定的差异，为取得更为精确的预测效果，应针对不同实际情况分别建立回归方程进行预测。

11.7　湛江生物质发电有限公司木质生物质工业分析指标与低位发热量间相关性分析

通过上一节的研究分析可知，同一木质生物质原料不同部位的高位发热量、工业分析和元素分析等各性质指标具有一定的差异，同时，各检测指标间具有一定的相关性。本节选取广东省粤电湛江生物质发电有限公司的生物质燃料，通过对其工业分析及低位发热量等指标的测定，分析其差异性及相关关系，并建立定量多元线性回归模型。

11.7.1 广东省粤电湛江生物质发电有限公司简介

广东省粤电湛江生物质发电有限公司位于遂溪县白泥坡工业聚集地内，厂址西侧已建成有饲料厂等。厂址东距广海高速公路约 2.4km，南距渝湛高速公路约 0.5km，西距 207 国道约 1.5km。厂址东南距民航湛江机场约 17km，西北距遂溪机场约 7km。该厂的燃料资源主要为各种生物质燃料，来源于电厂 60km 半径范围内，燃料收集区域基本覆盖了湛江主要林区和农业种植区，有利于生物质燃料的收集。

根据生物质燃料资源调查，湛江市及周边地区能够用于发电的生物质燃料主要包括：①桉树砍伐产生的树皮、树叶和树头等；②木材、家具加工产生的废料，如边角料、木段、锯末、碎板等；③甘蔗收割和制糖过程中遗弃的蔗叶和蔗渣；④果木种植过程中定期剪枝产生的废枝叶；⑤水稻、玉米收割后产生的秸秆。本节研究主要选取属于木质生物质的桉树树枝、树头和树皮进行研究。

11.7.2 研究方法、数据获取及工业分析相关指标差异性分析

研究主要采用多元线性回归方法，由于 11.6 节已经形成说明，在此不再赘述。生物质原料主要利用湛江生物质发电有限公司入炉前的木质生物质燃料（桉树树枝、树头和树皮），其中树枝测试数据共 39 组（30 组用于多元线性回归模型建立，9 组用于模型验证），树皮测试数据共 36 组（30 组用于多元线性回归模型建立，6 组用于模型验证）以及树头数据 17 组（全部用于多元回归模型建立）。同时依照 GB/T 21923—2008《固体生物质燃料检验通则》和 GB/T 28731—2012《固体生物质燃料工业分析方法》等国家标准，测定生物质的工业分析和发热量等指标。

具体测试数据见表 11-29～表 11-31，其中，工业分析指标在空气干燥基下进行测试，低位发热量在收到基下进行测试。

表 11-29　　　　　　　　　　入炉前树枝相关测试数据

树枝编号	水分（%）	灰分（%）	挥发分（%）	固定碳（%）	低位发热量（MJ/kg）	
树枝 1	5.88	4.38	70.6	19.14	13.5709	
树枝 2	6.43	9.42	67.12	17.03	11.7427	
树枝 3	8.51	3.78	72.02	15.69	8.2102	
树枝 4	7.11	2.19	76.51	14.19	8.0679	
树枝 5	12.73	6.42	66.77	14.08	7.9821	模型建立使用
树枝 6	11.72	2.44	71.29	14.55	8.19589	
树枝 7	7.2	2.43	75.95	14.42	9.1293	
树枝 8	8.35	1.14	75.81	14.7	7.481	
树枝 9	9.35	0.96	76.05	13.64	7.4187	

续表

树枝编号	水分（%）	灰分（%）	挥发分（%）	固定碳（%）	低位发热量 （MJ/kg）	
树枝 10	16.14	2.38	66.84	14.64	7.0645	
树枝 11	12.45	1.29	73.16	13.1	7.9847	
树枝 12	8.1	2.04	75.12	14.74	7.9634	
树枝 13	9.26	3.03	74.31	13.4	7.0873	
树枝 14	3.06	1.89	75.22	19.83	8.698	
树枝 15	3.29	3.16	73.85	19.7	11.1698	
树枝 16	3.48	2.84	75.11	18.57	11.5052	
树枝 17	6.11	5.78	70.68	17.43	9.3459	
树枝 18	6.2	3.01	73.22	17.57	10.0147	
树枝 19	3.96	2.44	73.85	19.75	10.7174	
树枝 20	3.41	2.98	75.26	18.35	11.78	模型建立使用
树枝 21	3.52	3.11	74.25	19.12	10.1104	
树枝 22	6.79	2.34	75.34	15.53	10.6356	
树枝 23	7.2	2.39	75.79	14.62	10.2937	
树枝 24	7.5	3.28	74.4	14.82	9.2225	
树枝 25	8.15	2.84	75.22	13.79	9.2436	
树枝 26	8.21	1.37	75.82	14.6	8.0861	
树枝 27	8.02	2.31	74.24	15.43	8.7044	
树枝 28	10.95	2.22	71.25	15.58	7.7143	
树枝 29	8.06	1.52	74.95	15.47	9.6365	
树枝 30	7.05	2.54	74.71	15.7	9.329	
树枝 31	10.88	1.46	74.9	12.76	7.3008	
树枝 32	16.11	2.15	68.4	13.34	7.1149	
树枝 33	6.23	0.44	79.62	13.71	11.5655	
树枝 34	5.9	1.38	76.29	16.43	10.0803	
树枝 35	8.58	3.2	75.45	12.77	10.6789	验证使用
树枝 36	8.76	0.71	76.29	14.24	9.3489	
树枝 37	6.62	1.42	76.67	15.29	9.2087	
树枝 38	8.31	10.95	69.94	10.8	10.7803	
树枝 39	6.76	2.42	77.37	13.45	10.9124	
最大	16.14	10.95	79.62	19.83	13.5709	
最小	3.06	0.44	66.77	10.8	7.0645	极值和均值
平均	7.85	2.87	73.84	15.44	9.36	

表 11-30　　　　　　　　　　　　入炉前树皮相关测试数据

树皮编号	水分（%）	灰分（%）	挥发分（%）	固定碳（%）	低位发热量 （MJ/kg）	
树皮 1	4.47	13.32	62.18	20.03	10.1652	
树皮 2	8.91	18.35	58.46	14.28	8.046	模型建立使用
树皮 3	34.71	8.25	44.1	12.94	3.8009	

续表

树皮编号	水分（%）	灰分（%）	挥发分（%）	固定碳（%）	低位发热量（MJ/kg）	
树皮 4	24.82	20.38	44.07	10.73	2.7825	
树皮 5	10.78	14.57	56.35	18.3	7.6383	
树皮 6	7.91	14.26	61.03	16.8	9.7303	
树皮 7	21.64	21.26	46.52	10.58	5.3498	
树皮 8	7.9	15.88	58.58	17.64	10.9184	
树皮 9	5.26	15.93	63.27	15.54	8.9936	
树皮 10	25.32	15.86	44.94	13.88	5.9596	
树皮 11	12.66	32.34	41.95	13.05	6.2855	
树皮 12	21.56	34.6	32.8	11.04	6.9246	
树皮 13	8.68	15.64	62.15	13.53	6.0647	
树皮 14	7.04	27.79	52.44	12.73	8.0965	
树皮 15	6.12	40.92	45.62	7.34	5.5111	
树皮 16	8.2	33.37	54.17	4.26	6.8314	
树皮 17	9.43	40.3	35.4	13.87	4.7443	模型建立使用
树皮 18	6.96	36.94	38.39	17.71	5.8739	
树皮 19	8.31	19.01	53.47	19.21	6.7853	
树皮 20	8.58	11.58	59.46	20.38	8.1232	
树皮 21	8.08	24.85	52.02	15.05	8.8532	
树皮 22	6.95	24.63	50.12	18.3	8.9046	
树皮 23	8.28	16.82	56.07	18.83	8.3686	
树皮 24	6.37	35.12	51.12	7.39	7.1694	
树皮 25	6.35	13.48	60.84	19.33	9.6651	
树皮 26	6.46	19.56	55.26	18.72	8.9023	
树皮 27	7.14	22.79	56.99	13.08	7.3168	
树皮 28	8.12	13.92	53.01	24.95	6.8643	
树皮 29	9.07	11.81	63.42	15.7	9.7441	
树皮 30	5.56	19.78	59.33	15.33	8.3885	
树皮 31	25.56	5.59	50.19	18.66	4.1605	
树皮 32	13.11	27.49	49.43	9.97	7.8064	
树皮 33	9.15	6.74	65.82	18.29	4.5436	验证用
树皮 34	31.99	4.91	49.43	13.67	5.6939	
树皮 35	8.07	7.65	66.38	17.9	5.916	
树皮 36	21.34	3.42	57.9	17.34	5.1156	
最大	34.71	40.92	66.38	24.95	10.9184	
最小	4.47	3.42	32.8	4.26	2.7825	极值和均值
平均	11.97	19.70	53.13	15.18	7.11	

表 11-31　　　　　　　　　　　　入炉前树头相关测试数据

树头编号	水分（%）	灰分（%）	挥发分（%）	固定碳（%）	低位发热量 （MJ/kg）	
树头 1	5.77	3.13	74.88	16.22	12.5748	
树头 2	5.11	5.01	71.02	18.86	12.6902	
树头 3	5.74	3.1	74.66	16.5	12.1874	
树头 4	6.19	11.64	67.5	14.67	7.9494	
树头 5	5.89	39.52	48.97	5.62	8.4251	
树头 6	5.22	30.93	56.95	6.9	9.7991	
树头 7	4.76	42.23	43.23	9.78	5.0557	
树头 8	12.65	12.08	66.29	8.97	8.6647	
树头 9	12.91	12.15	61.09	13.85	9.9364	模型建立使用
树头 10	7.72	14.12	63.18	14.98	8.3812	
树头 11	5.21	12.96	73.59	8.24	9.4082	
树头 12	8.13	7.8	70.83	13.24	10.2275	
树头 13	7.67	1.1	77.84	13.39	8.95	
树头 14	6.15	3.69	74.93	15.23	12.9229	
树头 15	6.19	4.26	72.97	16.58	10.236	
树头 16	6.6	19.51	52.62	21.27	10.839	
树头 17	9.1	3.35	68.08	19.47	8.4736	
最大	12.91	42.23	77.84	21.27	12.92	
最小	4.76	1.10	43.23	5.62	5.06	极值和均值
平均	7.12	13.33	65.80	13.75	9.81	

由表 11-29～表 11-31 可知，树枝工业分析指标中：水分含量波动区间为 3.06%～16.14%，均值为 7.85%；灰分含量波动区间为 0.44%～10.95%，均值为 2.87%；挥发分含量波动区间 66.77%～79.62%，均值为 73.84%；固定碳含量波动区间为 10.8%～19.83%，均值为 15.44%；低位发热量波动区间为 7.06～13.57MJ/kg，均值为 9.36MJ/kg。树皮工业分析指标中：水分含量波动区间为 4.47%～34.71%，均值为 11.97%；灰分含量波动区间为 3.42%～40.92%，均值为 19.70%；挥发分含量波动区间为 32.8%～66.38%，均值为 53.13%；固定碳含量波动区间为 4.26%～24.95%，均值为 15.18%；低位发热量波动区间为 2.78～10.92MJ/kg，均值为 7.11MJ/kg。树头工业分析指标中：水分含量波动区间为 4.76%～12.91%，均值为 7.12%；灰分含量波动区间为 1.10%～42.23%，均值为 13.33%；挥发分含量波动区间为 43.23%～77.84%，均值为 65.80%；固定碳含量波动区间为 5.62%～21.27%，均值为 13.75%；低位发热量波动区间为 5.06～12.92MJ/kg，均值为 9.81MJ/kg。

通过对以上桉树不同部位工业分析各指标的统计可以发现，水分含量各类生物质由少到多排序（按均值计算）为树头＜树枝＜树皮，其中树头和树枝水分含量相差不大；灰分含量由少到多排序（按均值计算）为树枝＜树头＜树皮，其中树头和树皮的灰分含量要远高于树枝；挥发分含量由少到多排序（按均值计算）为树皮＜树头＜树枝，其中树枝的挥发分含量高出树头和树枝较多；固定碳含量按由少到多排序（按均值计算）为树头＜树皮＜树枝，其中三种部位所含固定碳含量较为接近均在13％以上。由此可见，桉树不同部位工业分析各指标含量具有一定差异性。对于低位发热量来说，按由少到多排序（按均值计算）为树皮＜树枝＜树头，其中树头和树枝较为接近。而低位发热量与各工业分析指标间存在一定相关关系，也就是与生物质本身的基础物化性质有关，这将在本节后面进行分析。通过以上对比结果，由于该电厂所用生物质原料取自电厂周围60km半径范围内的桉树树枝、树皮或者树头，因此可推断出，同种生物质，生长环境和不同部位等因素也会对工业分析各指标造成一定影响。较为明显的是，树皮和树头的灰分含量无论最大值还是最小值，均远超过树枝；同时，树皮的水分含量最大值，均大于其他的三类生物质，且均值含量也为最高，由此可推断出树皮较之于其他两类桉树部位，水分含量较多；而树枝的挥发分含量无论最大值还是最小值均高于其他两类生物质，均值更是高出7％～20％，由于生物质燃料中挥发分是由大部分碳和氢结合成低分子的碳氢化合物组成，且生物质燃料挥发分的含量越多，开始析出的温度越低，因此，木质类生物质（树干树枝）燃料更容易着火和燃烧；同时，通过结果也可以发现桉树作为木质生物质的一些共性，如桉树三个部位的固定碳含量较为接近，且处在前文所述木质生物质固定碳含量的波动区间。

11.7.3 同一生物质不同部位的相关分析结果讨论

1. 桉树不同部位的低位发热量及各工业分析指标间的相关关系分析

桉树树枝的低位发热量及各工业分析指标间的相关性（皮尔逊相关性）分析结果见表11-32。

表 11-32 　　　　　　　　树枝的低位发热量及各工业分析指标间的相关性

		低位发热量	固定碳	挥发分	灰分	水分
低位发热量	皮尔逊相关性	1	0.710＊＊	−0.024	0.395＊	−0.685＊＊
	显著性（双侧）	—	0.000	0.900	0.031	0.000
	N	30	30	30	30	30
固定碳	皮尔逊相关性	0.710＊＊	1	−0.053	0.236	−0.770＊＊
	显著性（双侧）	0.000	—	0.780	0.209	0.000
	N	30	30	30	30	30
挥发分	皮尔逊相关性	−0.024	−0.053	1	−0.702＊＊	−0.471＊＊
	显著性（双侧）	0.900	0.780	—	0.000	0.009
	N	30	30	30	30	30
灰分	皮尔逊相关性	0.395＊	0.236	−0.702＊＊	1	−0.088
	显著性（双侧）	0.031	0.209	0.000	—	0.643
	N	30	30	30	30	30
水分	皮尔逊相关性	−0.685＊＊	−0.770＊＊	−0.471＊＊	−0.088	1
	显著性（双侧）	0.000	0.000	0.009	0.643	—
	N	30	30	30	30	30

＊在0.05水平（双侧）上显著相关。
＊＊在0.01水平（双侧）上显著相关。

由表11-32可知，树枝的低位发热量除与挥发分相关性较低外，与其余各指标间的相关性均较高。

桉树树皮的低位发热量及各工业分析指标间的相关性（皮尔逊相关性）分析结果见表 11-33。

表 11-33 　　　　　　　　 **树皮的低位发热量及各工业分析指标间的相关性**

		低位发热量	固定碳	挥发分	灰分	水分
低位发热量	皮尔逊相关性	1	0.465＊＊	0.699＊＊	−0.348	−0.649＊＊
	显著性（双侧）	—	0.010	0.000	0.059	0.000
	N	30	30	30	30	30
固定碳	皮尔逊相关性	0.465＊＊	1	0.363＊	−0.583＊＊	−0.290
	显著性（双侧）	0.010	—	0.048	0.001	0.121
	N	30	30	30	30	30
挥发分	皮尔逊相关性	0.699＊＊	0.363＊	1	−0.663＊＊	−0.533＊＊
	显著性（双侧）	0.000	0.048	—	0.000	0.002
	N	30	30	30	30	30
灰分	皮尔逊相关性	−0.348	−0.583＊＊	−0.663＊＊	1	−0.156
	显著性（双侧）	0.059	0.001	0.000	—	0.409
	N	30	30	30	30	30
水分	皮尔逊相关性	−0.649＊＊	−0.290	−0.533＊＊	−0.156	1
	显著性（双侧）	0.000	0.121	0.002	0.409	—
	N	30	30	30	30	30

＊ 在 0.05 水平（双侧）上显著相关。
＊＊ 在 0.01 水平（双侧）上显著相关。

由表 11-33 可知，树皮的低位发热量除与灰分相关性较低外，与其余各指标间的相关性均较高。

桉树树头的低位发热量及各工业分析指标间的相关性（皮尔逊相关性）分析结果见表 11-34。

表 11-34 　　　　　　　　 **树头的低位发热量及各工业分析指标间的相关性**

		低位发热量	固定碳	挥发分	灰分	水分
低位发热量	皮尔逊相关性	1	0.466	0.590＊	−0.606＊＊	−0.132
	显著性（双侧）	—	0.060	0.013	0.010	0.615
	N	17	17	17	17	17
固定碳	皮尔逊相关性	0.466	1	0.349	−0.631＊＊	0.012
	显著性（双侧）	0.060	—	0.170	0.007	0.962
	N	17	17	17	17	17
挥发分	皮尔逊相关性	0.590＊	0.349	1	−0.925＊＊	0.053
	显著性（双侧）	0.013	0.170	—	0.000	0.841
	N	17	17	17	17	17
灰分	皮尔逊相关性	−0.606＊＊	−0.631＊＊	−0.925＊＊	1	−0.237
	显著性（双侧）	0.010	0.007	0.000	—	0.360
	N	17	17	17	17	17
水分	皮尔逊相关性	−0.132	0.012	0.053	−0.237	1
	显著性（双侧）	0.615	0.962	0.841	0.360	—
	N	17	17	17	17	17

＊ 在 0.05 水平（双侧）上显著相关。
＊＊ 在 0.01 水平（双侧）上显著相关。

由表 11-34 可知，树头的低位发热量除与固定碳和水分相关性较低外，与其余各指标间的相关性均较高。

综上可知，桉树不同部位的低位发热量与各工业分析指标相关性差异性显著，表明同种木质生物质不同部位基础性质具有一定差异性，与上一节所得结论一致。

2. 桉树不同部位的低位发热量及工业分析指标间的多元线性回归方程的建立与应用

依据相关分析结果，树枝、树头和树皮的多元线性回归方程（因变量为低位发热量，自变量为各工业分析指标）拟建为如下形式：树枝的自变量为固定碳、灰分和水分三种工业分析指标，树皮的自变量为四种工业分析指标，树头的自变量为固定碳、挥发分和水分。通过 SPSS 统计分析软件，得到多元线性回归方程的判定系数表、方差分析及显著性检验表、回归系数表见表 11-35～表 11-37。

表 11-35 判 定 系 数 表 （三）

桉树部位	R	R^2	调整 R^2	标准估计的误差
树枝	0.79	0.62	0.58	1.05
树皮	0.80	0.64	0.59	1.23
树头	0.67	0.45	0.32	1.68

表 11-36 方差分析及显著性检验表 （三）

项目		平方和	df	均方	F	Sig.
树枝	回归	47.01	3.00	15.67	14.35	0.000a
	残差	28.40	26.00	1.09	—	
	总计	75.42	29.00	—	—	
树皮	回归	68.51	4.00	17.13	11.29	0.000a
	残差	37.92	25.00	1.52	—	
	总计	106.43	29.00	—	—	
树头	回归	30.03	3.00	10.01	3.56	0.045a
	残差	36.60	13.00	2.82	—	
	总计	66.64	16.00	—	—	

表 11-37 回 归 系 数 表

项目		非标准化系数		标准系数	t	Sig.
		B	标准误差	试用版		
树枝	常量	6.05	2.96	—	2.04	0.05
	固定碳	0.25	0.15	0.33	1.70	0.10
	灰分	0.26	0.12	0.28	2.24	0.03
	水分	−0.21	0.10	−0.40	−2.12	0.04
树皮	常量	−134.65	141.49	—	−0.95	0.35
	水分	1.47	1.43	3.39	1.03	0.31
	灰分	1.46	1.41	6.43	1.04	0.31
	挥发分	1.38	1.43	6.64	0.97	0.34
	固定碳	1.27	1.41	4.80	0.90	0.38

续表

项目		非标准化系数		标准系数	t	Sig.
		B	标准误差	试用版		
树头	常量	2.35	2.99	—	0.79	0.45
	固定碳	0.13	0.10	0.29	1.34	0.20
	挥发分	0.10	0.04	0.50	2.26	0.04
	水分	−0.14	0.17	−0.16	−0.78	0.45

由判定系数可知，三种因变量与自变量所形成的方程均具有较好的拟合效果；由方差分析及其检验结果可知，回归方程中自变量的变化可以的解释因变量的变化效果，即具有显著的检验效果。最终，得到以树枝、树皮和树头的多元线性回归方程为

$$Y_{树枝} = 6.05 - 0.21X_M + 0.26X_{ASH} + 0.25X_{FC} \qquad (11\text{-}16)$$

$$Y_{树皮} = -134.65 + 1.47X_M + 1.46X_{ASH} + 1.38X_{VM} + 1.27X_{FC} \qquad (11\text{-}17)$$

$$Y_{树头} = 2.35 - 0.14X_M + 0.10X_{VM} + 0.13X_{FC} \qquad (11\text{-}18)$$

式中：$Y_{树枝}$ 为树枝的低位发热量；$Y_{树皮}$ 为树皮的低位发热量；$Y_{树头}$ 为树头的低位发热量；X_M 为空气干燥基水分含量；X_{ASH} 为灰分含量；X_{VM} 为挥发分含量；X_{FC} 为固定碳含量。各多元线性回归方程中各变量适用范围为对于树枝，$3.06\% < X_M < 16.14\%$，$0.44\% < X_{ASH} < 10.95\%$，$10.80\% < X_{FC} < 19.83\%$，$7.06J/g < Y_{树枝} < 13.57J/g$；对于树皮，$4.47\% < X_M < 34.71\%$，$3.42\% < X_{ASH} < 40.92\%$，$32.80\% < X_{VM} < 66.38\%$，$4.26\% < X_{FC} < 24.95\%$，$2.78J/g < Y_{树皮} < 10.92J/g$；对于树头，$4.76\% < X_M < 12.91\%$，$1.10\% < X_{ASH} < 42.23\%$，$43.23\% < X_{VM} < 77.84\%$，$5.62\% < X_{FC} < 21.27\%$，$5.06J/g < Y_{树头} < 12.92J/g$。

利用所建立的多元线性回归方程，对树皮和树枝验证数据进行模型预测效果验证。树皮和树枝的低位发热量指标值和实际指标测试值以及相对误差结果，如图 11-9～11-12 所示。由图 11-9 和图 11-11 中低位发热量预测与实测对比结果可知，模型整体验证效果较好，其中样品 1、样品 2 及样品 5 相对误差均在 5% 以下。整体的绝对误差范围为 −14.83% ～ 14.52%，ABE 为 0.30%，AAE 为 7.29%，此时模型预测效果适中，没有总体偏高或偏低趋势。由图 11-11 和图 11-12 可知，总体模型预测效果较好，预测误差均在 10% 以下。ABE 为 −5.65%，AAE 为 5.46% 模型总体预测结果具有偏高趋势。本节通过相关分析、多元回归分析及误差分析等方法对广东省粤电湛江生物质发电有限公司桉树不同部位生物质的低位发热量、工业分析和元素分析等指标的测试数据进行了统计分析。分析结果表明，桉树不

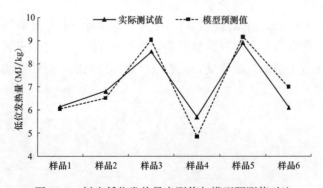

图 11-9　树皮低位发热量实测值与模型预测值对比

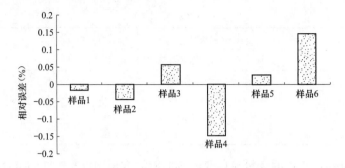

图 11-10　树皮低位发热量的实测值与预测值相对误差

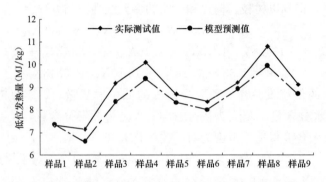

图 11-11　树枝低位发热量实测值与模型预测值对比

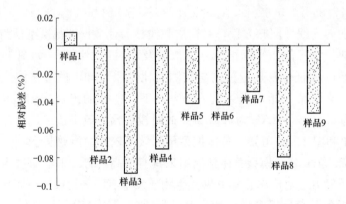

图 11-12　树枝低位发热量的实测值与预测值相对误差

同部位（树枝、树皮和树头）的低位发热量与工业分析指标具有呈显著的相关关系，但各回归方程差异较大。所建立的多元回归预测模型，具有良好的拟合度和显著的检验效果，证明了多元线性回归方法应用于低位发热量、元素分析指标预测的可行性和实用性。

第 12 章

木质生物质燃烧特性、挥发分析出过程、燃烧动力学及其产物分析

通过上一章对生物质基本物化性质的研究以及相关研究可以发现，生物质具有高挥发性，低氮、硫含量和低灰分的特性。研究生物质燃烧动力学特性、热力学特性、着火及燃尽特性、反应速率及燃烧产物等，是生物质理化检测技术的前提和基础，同时对燃烧设备的开发也具有一定的指导意义。

通常，对生物质热解、燃烧动力学特性、热力学特性、着火及燃尽特性、反应速率等进行研究的技术和装置主要有热分析仪、流化床、沉降管炉等。而热分析法历经约九十年，并在近三十年迅速发展，已成为生物质燃料燃烧反应动力学研究的一个重要手段。热分析是在程序控制温度下，测量物质的物理性质与温度依赖关系的一类技术。其中差热分析法（DTA）、热重法（TG）和差示扫描量热法（DSC）应用最广泛，是热分析法的主体。本章研究将基于几种主要热分析方法，通过文献查询，综合分析木质生物质燃烧特性、挥发分析出过程、燃烧动力学及其产物等方面的内容。

12.1 不同生物质燃烧特性研究

生物质要作为燃料利用，了解其着火燃烧和燃尽特性非常重要。本节借助热重差热综合热分析仪对 6 种生物质粉末进行试验，分别为稻壳、甘蔗渣、花生壳、核桃壳、树枝和秸秆，并采用几种燃烧特性指标对木质类生物质（树枝）、草本类生物质（甘蔗渣和秸秆）和果壳类生物质（稻壳、花生壳和核桃壳）进行分析研究。

12.1.1 燃烧特性指标

生物质的燃烧反应与燃烧条件密切相关，不同燃烧条件下的燃烧过程不同，甚至会有明显差异，这些差异在热重曲线上体现为不同的线型。下面对生物质燃烧特性曲线上各特征点和特性指数进行说明：

（1）着火点：着火点是衡量试样着火特性的重要特征点，定义为着火温度，记为 $T_i(℃)$。在 DTG 曲线上，过峰值点作垂线与 TG 曲线交于一点，过该点作 TG 曲线的切线，该切线与失重起始平行线的交点即为着火点（图 12-1 中的 C 点），所对应的温度定义为着火温度。

（2）最大失重速率点：在生物质燃烧过程中会出现两个燃烧峰值，即为最大失重速率点。前一峰为挥发分析出燃烧阶段，后一峰为固定碳燃烧阶段，如图 12-2 所示。

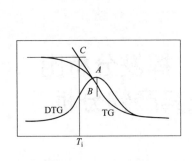

图 12-1　着火点的确定　　　　　图 12-2　最大失重速率点及燃尽点的确定

（3）燃尽点：燃尽点对应于 TG 和 DTG 曲线不再有质量变化的起始温度。通过 DTG 曲线可确定燃尽点，Morgan 选取失重速率为 $-1\%/\text{min}$ 时的点定义为燃尽点，并将该点温度定义为燃尽温度 $T_h(℃)$。

（4）综合燃烧特性指数 P：P 反映的是生物质着火和燃尽的综合性指标，其定义式为

$$P = \frac{(\text{d}w/\text{d}\tau)_{\max} \times (\text{d}w/\text{d}\tau)_{\text{mean}}}{T_i^2 \times T_h} \tag{12-1}$$

式中：$(\text{d}w/\text{d}\tau)_{\max}$ 为最大燃烧速度，mg/min；$(\text{d}w/\text{d}\tau)_{\text{mean}}$ 为平均燃烧速度，mg/min。P 值越大，表明生物质燃烧特性越佳。

12.1.2　生物质燃烧特性指标分析

1. 着火点和最大失重率点分析

着火特性主要由着火温度体现。热重分析中着火温度的定义有多种方法，本节采用最常用的切线法来确定样品的着火温度，即把曲线最高峰值点对应曲线上点的切线与初始失重时的基线交点定义为着火温度，如图 12-1 所示。按照上述定义方法，将 6 种样品的着火温度 T_i、燃尽温度 T_h 及燃尽剩余质量分数 w，列于表 12-1，显然，这 6 种生物质粉末的着火温度都在 300℃ 以下，说明这 6 种生物质均具有较低的着火温度。若与煤相比，则其更容易着火燃烧。此外，着火温度从低到高依次为稻壳、甘蔗渣、花生壳、核桃壳、树枝和秸秆。

表 12-1　　　　　　　　　　　　　　6 种生物质着火及燃尽温度

生物质	T_i（℃）	T_h（℃）	$w(\%)$
稻壳	262.2	731.5	6.600
甘蔗渣	272.2	458.9	3.830
核桃壳	275.8	693.9	3.820
花生壳	273.0	552.4	8.540
秸秆	279.7	443.6	0.005
树枝	278.6	489.6	1.920
神华烟煤	411.0	654.0	—

表 12-2 描述了 6 种生物质粉末燃烧的着火点等特性参数，其中，$w_1 \sim w_4$ 分别为燃料的

预热干燥、挥发分析出与着火燃烧、固定碳燃烧、燃尽 4 个阶段的质量分数。为了使不同类别生物质燃烧特性比较基准一致，50℃至失重速率开始突变大的温度点阶段为预热干燥段 1，失重速率开始突变大的温度点至失重速率为最大的温度点阶段为挥发分析出与着火燃烧段 2，失重速率为最大的温度点至失重速率等于 1%/min 的温度点阶段为固定碳燃烧段 3，失重速率等于 1%/min 的温度点至燃尽温度阶段为燃尽段 4。而 50℃至 T_1、T_2、T_3 和 T_h 分别为 4 个区段的分界点温度；T_{1max} 和 T_{2max} 分别为前两个阶段内失重速率最大时刻的温度。

表 12-2 　　　　　　　　　　　　　　　　6 种生物质燃烧特性参数

生物质种类	T_{1max}（℃）	T_{2max}（℃）	T_1（℃）	T_2（℃）	T_3（℃）	T_h（℃）	ω_1（%）	ω_2（%）	ω_3（%）	ω_4（%）
稻壳	75.91	307.82	180.81	307.82	486.52	731.47	6.41	31.79	45.93	3.32
甘蔗渣	56.86	321.36	187.76	321.36	427.51	458.9	4.84	55.84	30.59	0.38
核桃壳	75.81	310.3	206.69	310.3	367.85	693.92	4.11	39.25	49.01	1.56
花生壳	66.97	286.79	205.26	286.79	331.53	552.44	10.49	37.36	30.54	10.86
秸秆	63.38	326.45	212.25	326.45	443.61	443.61	8.05	47.07	41.18	—
树枝	70.52	331.43	220.76	331.43	483.38	489.63	8.34	41.75	47.82	0.25

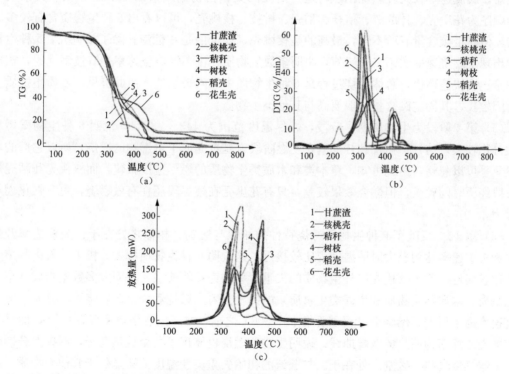

图 12-3　6 种生物质粉末燃烧的 TG、DTG 和 DSC 曲线

(a) TG 曲线；(b) DTG 曲线；(c) DSC 曲线

从表 12-2 和图 12-3 可以看出，6 种生物质粉末的燃烧既具有相似性又具有一定的差异性。

（1）6 种生物质粉末燃烧特性均具有预热干燥、挥发分析出与着火燃烧、固定碳燃烧燃尽等分段燃烧特性，与相关文献报道中生物质燃烧的 4 个阶段吻合。

（2）第1阶段水分析出温度差别不是很大，在56～76℃时，水分析出时间较为集中；水分析出含量在范围内变化，水分含量递增顺序为核桃壳、甘蔗渣、稻壳、秸秆、树枝、花生壳，可见不同类别的生物质没有较为明显的差异，这主要是因为所选生物质的内在水分差异较小。

（3）第2阶段起始温度较低，其范围为180～221℃，说明6种生物质挥发分析出比较容易。最大失重速率温度为286～327℃，6种生物质达到挥发分快速燃烧的温度和时间比较接近，这一阶段的失重占初始质量的31%～56%，其依次增大的顺序为稻壳、花生壳、核桃壳、树枝、秸秆、甘蔗渣。从中可以反映出6种生物质挥发分含量有所不同，最高的是甘蔗渣，最低的是稻壳，由此可见果壳类生物质挥发分含量为几类生物质中较低的；最大燃烧速度值较高的为花生壳和甘蔗渣，较低的为树枝和稻壳，表明花生壳和甘蔗渣前期着火燃烧更为剧烈和迅速，而树枝和稻壳前期着火燃烧较为平缓。

（4）第3阶段为固定碳燃烧阶段，主燃结束的温度为331～487℃，达到相同燃尽速度时，燃烧温度递增的顺序为花生壳、核桃壳、甘蔗渣、秸秆、树枝、稻壳，这说明6种生物质的主燃烧时间存在较大差异，稻壳和树枝主燃时间经历较长，花生壳和核桃壳主燃时间经历较短；燃烧速率较大且燃烧剧烈，这一阶段的失重占初始质量的30%～49%，其依次增大的顺序为花生壳、甘蔗渣、秸秆、稻壳、树枝、核桃壳，可以看出6种生物质含有较多固定碳，但固定碳含量有所不同，最高的是核桃壳，最低的是甘蔗渣；除了核桃壳，5种生物质均出现了燃烧速率的第二个峰值，说明多数生物质在主燃区燃烧速率是有波动性的，核桃壳则是连续快速燃烧，总体燃烧过程是6种生物质中时间最短的。由此可见，木质生物质主燃时间较长，其固定碳含量一般要高与其他类生物质。

（5）第4阶段为生物质燃尽阶段，燃尽温度范围为443～732℃，说明6种生物质燃尽特性分化较大，秸秆、树枝和甘蔗渣在主燃阶段就基本完成了可燃物的燃烧，所以它们的燃尽段几乎可以忽略，由此可知，草本类和木质类生物质的燃尽速度很快，而核桃壳和稻壳燃尽阶段经历时间较长，但燃烧效果较差，只有花生壳在燃尽段还在有效燃烧，更有强化燃尽的潜力。

（6）图12-3反映了6种生物质燃烧特性的相似与区别。相似之处在于：失重速率开始增大和失重速率达到最大时的温度都比较接近，这说明6种生物质挥发分析出、着火和燃烧特性比较接近；除了核桃壳以外生物质的失重速率均为双峰曲线，说明大多数生物质（草本类生物质、木质类生物质和果壳类生物质）的挥发分着火燃烧和固定碳燃烧阶段分明，前期燃烧速率高于后期；燃烧全过程主要集中在500℃之前，之后的燃烧效率极低；DSC曲线除了核桃壳之外多为明显的双峰曲线，说明生物质燃烧也体现了两个放热高峰，即挥发分燃烧和固定碳燃烧放热。区别之处在于：甘蔗渣的初始失重突变温度要明显低于其他生物质，而DTG曲线最大值高于其他生物质，所以其前期着火与燃烧特性优越；核桃壳的初始失重温度最高却最早燃尽，而且DSC曲线趋于单峰放热，所以其总体燃烧速度最快，完成全部燃烧所需的时间较短；花生壳初始失重温度较低，DSC曲线的第2个峰高于第1个峰，说明主燃段放热更多，燃烧前期着火燃烧速率较主燃段激烈且迅速，但总体燃烧较为稳定，所以对其全程控制燃烧更为重要。因此可知，就木质类生物质来说，在整个燃烧过程中，失重速率曲线为双峰，挥发分和固定碳燃烧阶段分明，且前期燃烧速度高于后期，且燃烧主要过程集中在 500℃ 之前，在此温度后，燃烧速率显著下降。

2. 燃尽特性分析

本节将 DTG 的值趋于 0，TG 基本不变时的温度定义为燃尽温度 T_h，在燃尽温度时，对应剩余物与初始试样的含量比为燃尽剩余质量分数。

6 种生物质粉末的燃尽温度 T_h 和燃尽剩余质量分数见表 12-1。从表中可以看出，秸秆、甘蔗渣和树枝 3 种生物质粉末的燃尽温度依次升高，但均属于较低范围，都未超过 490℃，秸秆最低，为 443.6℃，即燃烧趋于完全；花生壳、核桃壳和稻壳 3 种生物质粉末的燃尽温度依次升高，属于较高范围，都超过了 550℃，稻壳最高，为 713.5℃，因此果壳类生物质燃尽温度要明显高于草本来和木质类生物质。与此同时，6 种生物质粉末之间的燃尽特性也有较大差异，比较得出：稻壳和核桃壳粉末燃烧过程最长，其温度跨度分别约为 469℃ 和418℃；其次是花生壳，温度跨度约为 279℃；树枝、甘蔗渣和秸秆的燃烧过程依次缩短，其温度跨度分别约为 211℃、187℃ 和 164℃，因此果壳类生物质燃尽时间比草本类和木质类生物质要长。再结合燃尽温度可以定性预测，6 种生物质中秸秆的燃尽特性最好，而稻壳的燃尽特性最差。

从 6 种生物质粉末燃尽剩余质量分数看，依次增大的顺序为秸秆、树枝、核桃壳、甘蔗渣、稻壳和花生壳，最高达到 8.54%。可见，果壳类生物质较难燃尽，并且灰含量较大，草本类和木质类生物质容易燃尽，并且灰分含量较小。这也说明了在燃烧完全的情况下，花生壳燃烧后排灰渣较多，秸秆燃烧后排灰渣较少。

总结 6 种生物质的燃尽特性规律如下：除了稻壳和核桃壳以外，秸秆、树枝、甘蔗渣和花生壳燃烧持续时间较短，燃尽温度较低，比较容易燃烧和燃尽；稻壳燃烧持续时间最长，燃尽温度高，比一般的煤还要难以燃尽；核桃壳燃烧持续时间较长，燃尽温度较高，接近一般煤的燃尽特性；秸秆燃尽剩余质量分数最小，而两种果壳类生物质（花生壳和稻壳）的燃尽剩余质量分数较大，燃烧时应注意灰渣的处理问题。

3. 综合燃烧特性分析

依据之前介绍的综合燃烧特性指数 P，把相关试验数据代入综合燃烧特性指数 P 的计算公式，计算得到 6 种生物质粉末的综合燃烧特性指数 P，见表 12-3。

表 12-3　　　　　　　　　　　6 种生物质综合燃烧特性指数

生物质种类	T_i(℃)	T_h(℃)	$(dw/d\tau)_{max}$ (%/min)	$(dw/d\tau)_{mean}$ (%/min)	$P \times 10^{-9}$ [%²/(min²·℃³)]
稻壳	262.2	731.47	24.1	0.001	0.48
甘蔗渣	272.2	458.9	63.5	0.004	7.47
核桃壳	275.8	693.92	58.3	0.030	2.21
花生壳	273.0	552.44	139.5	0.002	1.02
秸秆	279.7	443.61	37.0	0.007	7.46
树枝	278.6	489.63	24.9	0.003	1.97

从表 12-3 可以看出，甘蔗渣和秸秆的综合燃烧特性指数 P 较大并很接近，虽然两者综合燃烧特性很好，但甘蔗渣的着火和燃尽性能略优，而秸秆在燃烧速率快和燃烧时间短方面略占优势，因此草本类生物质综合燃烧特性较好；稻壳的综合燃烧特性指数最小，其综合燃

烧特性最差，虽然着火温度较低，但燃尽温度很高，燃烧速率很慢，花生壳的综合燃烧特性指数较小其综合燃烧特性较差，虽然燃烧速率较快，但着火和燃尽温度都较高；核桃壳和树枝的综合燃烧特性指数居中，它们的综合燃烧特也比较好，相比较而言其着火性能优于燃尽性能，因此可知木质类生物质燃烧特性较好，而果壳类生物质燃烧总体特性较差。

12.1.3 不同生物质燃烧特性小结

通过对 6 种具有代表性的生物质进行热重分析，现初步得到如下结论：

（1）基于对热分析曲线的分析，可以明显地将各类生物质燃烧过程划分为 4 个阶段：预热干燥阶段、挥发分析出与着火燃烧、固定碳燃烧和燃尽阶段。因为生物质的可燃物质燃烧，绝大多数聚集在挥发分析出与着火燃烧阶段和固定碳燃烧阶段完成，所以强化燃烧措施应更加侧重于这两个阶段，尤其是木质类生物质，其挥发分和固定碳含量相对较高，应在这两个阶段强化燃烧措施。

（2）3 类生物质均具有较低的挥发分析出温度、燃烧速率到达最大时的温度和着火温度，一般着火温度都在 300℃ 以下，与煤相比更容易着火燃烧。

（3）生物质的挥发分燃烧和固定碳燃烧体现均衡态势，挥发分燃烧阶段燃烧更为剧烈，燃烧速率更快，燃烧速率最大值出现在燃烧的前期，而多数生物质在固定碳燃烧阶段放热更多。

（4）3 类生物质的燃尽特性出现明显分化的特点：草本类和木质类生物质燃烧持续时间较短，燃尽温度较低，比较容易燃烧和燃尽；果壳类生物质则有所不同，稻壳燃烧持续时间最长，燃尽温度高，比一般的煤还要难以燃尽；而核桃壳燃烧持续时间较长，燃尽温度较高，接近一般；秸秆燃尽剩余质量分数最小，而花生壳和稻壳的燃尽剩余质量分数较大，燃烧时应注意灰渣的处理问题。

（5）从综合燃烧特性指数 P 计算分析看，3 类生物质颗粒按值递增顺序为果壳类生物质＜木质类生物质＜草本类生物质，具体顺序为稻壳、花生壳、树枝、核桃壳、秸秆和甘蔗渣，稻壳燃烧特性最差，而秸秆燃烧特性最好。

（6）通过 3 类生物质燃烧特性试验可以看出，它们既有相似性又有差异性。其水分、挥发分析出和前期燃烧特性比较接近，燃烧全过程主要集中在 500℃ 之前，而之后燃烧效率极低；草本类生物质前期着火与燃烧特性优越，果壳类生物质中的核桃壳总体燃烧速度最快，主燃时间最短，花生壳燃烧总体更为均衡，更适合全过程控制燃烧，而木质类生物质性能居中。

12.2 不同条件下木质类生物质燃烧挥发分析出过程研究

在外热源加热条件相同的情况下，如上一节研究内容，各类生物质燃料着火温度的高低、点火时间的长短是判断燃料点燃难易程度的外在反映，而生物质颗粒的燃烧性能可以直接用来进行比较。对于在不同热力条件下的生物质燃料燃烧特性的研究，燃料燃烧的稳定性是最为关键的。尤其是在实际工程应用过程中，常采用各种不同的试验方法和试验手段对燃烧稳定性进行分析研究。本书主要对木质类生物质燃烧中挥发分析出过程进行分析。通过改变燃烧条件，利用热重分析法，研究升温速率、试样质量对木质类生物质颗粒（木屑）燃料挥发分析出过程的影响，以及载气气氛、流量对其挥发分析出特性指数和燃烧稳定性判别指数的影响。在燃烧稳定性方面具体分析过程中，本节将利用以下几种判据：

（1）挥发分析出特性综合判断指数 R_h：为了研究生物质颗粒燃料挥发分析出的情况，引入挥发分析出特性综合判断指数 R_h

$$R_h = \frac{(dw/dt)_{\max}}{T_{\max} \times \Delta T} \qquad (12\text{-}2)$$

式中：$(dw/dt)_{\max}$ 为挥发分最大析出质量速率，mg/min；$T_{\max}$ 为挥发分析出量最大时的温度 K；ΔT 为从挥发分开始析出到析出量最大时的温度区间，即 $\Delta T = T_{\max} - T_c$。

（2）燃烧稳定性判别指数 R_w：不同种类的生物质颗粒燃料在不同试验条件下，最大燃烧速率（dw/dt）$_{\max}$、点火温度 T_i 和最大燃烧速率对应的温度 $T_{\max}$ 均不同。点火温度的大小反映了生物质颗粒燃料的点火特性或活化能的高低，而最大燃烧速率和其对应的温度反映了着火后的燃烧情况。本节采用燃烧稳定性判别指数 R_w 比较典型生物质颗粒燃料的稳定性，以纯碳的测试参数为基准，则

$$R_w = \frac{655}{T_i} \times \frac{763}{T_{\max}} \times \frac{(dw/dt)_{\max}}{0.00582} \qquad (12\text{-}3)$$

式中：655 为热分析法测得的碳着火温度，℃；0.00582 为碳的最大燃烧速率，mg/min；763 为碳在最大燃烧速率时对应的温度，℃。

（3）燃烧特性指数 P：P 反映的是生物质着火和燃尽的综合性指标，其定义式为

$$P = \frac{(dw/dt)_{\max} \times (dw/dt)_{\text{mean}}}{T_i^2 \times T_h}$$

式中：$(dw/dt)_{\max}$ 为最大燃烧速度，mg/min；$(dw/dt)_{\text{mean}}$ 为平均燃烧速度，mg/min。P 值越大，表明生物质燃烧特性越佳。

12.2.1 升温速率对木质生物质燃料挥发分析出的影响

为了说明燃烧中挥发分在析出过程中的特征，木屑在三种升温速率条件下（10℃/min、30℃/min 和 60℃/min）燃烧试验中的质量分别为 8.05mg、7.95mg 和 8.01mg，高纯度氮气流量为 60mL/min，以避免析出的挥发分被氧化。表 12-4 所示为所用的木屑的元素分析和工业分析结果。

表 12-4   木屑的元素分析和工业分析结果

元素分析	C_{ad}（%）	H_{ad}（%）	O_{ad}（%）	N_{ad}（%）	S_{ad}（%）
	46.6	4.22	48.37	0.7	0.11
工业分析	M_{ad}（%）	V_{ad}（%）	A_{ad}（%）	FC_{ad}（%）	$Q_{ad,net}$/(MJ/kg)
	5.75	66.96	12.2	15.09	15.26

图 12-4 为木屑在不同升温速率时的 TG 和 DTG 曲线。从图中可以看出，在整个燃烧过程中（以 10℃/min 为例），第一个为水分析出阶段，在温度小于 210℃的温度区间里，TG 曲线略微有些变化，没有明显的热解现象，在 70℃时 DTG 曲线出现了一个小波峰，对应的水分析出最大速率为 1.27%/min；第二个挥发分析出阶段，在 230℃时 TG 曲线开始变化迅

速，故 T_c 为230℃，这时样品残余量为93.33%，随着温度的增加，在390℃时，DTG曲线上出现了一个大波峰，此时对应的挥发分析出最大速率为7.11%/min；第三个焦炭燃烧阶段，在温度达到490℃后，TG曲线变化又变得平缓，这时样品残余量为20.3%，从DTG曲线上可以看出，在710℃时木屑失重速率最小为0.09%/min，这时热解过程基本完成，挥发分已经完全析出。

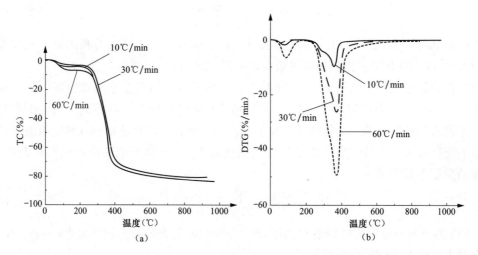

图12-4　木屑在不同升温速率时的TG和DTG曲线
(a) 木屑在不同升温速率时的TG曲线；(b) 木屑在不同升温速率时的DTG曲线

通过比较可以看出，随着升温速率的增加，对各阶段的影响均不同。第一个水分析出阶段，10℃/min和30℃/min的TG曲线比较高，也更平缓，DTG曲线上出现的波峰值较小，但在60℃/min下却出现了较为明显的失重现象，该阶段对应的最大析出峰温度增大到90℃左右；第二个挥发分析出阶段，大波峰也存在类似的现象，但峰值明显变大，说明挥发分析出速率最大时所需要的温度也随之升高；在450℃以后，第三阶段曲线开始变得平缓，这时升温速率为30℃/min的曲线残余物还有5.48%，高于10℃/min时对应的3.02%，低于60℃/min对应的7.54%。这说明析出相同质量分数的挥发分，升温速率越快，所需要的温度也就越高。同时，通过热解分析可以得到关于木屑挥发分析出的一系列参数（以10℃/min和30℃/min为例），见表12-5。

表12-5　　　　　　　　　木屑在不同升温速率下挥发分析出的参数

升温速率（℃/min）	10	30
挥发分开始析出温度 T_c（℃）	230	235
挥发分最大析出温度 T_{max}（℃）	330	340
挥发分最大析出速率（%/min）	7.11	18.99
挥发分析出率 V_{all}（%）	77.4	87.77
挥发分开始析出时间 t_0（min）	22.44	6.26
$V/V_{all}=0.9$ 时的时间 t（min）	41.44	13.26
挥发分平均析出速率（%/min）	3.67	11.28

从表12-5中可以看出，随着升温速率的增加，虽然 T_c 和 T_{max} 都增大，但是达到此温度

所需要的时间减少，分别为 19min、7min，这说明挥发分析出过程变剧烈，表现为 DTG 曲线大峰值越尖，TG 曲线越陡。挥发分最大析出速率增加更为显著，30℃/min 条件下是 10℃/min 下的 2 倍多，这说明升温速率越快，其值越大，但是增量并不按一定比例增加。

12.2.2　质量对木质生物质燃料挥发分析出特性的影响

为了分析不同质量下的燃烧情况，对生物质颗粒燃料分别为 8.05mg、20.9mg 进行燃烧试验，高纯度氮气流量为 60mL/min，以避免析出的挥发分被氧化。木屑在不同质量时的 TG 和 DTG 曲线如图 12-5 所示。

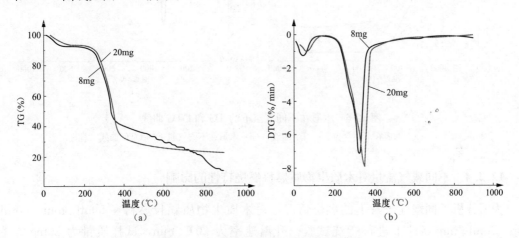

图 12-5　木屑在不同质量时的 DTG 曲线
(a) 木屑在不同质量时的 TG 曲线；(b) 木屑在不同质量时的 DTG 曲线

从 TG 曲线可以看出，20mg 的失重曲线在前两个阶段略高于 8mg，基本上没有什么变化，但在第三个阶段，表现出无规律性。

从 DTG 曲线可以看出，在水分析出阶段，20mg 的峰值温度向右沿着温度增大的方向偏移，峰值反而减小为 0.97%/min，在挥发分析出阶段，20mg 达到最大峰值温度比 8mg 的高 20℃，最大析出速率也增加到 7.92%/min。

12.2.3　气氛对木质生物质燃料燃烧特性的影响

为了分析不同氧气浓度气氛下的燃烧情况，对木质生物质颗粒燃料在 40% O_2、21% O_2、14% O_2 和热解条件下进行燃烧试验，升温速率为 20℃/min，试样质量为 20mg 左右，高纯氮气流量为 60mL/min。图 12-6 为木屑的 TG 和 DTG 曲线。

从 TG 曲线可以看出，木屑在挥发分析出阶段，TG 曲线可分为两段，但是分界处并不是很明显，其中 14% O_2 的曲线分界点在 360℃左右，失重过程持续到 730℃才结束，燃烧温度区间达 500℃；21% O_2 曲线分界点在 360℃左右，失重过程持续到 540℃才结束，燃烧温度区间达 310℃；40% O_2 的曲线最为明显，分界点在 340℃左右，失重过程持续到 480℃，燃烧温度区间只有 250℃，比木屑在空气中的燃烧区间小 60℃。

在 DTG 曲线上，随着 O_2 浓度的增加，14% O_2 和 21% O_2 的曲线在挥发分析出燃烧阶段基本没有变化，但在固定碳燃烧阶段变化明显，波峰的位置也发生了变化，最大波峰的峰值变大，说明固定碳析出速率变大，其对应的温度变小，固定碳的燃烧温度降低且燃烧温度区间变小，说明挥发分和固定碳的燃烧都得到了强化。

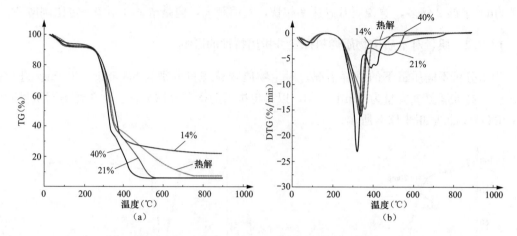

图 12-6　木屑在不同气氛下的 TG 和 DTG 曲线

（a）木屑在不同气氛下的 TG 曲线；（b）木屑在不同气氛下的 DTG 曲线

12.2.4　不同载气流量对木质生物质燃料燃烧特性的影响

为了分析不同载气流量下的燃烧情况，对木质生物质颗粒燃料在 50mL/min、60mL/min、70mL/min 条件下进行燃烧试验，升温速率为 20℃/min，试样质量为 20mg 左右，21% O_2 的气氛条件。图 12-7 为木屑在不同载气流量下的 TG 和 DTG 曲线。

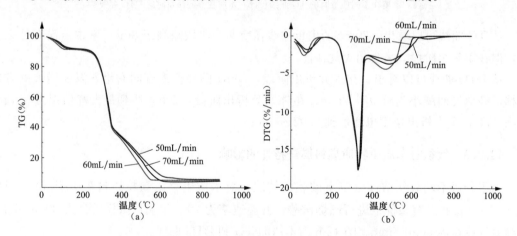

图 12-7　木屑在不同载气流量下的 TG 和 DTG 曲线

（a）木屑在不同载气流量下的 TG 曲线；（b）木屑在不同载气流量下的 DTG 曲线

从 TG 曲线可以看出，水分析出阶段，随着流量的升高，曲线稍微上移，变化不是很明显，挥发分析出燃烧阶段，三条曲线基本重合，一直到固定碳燃烧阶段，三条曲线交叉。在 540℃时，60mL/min 的 TG 曲线变得平缓，燃烧基本结束，而 50mL/min 和 70mL/min 的 TG 曲线一直到 610℃才变得平缓，说明载气流量变小或变大对燃烧都起不到促进作用。

在 DTG 曲线上，水分析出阶段，60mL/min 的曲线出现的小峰值最大，其次是 50mL/

min，70mL/min 的最小；在挥发分析出阶段，DTG 曲线的变化不是很明显，随着流量的增加，最大析出速率值只是稍微增大，70mL/min 曲线第二个波峰的温度区间明显变大，50mL/min 和 60mL/min 曲线没有太明显的区别，说明随着载气流量的提高，燃烧没有被强化，反而在 70mL/min 时燃烧被削弱。载气流量过大或者过小都不利于燃烧的充分进行，存在一个最佳值。这主要是因为载气流量过大，带走了一部分热量；载气流量过小，碳表面没有足够的氧气进行燃烧，故存在一个最佳值来强化固定碳的燃烧。

12.2.5 不同类别生物质燃料挥发分特性对比分析

为进一步研究木质类生物质的燃烧特性，对比其他两种秸秆类草本生物质在同样燃烧条件下的结果，通过挥发分析出特性指数进行不同类别生物质燃烧特性的对比分析。

1. 升温速率对挥发分析出特性综合判断指数的影响

为了分析升温速率对挥发分析出特性指数的影响，在同样燃烧条件下，对棉秆和玉米秸秆进行燃烧试验。其中，棉秆在 10℃/min、20℃/min、30℃/min 下的质量为 7.98mg、8.05mg、7.95mg；玉米秸秆在 10℃/min、20℃/min、30℃/min 下的质量为 7.95mg、8.05mg、7.96mg。通过式（12-2）计算 R_h 值，结果如图 12-8 所示。

由式 12-8 可知，$(dw/dt)_{max}$ 越大，则 R_h 越大，挥发分析出越强烈；T_{max} 越低，ΔT 越小，R_h 越大，挥发分析出时峰值出现得越早、越集中，这两种情况对点火是有利的；反之则不利于点火。因此，由图 12-8 可知，木质类生物质和其他类生物质一样，升温速率越高，越有利于点火。

2. 质量对挥发分析出特性综合判断指数的影响

为了分析质量对挥发分析出特性指数的影响，对棉秆和玉米秸秆进行燃烧试验。其中，升温速率为 10℃/min，棉秆质量分别为 7.98mg、7.95m，玉米秸秆质量分别为 7.95mg、20.9mg。通过计算可以得到三种生物质燃料在不同质量下的 R_h，如图 12-9 所示。

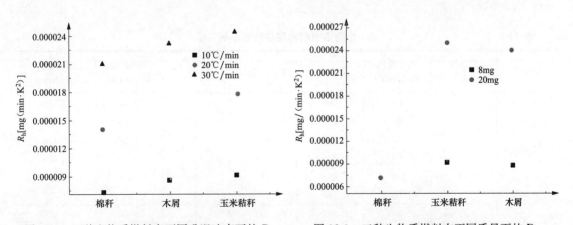

图 12-8　三种生物质燃料在不同升温速率下的 R_h　　图 12-9　三种生物质燃料在不同质量下的 R_h

由图 12-9 可以看出，随着质量的增加，玉米秸秆的 R_h 变化最大，其次是木屑，棉秆基本没有变化，这说明增加质量对于棉秆来说基本不影响其挥发分的析出，也不能促进其着火。玉米秸秆和木屑有着相似的变换趋势，增加的幅度也基本相同，质量的增加使得挥发分

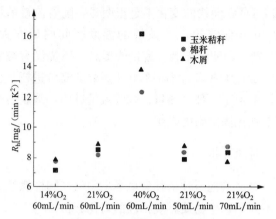

图 12-10　三种生物质燃烧在不同

氧气浓度和载气流量下的 R_h

析出的越多。具体分析其原因，从元素分析角度分析，玉米秸秆和木屑的各元素含量均较为接近，而棉秆的碳元素和氧元素含量与此二类生物质相差较远。定性来看，碳元素和氧元素含量比较高的生物质，试样质量越大，越易点燃。从工业分析角度，棉秆的挥发分含量比其他两者要低，而灰分含量高很多，这也是造成试样质量对燃料点火影响的原因之一。

3. 氧气浓度和载气流量对挥发分析出特性综合判断指数的影响

挥发分析出特性综合判断指数 R_h 用来表征燃烧过程中挥发分的析出性能，R_h 越大，挥发分越易析出，析出性能越好。通过计算可以得到三种生物质燃料在不同氧气浓度和载气流量下的 R_h，如图 12-10 所示。

由图 12-10 可以看出，R_h 随着氧气浓度的增加而增大，随着载气流量增加呈开口向下的抛物线形变化。在富氧条件下燃烧时，玉米秸秆挥发分最容易析出，其次是木屑，棉秆挥发分最难析出。但在空气中，木屑比玉米稻秆的挥发分容易析出。R_h 的大小与颗粒燃料自身的结构有关，颗粒燃料的纤维素、半纤维素和木质素含量各不相同，故表现出不同的析出性能。

4. 氧气浓度和载气流量对燃烧稳定性判别指数 R_w 的影响

根据燃烧稳定性判别指数 R_w，结合前面得到的生物质燃料的 TG、DTG 曲线，计算得到燃料的燃烧参数，见表 12-6。表中显示，玉米秸秆、棉秆、木屑在 90% O_2 气氛条件下的最大析出速率是其他条件下的 20 倍左右，故在下面讨论燃烧稳定性判别指数时，不考虑该条件下的参数。

表 12-6　　　　　　　　　　　生物质燃料的燃烧特性参数

生物质	氧浓度（%）	载气流量（mL/min）	T_i（℃）	T_{max1}（℃）	T_h（℃）	$(dw/dt)_{max}$（mg/min）	$(dw/dt)_a$（mg/min）
木屑	14	60	280	340	620	3.46	0.433
	21	60	255	330	540	3.45	0.425
	40	60	247	320	470	4.87	0.418
	90	60	240	292	335	47.37	2.256
	21	50	263	330	570	149	0.347
	21	70	265	340	600	3.4	0.372
玉米秸秆	14	60	247	305	575	2.77	0.429
	21	60	245	295	555	3.05	0.416
	40	60	240	282	445	5	0.408
	90	60	225	282	315	44.96	2.14
	21	50	247	300	557	2.91	0.416
	21	70	252	305	612	3.38	0.419

续表

生物质	氧浓度 （%）	载气流量 （mL/min）	T_i（℃）	T_{max1}（℃）	T_h（℃）	$(dw/dt)_{max}$ （mg/min）	$(dw/dt)_a$ （mg/min）
棉秆	14	60	255	308	645	2.65	0.413
	21	60	250	293	518	3.3	0.423
	40	60	235	279	452	4.03	0.422
	90	60	230	278	319	54.69	2.647
	21	50	249	295	575	3.14	0.424
	21	70	252	297	546	2.97	0.42

用燃烧稳定性判别指数 R_w 来判定燃烧过程中的稳定性，R_w 越大，生物质颗粒燃料燃烧越稳定，三种生物质燃料在不同条件下的 R_w 如图 12-11 所示。从图中可以看出，R_w 随着氧气浓度的增加而增大，随着载气流量增加呈开口向下的抛物线形变化。在空气中，棉秆的稳定性最好，其次是木屑，玉米秸秆的稳定性最差；但在富氧条件下，玉米秸秆的稳定性最好，其次是木屑，棉秆则是最差的，故棉秆和玉米秸秆的 R_w 随着氧气浓度的增加变化波动很大，木屑的 R_w 受载气流量的影响较大。由此可知，木质类生物质具有较好的燃烧稳定性。

5. 氧气浓度和载气流量对综合燃烧特性指数 P 的影响

综合燃烧特性指数与挥发分析出特性综合判断指数 R_h 相似，是表征生物质颗粒燃料点火和燃尽的综合指标，其值越大，说明生物质颗粒燃料越容易点火，燃烧更完全，燃烧性能越好，三种生物质燃料在不同条件下 R_h 如图 12-13 所示。从图中可以看出，P 随着氧气浓度的增加而增大，随着载气流量增加呈开口向下的抛物线形变化。在空气中三种生物质颗粒燃料的燃烧性能差不多，在富氧条件下，玉米秸秆的点火温度最低，燃烧最完全，燃烧性能最好；其次是木屑，棉秆的燃烧性能最差。这与挥发分析出特性综合判断指数变化一致，说明挥发分的析出有利于燃料的燃烧，导致棉秆燃烧性能差的原因主要为其自身的成分，棉秆的挥发分含量最少、灰分含量较高是其燃烧性能差的主要原因。由此可知，木质类生物质具有较好的燃烧特性。

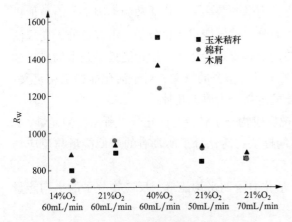

图 12-11 三种生物质燃料在不同
氧气浓度和载气流量下的 R_w

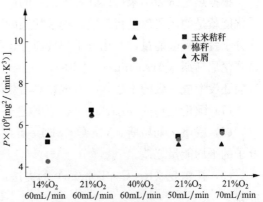

图 12-12 不同燃烧条件下的
燃烧特性指数

12.2.6　不同条件下木质类生物质燃烧挥发分析出过程小结

本节主要研究了木屑这种木质类生物质的燃烧特性，同时将其与玉米秸秆和棉秆两种草本类生物质进行了燃烧特性对比，并对影响燃料挥发分析出的因素（升温速率、试样质量）和影响燃料燃烧特性的因素（载气气氛、流量）进行了分析，通过对试验数据的分析得到了在不同工况下的燃烧特性参数。

通过热重试验对生物质颗粒燃料的整个燃烧过程进行分析，燃料的燃烧过程包含三个阶段：水分析出阶段、挥发分析出及燃烧阶段、固定碳燃烧阶段。试验采用挥发分析出特性综合判断指数 R_h、点火温度 T_e、燃烧稳定性判别指数 R_w、综合燃烧特性指数 P 等常用的燃烧特性参数，结合外界因素的影响，分析生物质颗粒燃料的燃烧性能。随着升温速率的提高，R_h 增大，最大燃烧速率明显增大。在相同的升温速率下，玉米秸秆的 R_h 最大，其次是木屑，棉秆的最小。载气中氧气浓度的增加也改善了颗粒燃料的燃烧性能，氧气浓度越高，燃料燃烧越迅速，燃尽需要的时间越短，对应的燃尽温度越低，最大燃烧速率增大。R_h、R_w 和 P 都随着氧气浓度的增加而增大，即富氧有利于挥发分的析出，提高燃料的稳定性和燃烧性能。

R_h、R_w 和 P 都随着载气流量的增加呈开口向下的抛物线形变化，载气流量过大或者过小对木质类生物质颗粒燃料的燃烧均是不利的，存在一个最佳值。

12.3　不同条件下木质类生物质燃烧动力学研究

12.3.1　燃烧动力学基本理论

燃烧动力学是指在燃烧过程中发生的化学动力学，用定量的方法研究化学反应进行的速率及其影响因素，并用反应机理来解释由试验得出的动力学规律。化学反应动力学研究的目的，在于求解出能够描述某反应机理的动力学三因子（kinetic triplet），即活化能 E、频率因子 A 和机理函数 $f(\alpha)$，并对该反应机理进行推论解释。

根据热重试验结果可以计算出试样的燃烧动力学参数——活化能和频率因子。简单地讲活化能就是物质要想进行反应，构成物质的普通分子就要变成活化分子，由普通分子变成活化分子就要吸收能量，活化分子与普通分子的能量差就是活化能。活化能最早是由瑞典科学家阿伦尼乌斯（Arrhenius）提出的，它在化学中具有重要的意义。对于活化能的确切定义，当前还没形成一致的说法，一般现在对活化能的定义分为以下几种：

（1）阿伦尼乌斯（Arrhenius）的原意：把反应物分子转变为活化分子所需要的能量。

（2）威廉·刘易斯（W·C·M. Lewis）的提法：活化分子所具有的最低能量与反应物分子的平均能量之差。

（3）托尔曼（R·C·Tolman）的提法：活化分子的平均能量与反应物分子的平均能量之差。

通常可以通过热重试验结果计算物质的活化能和频率因子，具体公式的推导如下。

热重试样测得试样转化率 α 可以由 TG 曲线按下式计算。

$$\alpha = \frac{\Delta m}{\Delta m_f} = \frac{m_0 - m}{m_0 - m_f} \qquad (12\text{-}4)$$

式中：Δm 为试样在某一时刻的失重，g；Δm_f 为试样在规定终点的失重，g；m_0 为试样的初始重量，g；m_f 为试样的终点残余质量，即结束时试样剩余的质量，g。

质量作用定律：对于简单反应，在温度不变的情况下，燃烧反应速率 $\frac{\mathrm{d}\alpha}{\mathrm{d}t}$ 和参加反应的各反应物浓度 $f(\alpha)$ 的乘积成正比

$$\frac{\mathrm{d}\alpha}{\mathrm{d}t} = K f(\alpha) \qquad (12\text{-}5)$$

根据阿伦尼乌斯（Arrhenius）公式

$$K = A\exp\left(\frac{-E}{RT}\right) \qquad (12\text{-}6)$$

式中：T 为热力学温度（K）；A 为指前因子，与分子碰撞数有关的常数（s^{-1}）；E 为表现反应活化能（J/mol）；R 为气体常数，$8.31\mathrm{J/(K \cdot mol)}$。

$f(\alpha)$ 的函数形式取决于反应机理。一般假设函数 $f(\alpha)$ 与温度 T 和时间 t 无关，只与反应程度 α 有关。在无穷小的时间间隔内，非等温过程可以看作等温过程，这时可以把燃烧过程描述成简单动力学反应。对于简单反应，$f(\alpha)$ 用反应级数形式表示为

$$f(\alpha) = (1-\alpha)^n \qquad (12\text{-}7)$$

则

$$\frac{\mathrm{d}\alpha}{\mathrm{d}t} = K f(\alpha) = A(1-\alpha)^n \exp\left(\frac{-E}{RT}\right)$$

现在假设生物质型煤的燃烧是一级燃烧，即 $n=1$，则

$$\frac{\mathrm{d}\alpha}{\mathrm{d}t} = A(1-\alpha)\exp\left(\frac{-E}{RT}\right) \qquad (12\text{-}8)$$

本次采用 Zavkovic 法对式（12-8）进行求解。

将式（12-8）移项积分可得

$$\int_0^\alpha \frac{\mathrm{d}\alpha}{1-\alpha} = A\exp\left(-\frac{E}{RT}\right)\int_0^t \mathrm{d}t$$

$$\ln\left(\frac{1}{1-\alpha}\right) = A\exp\left(-\frac{E}{RT}\right)t$$

$$\ln\left[\frac{\ln\left(\frac{1}{1-\alpha}\right)}{t}\right] = \ln A - \frac{E}{RT} \qquad (12\text{-}9)$$

令 $Y=\ln\left[\frac{\ln\left(\frac{1}{1-\alpha}\right)}{t}\right]$，$X=\frac{1}{T}$，$M=-\frac{E}{R}$，$N=\ln A$，可得

$$Y = MX + N \qquad (12\text{-}10)$$

做出 Y 和 X 的关系图，如果反应机理选择正确，则可以得到一条直线，通过直线的斜率就

可以得到反应的活化能 E，通过直线的截距就可以得到反应的指前因子 A。

在计算频率因子和活化能时，按照热重曲线上失重速率相近的温度范围划分温度区域，得到不同类型的生物质的燃烧动力学参数。

12.3.2　不同条件下木质生物质的燃烧动力学分析

本节将利用上一节中木屑燃料原料进行热重分析及燃烧动力学分析，探讨压力、升温速率等因素对木屑燃烧过程的影响规律，对不同试验条件下的反应动力学参数进行求解和比较，并进行机理分析，为优化反应操作参数及设计合理的试验检测设备提供理论依据。

1. 常压下升温速率的影响

常压下，升温速率为 10℃/min、30℃/min 和 60℃/min 下木屑的 TG 和 DTG 曲线如图 12-13 所示。

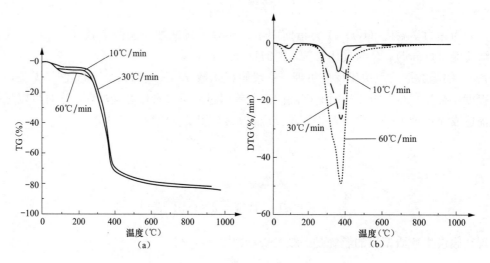

图 12-13　不同升温速率下木屑的 TG 和 DTG 曲线

(a) 不同升温速率下木屑的 TG 曲线；(b) 不同升温速率下木屑的 DTG 曲线

由 TG 和 DTG 曲线及相关计算可得到燃烧反应特性的主要参数，表 12-7 为常压不同升温速率下木屑的燃烧特性参数。从表 12-7 可以看到，木屑的挥发分初始析出温度 T_s 和 DTG 峰值温度 $T_{\max}$，随着升温速率的提高略有增加。木屑的最大失重速率 $(\mathrm{d}w/\mathrm{d}t)_{\max}$ 随着升温速率的提高而大大增加，升温速率对燃烧反应过程有较大的影响。

表 12-7　　　　　　　　常压不同升温速率下木屑的燃烧特性参数

生物质试样	升温速率(℃/min)	T_s（℃）	$T_{\max}$（℃）	$(\mathrm{d}w/\mathrm{d}t)_{\max}(\%/\mathrm{min})$
木屑	10	195	366	−9.88
	30	197	367	−26.45
	60	199	368	−49.31

对应的动力学参数计算结果列于表 12-8 中。从表 12-8 可以发现，常压下随着升温速率的升高，热解反应的频率因子由 $5.88\times10^5\mathrm{min}^{-1}$ 减小为 $1.83\times10^5\mathrm{min}^{-1}$，相应的活化能由 73.054kJ/mol 减少到 57.762kJ/mol，两者的变化趋势一致。升温速率由 10℃/min 提高到

30℃/min，活化能减少了 5.478kJ/mol，而由 30℃/min 提高到 60℃/min，活化能减少了 9.814kJ/mol，说明随着升温速率的增加活化能减少的趋势增强，木屑的热解反应激烈程度逐渐增强。从表 12-8 中还可以看出，活化能 E 的增大伴随着频率因子 A 的增大，即 E 和 A 之间存在着动力学补偿效应。图 5-16 所示为常压不同升温速率下木屑的动力学补偿拟合直线，拟合结果为 $\lg A = 0.0343E + 3.3061$。

表 12-8　　　　　　常压不同升温速率下木屑燃烧动力学参数

升温速率(℃/min)	拟合方程	频率因子 A（min^{-1}）	活化能 E(kJ/mol)	相关系数
10	$y=14.73217-9234.6x$	5.88×10^5	73.054	0.9953
30	$y=10.69-17509.28x$	4.82×10^5	67.576	0.9959
60	$y=3.322-8776.983x$	1.83×10^4	57.762	0.9902

2. 不同压力的影响

相同的升温速率 30℃/min，压力为 0.1MPa、0.2MPa、0.4MPa 和 0.6MPa 下木屑的 TG 和 DTG 曲线如图 12-15 所示，木屑的燃烧特性参数和燃烧动力学参数见表 12-9 和表 12-10。

由表 12-9 可知，木屑的热重试验压力分别由常压的 0.1MPa 上升到 0.6MPa，木屑的初始析出温度从 197℃提高到 213℃，对应于最大燃烧速率的峰值温度 T_{max} 略有增大。另外从 DTG 曲线和表 12-9 中数据还可看到其最大失重速率 $(dw/dt)_{max}$ 随着压力的提高而减小，木屑的 $(dw/dt)_{max}$ 分别从 21.76%/min 降低到 11.20%/min，说明随着试验压力的增加，挥发分释放的强度减弱，释放高峰延后。

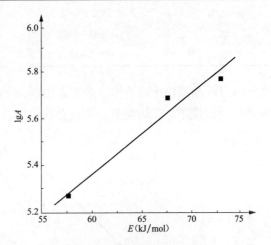

图 12-14　常压不同升温速率下木屑的动力学补偿拟合直线

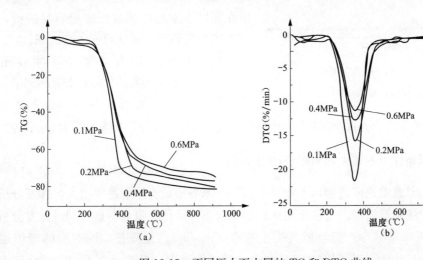

图 12-15　不同压力下木屑的 TG 和 DTG 曲线
（a）不同压力下木屑的 TG 曲线；（b）不同压力下木屑的 DTG 曲线

表 12-9　　　　　　　不同压力下木屑的燃烧特性参数（30℃/min）

生物质试样	试验压力（MPa）	T_s（℃）	T_{max}（℃）	$(\mathrm{d}w/\mathrm{d}t)_{max}$（%/min）
木屑	0.1	197	351	−21.76
	0.2	207	356	−15.56
	0.4	211	357	−12.76
	0.6	213	360	−11.20

表 12-10　　不同压力下木屑的燃烧动力学参数（30℃/min）（失重率 $\alpha=10\%\sim80\%$）

试验压力（MPa）	拟合方程	频率因子 A（min^{-1}）	活化能 E（kJ/mol）	相关系数
0.1	$y=13.35657-8542.1x$	4.82×10^5	67.576	0.9959
0.2	$y=9.1603-6242.4x$	9.92×10^3	49.383	0.9911
0.4	$y=8.11332-5472.1x$	3.97×10^3	43.289	0.9912
0.6	$y=7.76797-5295.6x$	2.93×10^3	41.608	0.9940

　　从 TG 曲线中也可看出，随着压力的增加，达到相同失重量，所需要的温度逐渐升高；在相同的温度下，压力越低，挥发分析出越多，余重越小，可见压力的增加抑制了燃烧气相产物的析出。

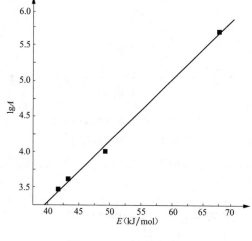

图 12-16　不同压力下的
动力学补偿拟合直线图

　　由表 12-10 可知，压力由 0.2MPa 上升到 0.6MPa，木屑的活化能由 49.383kJ/mol 减少到 41.608kJ/mol。随着压力升高活化能减少趋势变缓，同时频率因子也明显减小，二者变化趋势一致，这表明其反应性能得到了很大提高。

　　对比不同压力下的动力学参数发现，在加压条件下木屑的活化能明显低于常压，表明在加压下木屑的热解反应更容易进行，且随着压力的提高，降低程度逐渐减弱。

　　在 30℃/min 升温速率下，对常压到 0.6MPa 的动力学参数活化能 E 和频率因子 A 进行拟合，二者关系如图 12-16 所示。从图可见，其线性关系良好，E 和 A 之间也存在着动力学补偿效应，拟合结果为 $\lg A=0.0859E-0.14722$。

12.3.3　不同条件下木质生物质燃烧动力学小结

　　在常压下，随着升温速率增加，木质类生物质（木屑）最大热解速率增大，挥发分析出增强，活化能减少的趋势增加。与常压相比，加压状态下活化能降低明显，同时挥发分析出初温延迟，最大析出率减小，而且最大失重速率 $(\mathrm{d}w/\mathrm{d}t)_{max}$ 也降低，所对应的峰值温度 T_{max} 后移。活化能 E 和频率因子 A 之间存在动力学补偿效应，升温速率不变，改变压力或者压力不变，改变升温速率，得到的补偿效应表达是不同的。

12.4 不同生物质燃烧产物研究

12.4.1 挥发分、含水量与着火时间之间的相关分析

本节选取 8 种典型的生物质燃料,包括棉秆、麦秸、玉米秸、玉米秸(含添加剂)4 种秸秆类颗粒燃料;落叶松、红松、混合木质(榆树、柳树、杨树、桃树和红松的混合物)3 种木质颗粒燃料;以及 1 种木质与果壳类的混合生物质颗粒燃料(木屑与花生壳混合,质量比为 1:4)。所有颗粒燃料均压缩加工为圆柱形,直径为 8mm,长度为 10~30mm,颗粒密度约 1.2g/cm³。8 种典型生物质颗粒燃料的特性见表 12-11。

表 12-11 生物质工业分析结果

类型	原料	工业分析(%)				元素分析(%)					低位发热量 (kJ/kg)
		水分	灰分	挥发分	固定碳	碳	氢	氧	氮	硫	
秸秆类	棉秆	8.42	21.69	62.33	7.56	38.33	4.74	24.98	1.55	0.29	13147
	麦秸	8.79	9.95	72.01	9.25	43.46	5.66	31.12	0.74	0.28	15225
	玉米秸	9.15	7.71	75.58	7.56	44.92	5.77	31.26	0.98	0.21	15132
	玉米秸(含添加剂)	9.12	15.83	67.88	7.17	39.98	5.15	28.48	1.19	0.25	15114
木质	落叶松	7.63	1.01	85.55	14.75	48.89	6.19	36.07	0.12	0.09	16829
	红松	9.32	6.32	76.61	7.75	47.39	5.89	30.75	0.23	0.1	16645
	混合木质	9.14	9.25	72.65	8.96	47.14	5.63	27.71	0.98	0.15	16302
混合物	木屑+花生壳	9.34	13.04	67.38	10.24	43.83	5.45	27.46	0.86	0.02	15948

注 按照欧盟 CEN/TS 335《固体生物质燃料技术规范》进行测定,表中数据均为质量分数,下同。

相关性分析:通过对 8 种生物质颗粒燃料进行试验,发现各种燃料的点火时间与挥发分、含水率密切相关。其中落叶松的挥发分含量最高,含水率最低(见表 12-11),点火时间最短,同时,木质类生物质整体上由于均有挥发分含量较高、含水率较低的特点,其点火时间均较短,而棉秆的挥发分含量最低,含水率较高(参见表 12-11),点火时间最长。点火时间与挥发分大致呈线性关系,挥发分越高,点火时间越短,如图 12-17(a)所示,这是因为

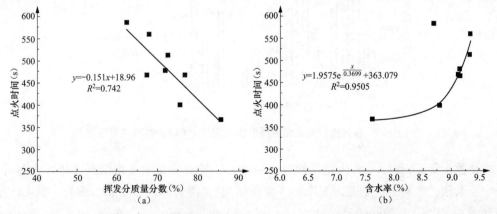

图 12-17 挥发分质量分数、含水率与点火时间的拟合曲线

(a)挥发分质量分数与点火时间的拟合曲线;(b)含水率与点火时间的拟合曲线

生物质燃料中的挥发分中含有大量氢气、甲烷、不饱和烃（C_mH_n）、一氧化碳等可燃气体，挥发分含量越高，则生物质燃料越容易着火。而点火时间与含水率大致呈指数关系，含水率越高，点火时间越长，如图 12-17（b）所示，这是因为生物质燃料中含水率越高，一方面延长了干燥时间，另一方面降低了最高燃烧温度（绝热燃烧温度），从而使燃料所需的点火时间延长。同时，我们也可以发现，当含水率超过一定数值时，点火时间将会是无限长，即无法点燃。

12.4.2 产物分析

1. 表观描述

经观察，8 种颗粒燃料的燃烧过程均可分为启动、预运行、运行、停止 4 个阶段。启动阶段开始时，烟气呈白色，主要是由水蒸气组成，烟气黑度较高；待点火成功后，火焰颜色较红且宽，温度较低，烟气黑度变淡，呈灰色或黑色，这主要是由燃烧过程中助燃空气不足造成的。预运行阶段，火焰变成了橘黄色，温度逐渐升高，烟气黑度更低。进入运行阶段后，火焰由橘黄色变成浅黄色，烟气变成一缕淡淡的青烟。停止阶段，烟气黑度加大，火焰逐渐熄灭。

2. 烟气中 CO 含量

燃烧器启动后，烟气中 CO 含量随着燃烧的进行不断增加并达到最大；进入运行阶段后，其含量则大大降低（见图 12-18）。经分析可知，在燃烧启动与预运行阶段，燃烧室温度较低、进风量较小而进料量已经达到预设值，此时生物质颗粒燃料燃烧不充分，CO 排放浓度高。随着燃烧进入运行阶段，鼓风机全速运行，温度不断升高，燃烧逐渐稳定，各类生物质燃料能够充分燃烧，此时 CO 浓度排放值最小。当燃烧器停止或者关闭时，螺旋输送器和鼓风机停止工作，未燃尽的燃料不能充分燃烧，即出现图 12-18 中 CO 浓度迅速上升的情况。

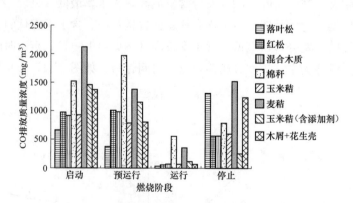

图 12-18　各种生物质颗粒燃料燃烧时烟气中 CO 的排放质量浓度

燃烧器正常运行时，8 种生物质颗粒燃料的 CO 排放质量浓度由低到高依次为落叶松、红松、玉米秸、木屑＋花生壳、玉米秸（含添加剂）、混合木质、麦秸、棉秆，其 CO 排放质量浓度分别为 29.18mg/m³、51.19mg/m³、59.06mg/m³、63.09mg/m³、65.25mg/m³、120.00mg/m³、365.94mg/m³、555.37mg/m³。其中，麦秸和棉秆的 CO 排放质量浓度较高，这可能是因为不同生物质颗粒燃料中 C、H、O 元素的含量不同，其所需的理论空气量也不同，而燃烧器的风量是一定的，造成了过量空气系数不匹配。

3. SO₂、NOₓ 排放

不同生物质颗粒燃料的烟气中 SO_2 的排放质量浓度如图 12-19 所示。燃烧器的启动、预运行以及停止阶段，SO_2 排放浓度相对较高，这是由不完全燃烧引起的；在运行阶段，绝大部分生物质燃料燃烧时 SO_2 的排放浓度非常低，污染物排放水平较低，基本为零（见图 12-19），远低于国家标准 GB 13271—2001《锅炉大气污染物排放标准中规定的 $900mg/m^3$ 的指标。这主要是由生物质中 S 含量较低决定的。棉秆则是一个例外，其 SO_2 排放浓度远高于其他生物质燃料，S 含量与其处于同一数量级的其他秸秆类燃料的 SO_2 排放浓度则低得多。这说明生物质燃烧时，其 SO_2 生成机理的复杂性，不仅与 S 含量有关，而且与燃料种类和设备等因素有关。

8 种典型生物质颗粒燃料燃烧时 NO_x 的排放质量浓度如图 12-20 所示。正常运行时由低到高依次为落叶松、混合木质、红松、木屑＋花生壳、麦秸、玉米秸、棉秆、玉米秸（含添加剂），其排放质量浓度分别为 $33.88mg/m^3$、$83.47mg/m^3$、$87.05mg/m^3$、$110.35mg/m^3$、$115.31mg/m^3$、$132.18mg/m^3$、$140.63mg/m^3$、$145.34mg/m^3$。因此，木质类生物质小于其他类生物质排放浓度。结合表 12-11 可知，各种颗粒燃料的 NO_x 排放质量浓度与其 N 含量基本成正比，N 元素含量高，其 NO_x 排放质量浓度也高。生物质颗粒燃料燃烧时的温度较低（<1300℃），NO_x 的生成方式主要为燃料型反应机制，而非热力型反应机制。

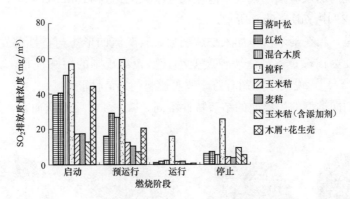

图 12-19　各种生物质颗粒燃料 SO_2 的排放质量浓度

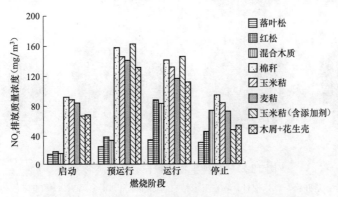

图 12-20　各种生物质颗粒燃料 NO_x 的排放质量浓度

4. 灰渣形貌

通过观察燃烧后的灰渣（见图 12-21）可以发现，各种不同原料的生物质颗粒燃料燃烧后，其灰渣的外观形状、颜色、尺寸存在较大差异；木质类颗粒燃料之间、秸秆草本类颗粒燃料之间、木质类与秸秆草本类颗粒燃料之间也有较大不同，大致可以分为 3 种类型：

（1）不结渣，包括落叶松。该燃料在燃烧后的灰渣呈灰黑色的细小颗粒物，无块状的渣块产生，如图 12-21（a）所示。

（2）中度结渣，包括棉秆、玉米秸（含添加剂）。这两种燃料在燃烧后均出现轻微的结渣现象，但渣块尺寸较小，易碎。其中，棉秆燃烧后的灰渣呈灰黄色，粒度一般为 8～10mm，如图 12-21（b）所示；玉米秸（含添加剂）燃烧后的灰渣为与燃烧前形状类似的浅棕黄色颗粒，但直径与长度均较燃烧前减小，约为 5.5mm×12.5mm，如图 12-21（c）所示。

（3）严重结渣，其渣块尺寸由小到大依次为麦秸、玉米秸、木屑＋花生壳、混合木质、红松。这些燃料的结渣现象都很明显，渣块硬度较大，且尺寸和质量都很大。其中麦秸燃烧后其灰渣为深灰色，渣块最大尺寸约 68.5mm，质量为 9.14g，硬度相对较小；玉米秸燃烧后灰渣颜色较深，略呈深蓝色，色泽较亮，渣块尺寸最大能达到 82.5mm，质量达 20.03g；木屑＋花生壳的混合燃料在燃烧后，灰渣尺寸最大能达到 106mm，质量达 105.46g，其颜色较浅，呈灰黄色；混合木质燃烧后的灰渣颜色偏暗，渣块最大尺寸约为 112mm，质量为 81.49g；红松燃烧后的灰渣颜色偏红，渣块尺寸最大能达到 116mm，质量达 133.41g，硬度非常大，如图 12-21 中（d）～（h）所示。

值得注意的是，当在玉米秸中加入添加剂后，其灰渣的形态与特性都发生了较大变化，如颜色由青黑色变为浅棕黄色，渣块粒度变小且呈较为规则的短圆柱状，更加易碎等［见图 12-21 中（c）、（e）］，说明添加剂有益于改善燃料的结渣性能。

综上所述，不同类型的生物质的结渣特性不同。就木质类生物质而言，结渣情况与其本身基本性质相关。

图 12-21　各种生物质颗粒燃料灰渣形貌

（a）落叶松；（b）棉秆；（c）玉米秸（含添加剂）；（d）麦秸；（e）玉米秸；

（f）木屑＋花生壳；（g）混合木质；（h）红松

5. 灰熔融性对结渣的影响

8 种生物质颗粒燃料的底灰结渣率由小至大分别为落叶松＜棉秆＜玉米秸（含添加剂）＜麦秸＜木屑＋花生壳＜混合木质＜玉米秸＜红松，见表 12-12。可以发现，木质类生物质燃料的结渣率与其软化温度密切相关，软化温度越高，结渣率越低；当燃料的软化温度达到一定数值时（如落叶松的软化温度为 1389℃），则燃料将不会出现结渣现象。但对于某些生物质颗粒燃料，灰熔融特性对底灰结渣率的影响却不明显，甚至有矛盾。例如，棉秆的软化温度为 1211℃，低于玉米秸（含添加剂），但底灰结渣率反而较低，仅为 24.13％；同样，麦秸的软化温度为 1201℃，低于木屑＋花生壳，其底灰结渣率为 36.57％。

表 12-12   灰熔融性对燃料结渣的影响

生物质试样	灰熔融性（℃）				底灰结渣率（％）
	变形温度（TD）	软化温度（TS）	半球温度（TH）	流动温度（TF）	
落叶松	1332	1389	1394	1394	0
棉秆	1191	1211	1224	1262	24.13
玉米秸（含添加剂）	1224	1247	1252	1269	26.17
麦秸	1163	1201	1211	1229	36.57
木屑＋花生壳（1∶4）	1207	1217	1221	1251	47.13
混合木质	1196	1213	1217	1221	48.23
玉米秸	1167	1198	1215	1238	48.94
红松	1181	1196	1206	1254	57.81

另外，在燃料中添加适当的添加剂，能够有效降低生物质颗粒燃料的结渣趋势，如试验中的玉米秸，未含添加剂其底灰结渣率为 48.94％，使用添加剂后的底灰结渣率降低到 26.17％，降低了 22.77％。

6. 灰渣化学组成的影响

生物质颗粒燃料的底灰结渣率与其化学组成密切相关，如图 12-22 所示，图中所示燃料的结渣率依次增大。一般来说，燃料中 Si 元素含量越高，结渣趋势越明显，如木屑＋花生壳、玉米秸、红松、以及麦秸等，其 Si 的质量分数基本在 25％左右或更高，结渣率较高；反之，落叶松灰渣的化学成分中 Si 的质量分数最低，仅为 9.76％，其结渣率也最低（不结渣）。

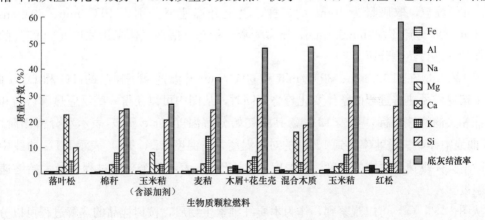

图 12-22 灰渣的化学组成成分及底灰结渣率

除 Si 元素外，碱金属元素（K、Na）及碱土金属元素（Ca、Mg）对底灰结渣率的影响也很大。例如，棉秆与麦秸，二者的 Si 元素含量大致相同，但二者的 K 元素含量相差很大，麦秸的 K 元素质量分数高达 14.17%，而其底灰结渣率也比棉花秆高出许多；又如，玉米秸（含添加剂）与玉米秸，可以发现前者 Mg 元素含量较高，比后者高出 3 倍多，K 元素含量则较低，约是后者的 1/2，而前者结渣率比后者降低了 22.77%；再如，混合木质与红松，前者的 Ca 元素含量约是后者的 3 倍，其结渣率则降低了约 10%。由此可知，碱金属元素含量越高，燃料结渣趋势越明显；碱土金属含量越高，燃料结渣趋势越小。

12.4.3　不同生物质燃烧产物小结

（1）就木质类生物质而言，颗粒燃料所需的点火时间与燃料的挥发分、含水率密切相关，即生物质挥发分含量越高，含水率越低，点火时间越短。

（2）木质类生物质燃料在燃烧器中正常燃烧时的 SO_2、NO_x 等污染物排放浓度远低于国家标准，但存在着部分生物质颗粒燃料灰分含量过大、结渣严重等问题，从而导致燃烧器难以连续运行。

（3）燃料的灰熔融特性对其结渣率有较大影响，对于木质类生物质燃料来说，软化温度越高，结渣率越低，当软化温度达到一定数值时，燃料不会发生结渣，如落叶松。

（4）影响木质类生物质颗粒燃料结渣趋势的元素主要有 Si、碱金属和碱土金属。其中，Si 元素含量越高，碱金属含量越高，越易于结渣；碱土金属含量越高，越抗结渣。添加适当的添加剂，可有效改善燃料的结渣性能。

12.5　木质生物质热解特性研究

12.5.1　基于热重分析的桉树热解性质

本节研究的材料来自于作为广东省湛江生物质发电有限公司燃料的桉树干。试验主要仪器为 Perkin Elmer Pyris STA 6000 型热重分析仪和 Spectrum 1 型傅氏转换红外线光谱分析仪。试验主要过程为取一定量的试样，用微型植物粉碎机进行粉碎，然后筛分出 0.08～0.10mm 的颗粒，取质量为 10mg 的试样，设定升温速率分别为 10℃/min、30℃/min 和 60℃/min，载气流量为 100mL/min，压力为常压状态，惰性气体采用浓度 99.995% 的氮气作为保护气进行热重分析。

图 12-23 是在 10℃/min、30℃/min 和 60℃/min 升温速率下样品的 TG 和 DTG 曲线，反映了桉树样品热解过程的整体变化趋势。同时，从图中可以获得一些反应热解行为和与过程特征相关的特性指标，见表 12-13。其中初始分解温度（i.e. T_{in}）表示水分析出阶段后，DTG 曲线中样品失重速率达到 1% 时的对应温度，肩温度（i.e. T_{sh}）表示 DTG 曲线中出现肩峰时最大失重速率对应的温度，峰温度（i.e. T_{max}）表示整个热解过程中最大始终速率对应的温度。

从图 12-23（a）可以观察到，作为木质纤维素生物质，桉树样品的热解过程可以分为三个连续较为明显的阶段。在温度低于 160℃时，第一个失重阶段（水分挥发阶段）主要是附

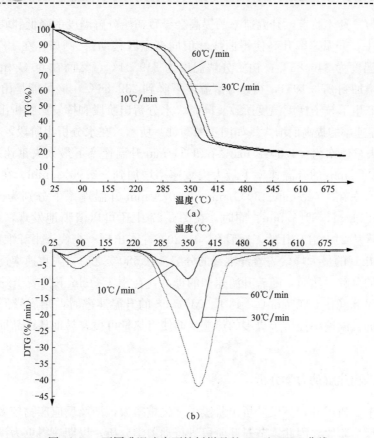

图 12-23 不同升温速率下桉树样品的 TG 和 DTG 曲线
(a) 不同升温速率下桉树样品的 TG 曲线；(b) 不同升温速率下桉树样品的 DTG 曲线

表 12-13　　　　　　　　　不同升温速率下的桉树样品热解特征指标

升温速率（℃/min）	T_{in}（℃）	T_{max}（℃）	T_{sh}（℃）	dw/dt_{max}（%/min）	ω（%）
10	249.84	346.83	301.20	−8.90	17.47
30	243.26	369.27	320.67	−23.95	17.14
60	232.66	373.10	not obvious	−41.89	17.84

着在样品表面和内部的水分蒸发。三种升温速率下水分挥发阶段的失重率在 8.66%～9.15%，这与桉树工业分析中水分含量基本趋于一致。第二阶段的挥发分析出阶段则为最主要的失重阶段，对应的温度区间为 200～480℃，且随着温度的升高，反应过程极为迅速。在这个阶段，不同升温速率下的失重率在 68.30%～69.41%，这比其余两个阶段的失重率要高出许多，主要是由于该阶段中，桉树中主要的纤维素、半纤维素和部分木质素在该阶段分解。同时，较大失重率也表明一系列复杂的连续并行的热化学反应出现在挥发分析出阶段，该阶段也是热解过程中最重要的阶段。最后一个阶段为焦炭分解阶段，失重率逐步下降直到分解终温，即 700℃。不同升温速率下的最终固体残余质量在 17.14%～17.84%。因此，尽管随着升温速率的提高，到达终温的时间逐渐变短，但不同升温速率下的最终残余量则相差不大。另外，通过表 12-13 热性指标可以发现，升温速率的不同会影响桉树样品的具

体热解过程行为。具体而言，升温速率的提高会导致初始分解温度的降低和峰值温度的升高（在 DTG 曲线中，升温速率升高使得曲线峰值向高温区移动）。例如，在 10℃/min 的升温速率下，峰值温度为 346.83℃，初始分解温度为 249.84℃，然而在 60℃/min 的升温速率下，峰值温度增加到 373.10℃，初始分解温度下降到 232.66℃，这可能是由于木质生物质较差的热导性产生了粒子梯度温度所致。同时，水分析出阶段和挥发产物析出阶段的最大失重速率随着升温速率的提高而增大。如图 12-23（b）所示，在水分析出阶段，在 10℃/min 升温速率下最大失重速率为 −1.80%/min，在 30℃/min 升温速率下最大失重速率为 −3.85%/min，最后在 60℃/min 的升温速率下最大失重速率增加到 −5.96%/min。在挥发分析出阶段，最大失重速率在 10℃/min、30℃/min 和 60℃/min 升温速率下分别为 −8.90%/min、−23.95%/min 和 −41.89%/min。同时，在图 3-27 中还可以清晰地发现，10℃/min 升温速率下初始分解从 249.84℃开始，然后在 301.20℃左右出现一个代表半纤维素分解的肩峰，在 346.83℃处出现的最大峰代表着纤维素的分解。在 580℃之后，失重速率逐步下降对应着木质素或焦炭的分解。然而，随着升温速率的提高，在 10℃/min 下代表半纤维素分解的肩峰逐渐变得不显著（在 30℃/min），到了 60℃/min 的升温速率时，则肩峰消失，这可能主要是由于增加的升温速率提供了更多的热能从而使得热量可更容易地从样品周围传递到样品内部中去。

12.5.2 桉树热解动力学分析

通过上一节分析可知，挥发分析出阶段由于失重率大，涉及反应产物较多，是热解过程中最为重要的反应阶段，因此本节对此阶段进行动力学分析，以期获得更为深入的桉树样品热解特性。图 12-24～图 12-26 展示的是利用 C-R 法得到的不同反应级数下的动力学回归拟合图。图中实线为回归拟合线，点画线为实测数据。通过 C-R 法的回归方程和拟合相关系数的确定，可以得到动力学的主要参数，如活化能 E 和指前因子 A 可以从斜率和截距分别求取。所求得的不同升温速率、不同反应级数下的动力学相关参数见表 12-14。由相关系数平方值的大小可知，10℃/min、30℃/min 和 60℃/min 升温速率下对应的最佳反应级数为 1、0 和 0 级反应。由此可知，桉树样品在热解过程中的挥发分析出阶段，随着升温速率的提升，动力学反应级数逐步由 1 级降为 0 级。通过对比同一升温速率下不同反应级数对应的活化能和指前因子可知，随着反应级数的升高，响应的活化能和指前因子也随之升高。例如，在 60℃/min 的升温速率下，反应级数 0、1、1.5 和 2 的对应活化能分别为 35.01kJ/mol、47.30kJ/mol、54.74kJ/mol 和 62.95kJ/mol，指前因子分别为 183.06min^{-1}、3490.53min^{-1}、19825.86min^{-1} 和 131736.25min^{-1}。尽管反应级数不同，但不同反应级数下动力学拟合曲线都具有较高 R^2 值，这可能是由于木质生物质热化学转换是反应物与反应环境之间较为强烈的物理化学作用的结果，导致反应过程具有多种反应途径，对应着多种具有不同反应级数的机理函数。同时，随着升温速率的提高，同一反应级数下的活化能和指前因子随着升温速率升高，也具有相同的升高趋势。其主要原因可以用不同升温速率之间存在动力学补偿效应来解释，即同一反应级数下的活化能（E）和指前因子（A）可具有 $\ln A = aE + b$ 的线性拟合关系。由动力学数据拟合所得的动力学补偿效应关系，如图 12-27 所示。同时，与其他升温速率相比，30℃/min 升温速率下产生的活化能具有最低值，表明此温度下热解反应、挥发分析出较易发生,该结论可为桉树生物质在未来热解利用过程中确定合理反应条件提供参考和依据。

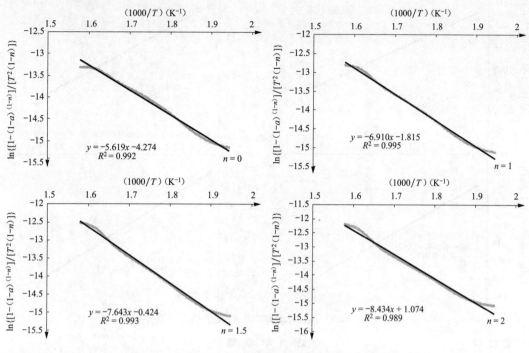

图 12-24　10℃/min 升温速率下 C-R 法动力学拟合图

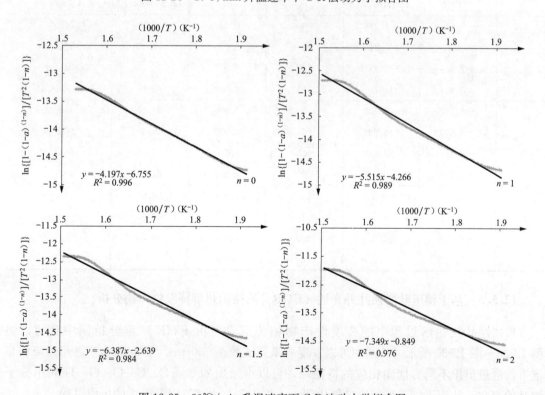

图 12-25　30℃/min 升温速率下 C-R 法动力学拟合图

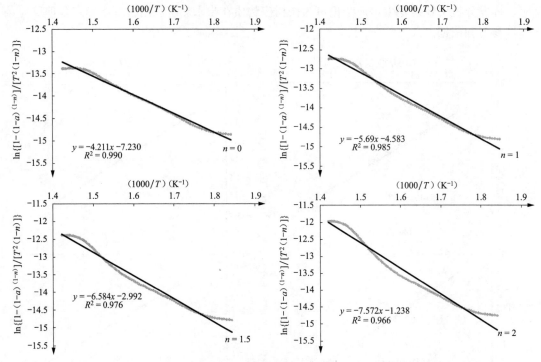

图 12-26　60℃/min 升温速率下 C-R 法动力学拟合图

表 12-14　　　　　　　　　动　力　学　参　数

β	$-E/R$	$\ln (AR/\beta E)$	n	R^2	E (kJ/mol)	A (min^{-1})
10	-5.619	-4.274	0	0.992	46.72	782.50
	-6.91	-1.815	1	0.995	57.45	11252.10
	-7.643	-0.424	1.5	0.993	63.54	50017.62
	-8.434	1.074	2	0.989	70.12	246868.61
30	-4.197	-6.755	0	0.996	34.89	146.69
	-5.515	-4.266	1	0.989	45.85	2322.56
	-6.387	-2.639	1.5	0.984	53.10	13687.21
	-7.349	-0.849	2	0.976	61.10	94326.45
60	-4.211	-7.23	0	0.990	35.01	183.06
	-5.69	-4.583	1	0.985	47.31	3490.53
	-6.584	-2.992	1.5	0.976	54.74	19825.86
	-7.572	-1.238	2	0.966	62.95	131736.25

12.5.3　基于傅里叶变换红外光谱（FTIR）的桉树热解挥发性产物分析

　　桉树样品在热解过程中的挥发性产物相关信息可由 FTIR 三维分析图中获得，如图 12-28～图 12-30 所示。从图中可以发现一系列波数在 $500cm^{-1}$ 与 $4000cm^{-1}$ 之间波峰和光谱带，通过辨识不同官能团相应的特征峰，可以推断出如 C＝O、C—O、O—H 和小分子烷基的存在，从而进一步推断出二氧化碳、一氧化碳、水蒸气以及甲烷的析出过程。

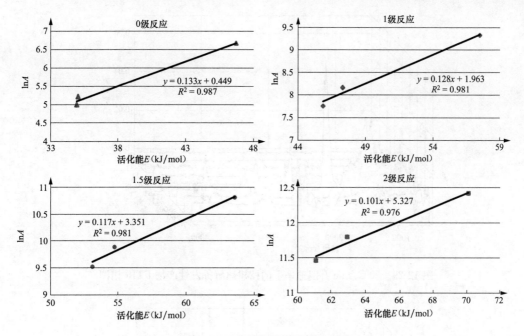

图 12-27 动力学补偿效应拟合图

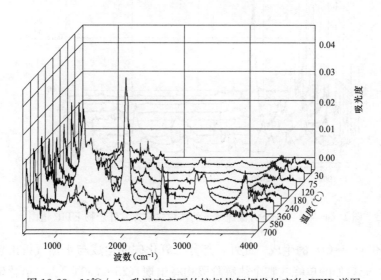

图 12-28 10℃/min 升温速率下的桉树热解挥发性产物 FTIR 谱图

位于 $3500 \sim 3950 \mathrm{cm}^{-1}$ 范围内连续的低矮峰，代表着水蒸气分子内 O═H 的对称和反对称伸缩振动。该官能团在第一阶段（$25 \sim 160$℃）的出现与 TG 和 DTG 曲线中所示的水分析出阶段失重过程分析结果一致。然而，在第一阶段进行之后到整个热解过程中，从 FTIR 分析图可以发现不同升温速率下均有水蒸气分子内的 O═H 对应的特征峰出现，该部分水分的生成与第一阶段物理性自由水分析出原理不同，主要为热解过程中有机化合物分解产生的化学反应性水分。

从图 12-28～图 12-30 可以发现，绝大多数挥发产物的析出集中在桉树样品热解过程中的高温区，其中，$2265 \sim 2425 \mathrm{cm}^{-1}$ 范围内较为明显的双峰和 $670 \mathrm{cm}^{-1}$ 处的单峰表示二氧化

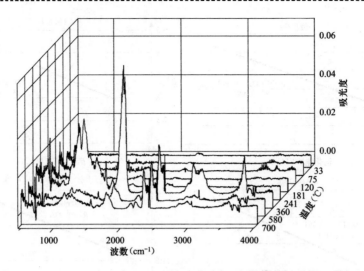

图 12-29　30℃/min 升温速率下的桉树热解挥发性产物 FTIR 谱图

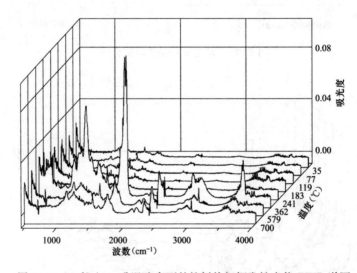

图 12-30　60℃/min 升温速率下的桉树热解挥发性产物 FTIR 谱图

碳中羧基官能团（C＝O）的生成。此外，部分二氧化碳的生成与水蒸气析出较为相似，这主要是由于 670cm^{-1} 处的单峰在整个热解阶段均有出现（25～700℃）。二氧化碳在整个桉树样品热解过程中均有出现可能是由于该种木质生物质在整个热解过程中均有脱羧基反应发生所导致的。

　　同时除了二氧化碳中的羧基官能团（C＝O）的双峰在图谱中出现外，另一种位于 2021～2250cm^{-1} 范围内的双峰也可在图谱中清晰地辨认，该系列双峰对应着一氧化碳中的 C—O 官能团。该官能团的出现主要是由高分子有机化合物不完全分解所导致的。然而，在 CO 析出过程中，可以注意到一个较为特殊的现象：尽管桉树样品的热解在 500℃ 之后没有出现较为明显的失重现象，但是一氧化碳中 C—O 的产生量却不断增加，这是由于烷基侧链的脱羧基反应，另外焦炭的炭化氧化过程和高温区的二次反应也可能造成一氧化碳不断析出。同时，伸缩振动的 C＝O 和 C—O 的双峰在高温区的出现表明生成二氧化碳和一氧化碳的相关反应在高温区是同时平行进行的。

两种波数分别在 $1000\sim1800cm^{-1}$ 和 $2620\sim3120cm^{-1}$ 范围内较为强烈复杂的吸收带在不同升温速率的 FTIR 谱图上均出现。对于波数在 $1000\sim1800cm^{-1}$ 范围内的强吸收带而言，其可能包括位于 $1030cm^{-1}\sim1100cm^{-1}$ 范围内的对应于含一个饱和碳的醇类 C—O—H 的吸收带，在 $1580cm^{-1}\sim1800cm^{-1}$ 范围内的对应于羧酸或羧基化合物（如醛、酮和酯类）中伸缩振动的 C=O 的吸收峰，位于 $1185cm^{-1}$ and $1240cm^{-1}$ 间对应于酚羟基氧伸缩振动的 C—O 吸收带。因此，位于此波数段内官能团的吸收带和特征峰的重要性在于它们大多对应于一些大分子，如醛、酮、羧酸、酚和醇类。同时，在 360℃ 左右，在 $2620\sim3120cm^{-1}$ 范围内出现的吸收带主要对应于一些小分子烷基官能团，如对称和反对称伸缩振动的 CH_{3-}、CH_{2-} 和 CH_- 等，表明包括醋酸、甲酸、小分子烷烃、烯烃和炔烃等在内的小分子混合物的生成。尤其是随着样品热解过程的进行，当到达高温区时，位于 $3014cm^{-1}$ 处的波峰表明有大量甲烷出现，这可能是由热解过程中大分子断裂和气体产物的重构所导致的。

通过对比图 12-28~图 12-30 的 FTIR 光谱可以发现，不同升温速率会对挥发产物析出过程产生一定影响。对于二氧化碳析出，当升温速率为 30℃/min 和 60℃/min 时，在波数 $2265\sim2425cm^{-1}$ 范围内出现的 C=O 特征峰主要出现在高温区（300℃ 以上），而在升温速率为 10℃/min 时，在该波数区间内的 C=O 特征峰则在整个热解过程中均有出现。与之类似的，当升温速率为 30℃/min 和 60℃/min 时，在波数区间 $1580\sim1800cm^{-1}$ 范围内代表羧酸、羧基、脂类以及不饱和芳香族化合物的 C=O 伸缩振动特征峰也主要出现在高温区，而在升温速率为 10℃/min 时，该官能团出现在整个热解过程中。然而，升温速率的改变对 CO（在波数 $2021\sim2250cm^{-1}$ 范围内出现的双峰）、水蒸气（在波数 $3500\sim3950cm^{-1}$ 范围内出现的吸收带）和小型烷烃（在波数 $2620\sim3120cm^{-1}$ 范围内出现的吸收带以及甲烷在 $3014cm^{-1}$ 处的对应特征吸收峰）等析出过程影响较小。对于 CO 析出来说，不同升温速率下，在整个热解阶段均有 CO 的析出；对于小分子烷基官能团的析出过程，在不同升温速率下均在高温区出现，这主要是由于纤维素和半纤维素等复杂有机物的分解和碳链的断裂；对于水蒸气析出来说，不同的升温速率仅造成在 $300\sim480℃$ 范围内特征峰吸收强度的变化。因此从升温速率对挥发产物析出的影响上来看，升温速率的变化不仅会影响挥发产物的析出温度，同时也会对不同特征吸收峰或吸收带的吸收强度产生影响。为进一步清晰地分析升温速率对析出强度的影响，图 12-31 展示了在峰温度（T_{max}）上不同升温速率下的 FTIR 对比情况。从图 12-31 中，可以看到不同官能团的特征吸收峰或吸收带随着升温速率的提高而增大，这与 DTG 分析结果中最大失重速率的变化趋势较为一致。例如，在峰值温度下，$1580\sim1800cm^{-1}$ 范围内 C=O 伸缩振动峰对应 10℃/min，30℃/min 和 60℃/min 升温速率的吸光度为 0.0346、0.0692 和 0.1251，相应的最大失重速率分别为 $-8.90\%/min$、$-23.95\%/min$ 和 $-41.89\%/min$。此外，从图 12-31 可知，在峰值温度上，挥发性产物基本也未发生变化，不同升温速率对桉树热解生成的挥发产物种类的影响也极其有限。

12.5.4 木质生物质热解特性小结

本节研究利用非等温热重-红外分析法对来自于湛江生物质发电有限公司的桉树燃料样品的热解行为、动力学和挥发产物析出进行了研究。升温速率会对桉树样品的热解行为、动

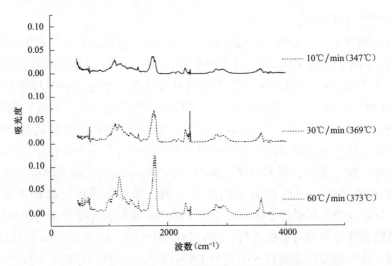

图 12-31　不同升温速率下在峰温度时 FTIR 谱图对比结果

力学和挥发产物析出造成一定的影响，主要结论如下：

（1）桉树样品的热解可以分为三个典型的连续热力分解阶段：水分析出、挥发分析出和焦炭分解阶段。随着升温速率的提高，最大失重速率也随之增加，DTG 曲线中失重峰也随之转向高温区。

（2）总体而言，较高的升温速率可能产生较低的活化能，反之亦然。而挥发分析出阶段在 30℃/min 升温速率下会产生最低的活化能。此外，随着升温速率的提高，动力学机理函数中的反应级数逐渐由一级反应向 0 级反应变化。

（3）FTIR 分析说明桉树样品热解过程中主要产生 O—H、C＝O、C—O、C—O—H 和小分子烷基官能团，如 CH_{3-}、CH_{2-} 和 CH_- 的对称和非对称伸缩振动。此外，当升温速率高于 30℃/min 时，二氧化碳和部分 C＝O 官能团的析出主要集中在高温区，而一氧化碳、水蒸气和小分子烷基的析出过程受升温速率影响较小。

12.6　混合生物质燃烧特性研究

12.6.1　混合生物质燃烧过程 TG-DTG 分析

本节研究的材料来自于作为广东省湛江生物质发电有限公司燃料的生物质，按照生物质电厂燃料实际掺配比例，进行混合生物质燃烧试验。

混合生物质 1：桉树树枝：桉树树皮：甘蔗渣＝4：1：5。

混合生物质 2：桉树树枝：桉树树皮：甘蔗渣＝5：2：3。

混合生物质 3：桉树树枝：桉树树皮：甘蔗渣＝7：2：1。

混合生物质 4：桉树树枝：桉树树皮＝7：3。

混合生物质 5：桉树树枝：桉树树皮：杂木：甘蔗渣＝2：2：2：3。

同时，试验过程中，还利用同试验条件的桉树枝燃烧试验进行参照对比。试验仪器为 Perkin Elmer Pyris STA 6000 型热重分析仪，试验过程为取一定量的试样，用微型植物粉碎机进行粉碎,然后筛分出 0.08~0.10mm 的颗粒,取质量为 10mg 的试样,设定升温速率分别为 10℃/min、30℃/min 和 60℃/min,载气流量为 100mL/min,常压状态,气氛条件分别为 14%和 42%氧气浓度,其余填充气为纯度 99.99%的氮气,进行燃烧过程的热重分析试验。

不同混合生物质燃烧在 14% O_2,不同升温速率下的 TG、DTG 曲线的总体变化特性如图 12-32~图 12-34 所示。由各燃烧条件的 TG、DTG 曲线可知,各生物质燃烧过程大致可以分为 4 个阶段,首先是脱水阶段,TG 曲线缓慢下降,水分逐渐析出;随后为挥发分析出和燃烧阶段,TG 曲线在脱水后,趋于平缓,挥发分逐渐析出,当温度到达一定时,失重曲线变化突然异常陡峭,当其达到最大变化值时,DTG 曲线上出现失重峰;随后为焦炭燃烧阶段,与挥发分析出阶段类似,TG 曲线变化也会突然变陡,DTG 曲线出现失重峰;最后,TG 及 DTG 曲线变化趋于平缓。与混合生物质相比,桉树枝在燃烧过程中各阶段表现略有不同,主要表现为燃烧过程的滞后性,如在 10℃/min 升温速率下,挥发分析出燃烧以及焦炭燃烧阶段均要晚于混合生物质燃烧(各混合生物质最大失重速率在 325~330℃,而桉树枝在 336℃;各混合生物质焦炭燃烧阶段最大失重峰在 465~472℃,而桉树枝则在 500℃左

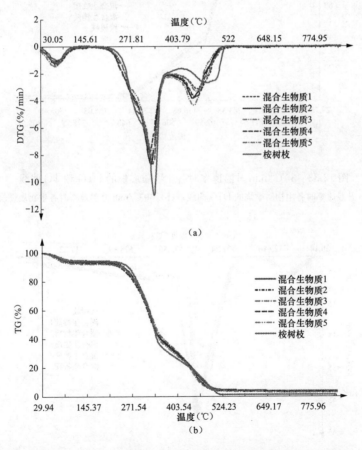

图 12-32 10℃/min 升温速率时各生物质燃烧的 DTG 和 TG 曲线

(a) 10℃/min 升温速率时各生物质燃烧的 DTG 曲线;

(b) 10℃/min 升温速率时各生物质燃烧的 TG 曲线

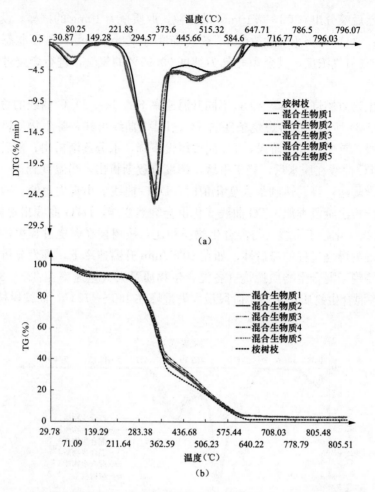

图 12-33　30℃/min 升温速率时各生物质燃烧的 DTG 和 TG 曲线

（a）30℃/min 升温速率时各生物质燃烧的 DTG 曲线；（b）30℃/min 升温速率时各生物质燃烧的 TG 曲线

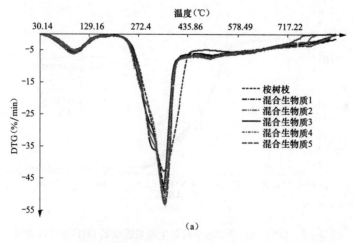

图 12-34　60℃/min 升温速率时各生物质燃烧的 DTG 和 TG 曲线（一）

（a）60℃/min 升温速率时各生物质燃烧的 DTG 曲线

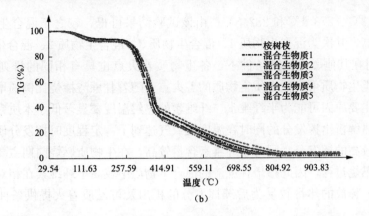

图 12-34　60℃/min 升温速率时各生物质燃烧的 DTG 和 TG 曲线（二）

(b) 60℃/min 升温速率时各生物质燃烧的 TG 曲线

右)，其主要原因可能为桉树枝作为木质生物质，其木质素含量较高，而挥发分则是半纤维素和纤维素热解的主要产物，木质素热解只能析出较少的挥发分，而混合生物质在掺烧甘蔗渣后，其挥发分含量要高于桉树枝，可以更早的析出挥发分，挥发分的快速着火又可以为后续挥发分和焦炭燃烧提供了较好的热量基础，从而较快地进行随后的燃烧反应。在 30℃/min 和 60℃/min 的升温速率下，也具有类似的燃烧特征，因此桉树枝与混合生物质相比，其结构差异性导致了燃烧过程的滞后。同时，由于掺烧了甘蔗渣，其混合后生物质半纤维含量也高于桉树枝，随着升温速率的提高，桉树枝所含的纤维素和半纤维热解过程逐渐重叠，半纤维素分解形成的肩峰变得逐渐不甚明显。由 TG、DTG 曲线中各混合生物质燃烧过程对比可知，各混合生物质燃烧过程具有一定相似性，但随着甘蔗渣添加比例的不同，燃烧特性上仍具有一定差异性。差异性分析将通过下一节的燃烧特征相关指数进行说明。此外，不同升温速率下，各生物质燃烧过程曲线也表现出相似特点，主要为 DTG 曲线脱水和挥发分燃烧阶段失重峰随升温速率升高而增大，对应温度逐渐向高温区移动，焦炭燃烧阶段失重峰逐渐消失，各阶段对应温度跨度区间有所变化（脱水阶段温度区间逐渐延长，挥发分析出过渡阶段逐渐变短，挥发分析出燃烧阶段和焦炭燃烧阶段也逐渐延长，进而导致整体燃烧温度跨度区间延长)，其主要原因为升温速率越高，各个热解阶段的反应时间越短，从而使物料表面与内部的热传递滞后，物料表面与内部温度梯度增加，各阶段失重峰向高温段移动，焦炭在短时间内未能得到充分燃烧，失重峰逐渐消失。

12.6.2　混合生物质燃烧特性分析

生物质的燃烧反应与燃烧条件密切相关，不同燃烧条件下的燃烧过程不同，甚至会有明显差异，这些差异在热重曲线上体现为不同的线型。下面对生物质燃烧特性曲线上各特征点和特性指数进行说明。

混合生物质燃烧的着火点和趋势分析图如表 12-15 和图 12-35 所示。由表 12-15 和图 12-35 可知，在同一燃烧条件下，不同比例下的混合生物质的着火点具有一定的差别，同时随着燃烧试验条件改变，同一燃烧样品的着火点也呈现出显著的不同。在同一燃烧条件下，如在 14% O_2、30℃/min 条件下，混合生物质 1～5 和桉树枝的着火点分别为 272.1℃、274.5℃、

276.9℃、278.3℃、273.1℃和282.5℃。由该试验结果可得，较之于混合生物质，桉树枝的着火点为最高，其次为混合生物质4、混合生物质3、混合生物质2、混合生物质5和混合生物质1。同时在其他燃烧试验条件下，各生物质着火点也具有相同的排列顺序。由此可知，掺烧其他类生物质可降低木质生物质的着火点，随着甘蔗渣掺烧比例的增加，着火点也随之降低，其主要原因可能为半纤维素、纤维素的热解温度要显著低于木质素，生物质半纤维素及纤维素热解析出挥发分的同时在温度及氧气达到了一定程度时挥发分便着火燃烧，而甘蔗渣中具有较高的挥发分，同时半纤维素含量较高，在生物质燃烧前期主要体现的是挥发分析出、着火燃烧过程，因此掺烧甘蔗渣的混合生物质中较高半纤维素在相对较低温度下可热解出挥发分，释放的热量较易为后续挥发分的析出及可燃质着火提供条件，从而降低着火点。

表 12-15　　　　　　　　不同条件下不同掺烧比例混合生物质燃烧的着火点　　　　　　　　℃

生物质种类	14% O₂			42% O₂		
	10℃/min	30℃/min	60℃/min	10℃/min	30℃/min	60℃/min
混合生物质1	246.2	272.1	274.9	238.3	263.8	267.4
混合生物质2	248.1	274.5	274.3	240.7	265.5	268.9
混合生物质3	250.8	276.9	278.2	242.7	268.7	271.1
混合生物质4	254.7	278.3	281.7	244.2	269.8	272.5
混合生物质5	246.6	273.1	274.5	239.6	264.1	267.4
桉树枝	256.3	282.5	284.9	249.8	276.4	278.6

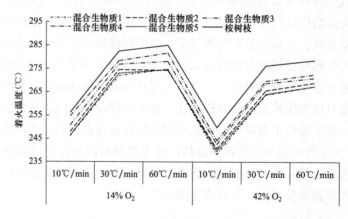

图 12-35　不同掺烧比例的混合生物质燃烧着火点变化趋势图

由表 12-15 和图 12-35 可以看出，在同一氧气浓度下，随着升温速率的提高，各混合生物质着火温度随之向高温区移动，但达到着火温度的时间大为缩短了。例如，42%氧气浓度下，混合生物质 4 在 10℃/min、30℃/min 和 60℃/min 的升温速率下对应的着火温度分别为 244.2℃、269.8℃和 272.5℃。造成这种变化趋势的原因可能为生物质较差的热导性产生了粒子梯度温度，升温速率不高，试样挥发分析出较为缓慢，挥发分对流扩散较为强烈，因此着火温度主要由残留在试样中的可燃物质决定。随着升温速率的增加，生物质挥发分析出量增多，残留在试样中的可燃物减少，因而导致燃烧反应向高温区移动，着火温度随之提高。同样，在同一升温速率下，各混合生物质着火温度在不同氧气浓度下，具有不同的变化趋势。随着氧气浓度的提高，着火温度出现下降趋势，如在 60℃/min，14％和 42％氧气浓度下，混合生物质 2 的着火温度分别为 274.3 和 268.9℃。这主要是氧气浓度的提高，尤其富氧条件，使得生物质样品颗粒周围具有更多的氧化性活性分子，强化了可燃质的氧化燃烧，使得燃烧反应更易发生，进而造成随着氧气浓度的提高，生物质着火温度的下降。

表 12-16～表 12-21 及图 12-36～图 12-41 为不同条件下不同掺烧比例的混合生物质燃烧过程中的相关特性指数，其中，表 12-16 和图 12-36 为最大失重速率，表 12-17 和图 12-37 为最大失重速率对应温度，表 12-18 和图 12-38 为燃尽点温度，表 12-19 和图 12-39 为平均失重速率，表 12-20 和图 12-40 为可燃特性指数，表 12-21 和图 12-41 为综合燃烧特性指数。

表 12-16　　　　不同条件下不同掺烧比例混合生物质燃烧的最大失重速率　　　　%/min

生物质种类	14% O_2			42% O_2		
	10℃/min	30℃/min	60℃/min	10℃/min	30℃/min	60℃/min
混合生物质 1	−8.686366	−26.19467	−49.40199	−13.3055	−34.66511	−62.91839
混合生物质 2	−8.754094	−25.93588	−52.60576	−13.47988	−40.19494	−81.62552
混合生物质 3	−8.052488	−25.57231	−47.95864	−12.23154	−33.34707	−77.7626
混合生物质 4	−7.794897	−25.21145	−51.29071	−12.21186	−36.82157	−81.6027
混合生物质 5	−8.56094	−22.90983	−53.04381	−13.14659	−38.14787	−75.89594
桉树枝	−10.99169	−25.23992	−42.71848	−13.50072	−30.18865	−50.1664

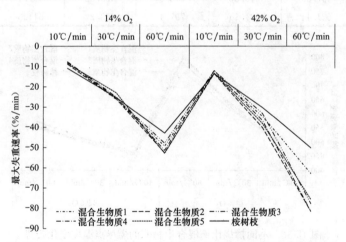

图 12-36　不同掺烧比例混合生物质燃烧的最大失重速率变化趋势

表 12-17　　　不同条件下不同掺烧比例混合生物质燃烧的最大失重速率对应温度　　　　℃

生物质种类	14% O_2			42% O_2		
	10℃/min	30℃/min	60℃/min	10℃/min	30℃/min	60℃/min
混合生物质 1	332.19	347.39	363.51	315.22	333.43	344.06
混合生物质 2	326.97	346.71	358.96	320.16	328.31	333.58
混合生物质 3	326.57	343.74	356.15	323.48	321.26	332.69
混合生物质 4	321.78	345.34	355.12	318.39	326.22	332.45
混合生物质 5	332.07	345.12	362.02	317.12	332.75	339.72
桉树枝	335.67	354.73	357.48	322.17	336.74	338.37

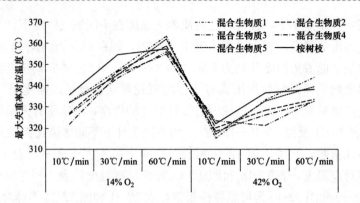

图 12-37　不同掺烧比例混合生物质燃烧的最大失重速率对应温度变化趋势

表 12-18			不同条件下不同掺烧比例混合生物质的燃尽点温度			℃
生物质种类	14% O_2			42% O_2		
	10℃/min	30℃/min	60℃/min	10℃/min	30℃/min	60℃/min
混合生物质 1	497.93	616.99	805.54	485.02	504.59	575.55
混合生物质 2	494.29	626.19	777.89	454.77	509.17	554.54
混合生物质 3	486.91	619.32	806.4	433.41	500.89	556.37
混合生物质 4	493.74	615.87	804.88	457.49	501.47	551.71
混合生物质 5	497.35	610.07	748.6	459.22	497.13	550.07
桉树枝	521.44	631.15	797.4	463.32	511.36	573.36

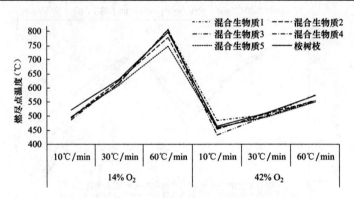

图 12-38　不同掺烧比例混合生物质的燃尽点温度变化趋势

表 12-19			不同条件下不同掺烧比例混合生物质的平均失重速率			%/min
生物质种类	14% O_2			42% O_2		
	10℃/min	30℃/min	60℃/min	10℃/min	30℃/min	60℃/min
混合生物质 1	−2.03022	−4.85528	−7.34972	−2.08782	−6.00518	−10.44817
混合生物质 2	−2.04613	−4.78036	−7.62144	−2.23650	−5.94778	−10.86666
混合生物质 3	−2.07918	−4.83608	−7.34158	−2.35492	−6.05237	−10.82888
混合生物质 4	−2.04856	−4.86456	−7.35598	−2.22227	−6.04492	−10.92561
混合生物质 5	−2.03274	−4.91320	−7.93209	−2.21332	−6.10109	−10.96006
桉树枝	−1.99414	−4.89063	−7.66224	−2.26161	−6.10769	−10.82155

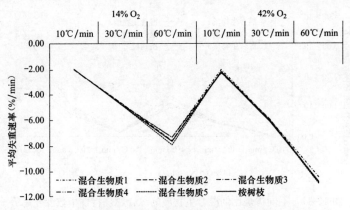

图 12-39　不同掺烧比例混合生物质的平均失重速率变化趋势

表 12-20　　　　　　不同条件下不同掺烧比例混合生物质的可燃特性指数　　　　　%/(min·K²)

生物质种类	14% O₂			42% O₂		
	10℃/min	30℃/min	60℃/min	10℃/min	30℃/min	60℃/min
混合生物质 1	3.22×10^{-5}	8.81×10^{-5}	1.64×10^{-4}	5.09×10^{-5}	1.20×10^{-4}	2.15×10^{-4}
混合生物质 2	3.22×10^{-5}	8.65×10^{-5}	1.76×10^{-4}	5.11×10^{-5}	1.39×10^{-4}	2.78×10^{-4}
混合生物质 3	2.93×10^{-5}	8.45×10^{-5}	1.58×10^{-4}	4.60×10^{-5}	1.14×10^{-4}	2.63×10^{-4}
混合生物质 4	2.80×10^{-5}	8.29×10^{-5}	1.67×10^{-4}	4.56×10^{-5}	1.25×10^{-4}	2.74×10^{-4}
混合生物质 5	3.17×10^{-5}	7.68×10^{-5}	1.77×10^{-4}	5.00×10^{-5}	1.32×10^{-4}	2.60×10^{-4}
桉树枝	3.92×10^{-5}	8.17×10^{-5}	1.37×10^{-4}	4.94×10^{-5}	1.00×10^{-4}	1.65×10^{-4}

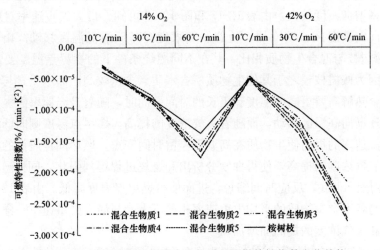

图 12-40　不同掺烧比例混合生物质的可燃特性指数变化趋势

表 12-21　　　　　　不同条件下不同掺烧比例混合生物质的综合燃烧特性指数

生物质种类	14% O₂			42% O₂		
	10℃/min	30℃/min	60℃/min	10℃/min	30℃/min	60℃/min
混合生物质 1	8.48×10^{-8}	4.81×10^{-7}	1.121×10^{-6}	1.40×10^{-7}	9.284×10^{-7}	2.651×10^{-6}
混合生物质 2	8.59×10^{-8}	4.60×10^{-7}	1.273×10^{-6}	1.57×10^{-7}	1.053×10^{-6}	3.647×10^{-6}
混合生物质 3	8.02×10^{-8}	4.58×10^{-7}	1.073×10^{-6}	1.53×10^{-7}	8.881×10^{-7}	3.427×10^{-6}
混合生物质 4	7.47×10^{-8}	4.54×10^{-7}	1.137×10^{-6}	1.39×10^{-7}	9.747×10^{-7}	3.630×10^{-6}
混合生物质 5	8.36×10^{-8}	4.27×10^{-7}	1.373×10^{-6}	1.51×10^{-7}	1.047×10^{-6}	3.458×10^{-6}
桉树枝	9.84×10^{-8}	4.42×10^{-7}	9.818×10^{-7}	1.52×10^{-7}	7.782×10^{-7}	2.107×10^{-6}

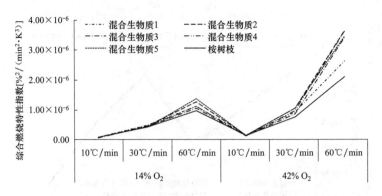

图 12-41　不同掺烧比例混合生物质的综合燃烧特性指数变化趋势

由表 12-16 和图 12-36 可知，桉树枝和各混合生物质的最大失重速率都随着氧气浓度和升温速率的提高而增大，其原因主要为着火燃烧发生在挥发分析出后形成的多孔状颗粒周围的气体边界层中，是挥发分与氧气混合达到一定浓度及温度时的气相着火燃烧，而增加的氧气浓度使得更多的可燃质与氧气发生燃烧，强化了燃烧反应，同时升温速率的提高提高了挥发分析出的速率，这都造成了失重速率的增加。尽管桉树枝和各混合生物质的最大失重速率都随着氧气浓度和升温速率提高而增大，但桉树枝的最大失重速率增大幅度要小于混合生物质，其主要原因可能与各生物质的构成成分有关，混合生物质中含有的甘蔗渣具有更高的挥发分含量，升温速率或氧气浓度提高，不但加速了挥发分析出过程，还强化了燃烧过程，最终使得失重速率增加幅度较大。由表 12-17 和图 12-37 可知，最大失重速率对应温度随着升温速率的提高而向高温区移动增加，随着氧气浓度提高而向低温区移动。由表 12-18 和图 12-38 可知，桉树枝与混合生物质相比，其在不同燃烧条件下的燃尽点温度要高于混合生物质，其主要原因为桉树枝较之于其他生物质所含木质素含量较高，而木质素与纤维素和半纤维素相比，完全热解需要更高的温度和更长的时间。同时，随着升温速率的提高，各生物质的燃尽点温度逐渐向高温区移动，而随着氧气浓度的提高，燃尽点温度则向低温区移动，其主要是因为升温速率的提高使生物质在高温下停留时间变短，燃尽同样质量的样品所经历的时间变长。而氧气浓度的提高，使得挥发分析出和燃烧过程得到强化，同样温度下的生物质燃烧反应更加剧烈和彻底，反应时间缩短，进而使得燃尽点温度降低。由表 12-19 和图 12-39 可知，桉树枝与各混合生物质的平均失重速率相差不大，与最大失重速率一样，都是随着升温速率的上升和氧气浓度的提高而增加。

由表 12-20 可知，桉树枝可燃特性指数只在 14% O_2、10℃/min 条件下高于混合生物质外，在其他条件下，比混合生物质的可燃性特性指数均要低处很多，表明混合后的生物质前期燃烧特性要好于桉树枝。其主要原因在于桉树枝的最大失重速率与混合生物质相比较低，同时着火点较高。同时，由图 12-40 可知，随着升温速率和氧气浓度的提高，生物质的可燃性指数也会随之增加，由此可见，调整升温速率和氧气浓度，可改善生物质在前期燃烧过程中的燃烧性能。在所有燃烧条件下，各混合生物质可燃性特性指数之间并没有明确的高低变化趋势。贫氧燃烧状态下（14% O_2），掺配较高比例的甘蔗渣具有更高的可燃特性指数；富氧燃烧状态下（42% O_2），掺配中低比例的甘蔗渣则具有较好的前期燃烧特性。这说明在木质生物质中掺烧适当比例甘蔗渣，可以显著改善生物质的前期燃烧特性。表 12-21 和图 12-41

中为不同掺烧比例的生物质在不同燃烧条件下的综合燃烧特性指数对比结果。由结果可知，整体而言，随着升温速率和氧气浓度的提高，综合燃烧特性指数也逐步提高。升温速率提高，生物质试样着火温度、燃尽温度和失重速率都随之升高，但各生物质失重速率提高的幅度要显著高于着火温度和燃尽温度，同时达到着火温度的时间和燃尽时间大大缩短，这对试样着火和燃尽是有利的。因此综合燃烧特性指数随着升温速率的提高而逐渐增加，但增加的幅度随着升温速率的提高而有所减缓，即升温速率对综合燃烧特性指数的影响逐渐变小。氧气浓度值的增加，使得试样挥发分和焦炭与周围氧气更易接触从而强化了挥发分和焦炭的着火燃烧过程，因此在增大反应速率的同时降低着火点和燃尽点，最终进一步增大了综合燃烧特性指数。与混合生物质相比，桉树枝在 10℃/min 升温速率时，无论在贫氧条件还是富氧条件下，都具有较高综合燃烧特性指数，但随着升温速率的升高，混合生物质的综合燃烧特性指数，则高于桉树枝。同时，就混合生物质而言，混合生物质 2 总体上在各燃烧试验条件下的综合燃烧特性指数均排在前两位，优良的前期燃烧反应特性（可燃特性指数）为混合燃料的着火燃烧提供了有利的前期燃烧所需的热量，较低的燃尽时间又可高效地利用热量，所以其综合燃烧特性指数相对较为理想，由此可知适当在木质生物质中添加甘蔗渣可改善同和燃烧特性。若甘蔗渣掺烧比例过高（如混合生物质 1），则可能由于水分含量较高降低了富氧条件下（42% O_2）混合生物质的综合燃烧特性；若掺烧比例过低（如混合生物质 4），则可能由于挥发分含量相对较低导致贫氧燃烧条件下（14% O_2）综合燃烧特性降低（与混合生物质 2 相比）。

12.6.3　混合生物质燃烧特性小结

在木质生物质中掺配其他种类生物质，如甘蔗渣，可以改善木质生物质的燃烧特性。贫氧燃烧状态下，掺配比例较高的甘蔗渣可提高前期可燃性，同时也可提高综合燃烧特性；富氧燃烧状态下，掺配中低比例的甘蔗渣则不但可以提高前期可燃性，还可提高综合燃烧特性。此外，生物质的可燃性指数和综合燃烧特性指数随着升温速率的提高而逐渐增加，但增加的幅度随着升温速率的提高而有所减缓，即随着升温速率的提高，对生物质前期可燃性和综合燃烧特性的影响逐渐变小。

参 考 文 献

[1] 王仲颖，任东明，秦世平. 中国生物质能产业发展报告（2014）[M]. 北京：中国环境出版社，2014.

[2] 赵宗锋. 生物质发电实用培训教材 [M]. 北京：中国电力出版社，2012.

[3] 蒋建新. 生物质化学分析技术 [M]. 北京：化学工业出版社，2013.

[4] 宋景慧，湛志刚，马晓茜，等. 生物质燃烧发电技术 [M]. 北京：中国电力出版社，2013.

[5] 中国可再生能源发展战略研究项目组. 中国可再生能源发展战略研究丛书：生物质能卷 [M]. 北京：中国电力出版社，2010.

[6] 尹忠东，朱永强. 可再生能源发电技术 [M]. 北京：中国水利电水出版社，2010.

[7] 田宜水. 生物质发电 [M]. 北京：化学工业出版社，2010.

[8] 李合生. 现代植物生理学 [M]. 北京：高等教育出版社，2002.

[9] 杨勇平，董长青，张俊娇. 生物质发电技术 [M]. 北京：中国水利水电出版社，2007.

[10] 常建民. 林木生物质资源与能源化利用技术 [M]. 北京：科学出版社，2010.

[11] 刁国旺，刘巍. 大学化学实验：基础知识与仪器 [M]. 南京：南京大学出版社，2006.

[12] 李克安. 分析化学教程 [M]. 北京：北京大学出版社，2006.

[13] 廖建华，史春勇，鲍金刚. 燃烧过程与设备 [M]. 北京：中国石化出版社，2008.